ISBN 7-5038-0837-3

9 787503 808371 >

中国林业出版社出版(北京西城区刘海胡同7号 100009)
新华书店北京发行所发行　　北京市昌平百善印刷厂印刷

787mm×1092mm　16开本　16.5印张　374千字
1992年7月第1版　2007年1月第11次印刷
印数:31651—34700册　　定价:15.00元
ISBN 7-5038-0837-3/S·0427

中国林业出版社

微生物湿法冶金

杨显万　沈庆峰　郭玉霞　编著

北京
冶金工业出版社
2008

内 容 提 要

本书系统地介绍了微生物湿法冶金知识。内容包括：微生物湿法冶金的历史沿革、进展与展望；在基础理论方面论述了浸矿细菌，微生物湿法冶金过程的机理及热力学、动力学与数学模拟，各种因素的影响等；在应用方面论述了铜矿、难处理金矿、其他金属矿微生物湿法冶金的原理、研究成果与工业实践以及介绍了生物吸附的研究进展。书中附有大量的参考文献。本书可供从事提取冶金的科技人员使用，也可作为大专院校有关专业的教学参考书。

图书在版编目（CIP）数据

微生物湿法冶金/杨显万，沈庆峰，郭玉霞编著．—北京：冶金工业出版社，2003.9（2008.2 重印）

ISBN 978-7-5024-3265-2

Ⅰ．微…　Ⅱ．①杨…　②沈…　③郭…　Ⅲ．细菌冶金：湿法冶金　Ⅳ．TF111.3

中国版本图书馆 CIP 数据核字（2003）第 045459 号

出 版 人　曹胜利
地　　址　北京北河沿大街嵩祝院北巷 39 号，邮编 100009
电　　话　(010)64027926　电子信箱　postmaster@cnmip.com.cn
责任编辑　谭学余　程志宏　美术编辑　李　心
责任校对　刘　倩　责任印制　丁小晶
ISBN 978-7-5024-3265-2
北京市昌平百善印刷厂；冶金工业出版社发行；各地新华书店经销
2003 年 9 月第 1 版；2008 年 2 月第 2 次印刷
850mm×1168mm　1/32；9.375 印张；248 千字；289 页；2001－4000 册
33.00 元

冶金工业出版社发行部　电话：(010) 64044283　传真：(010) 64027893
冶金书店　地址：北京东四西大街 46 号 (100711)　电话：(010) 65289081

作者简介

杨显万，四川西充县人，1937年生，昆明理工大学教授，博士导师。1960年毕业于莫斯科有色金属及黄金学院稀有冶金专业，毕业后一直在昆明理工大学从事有色冶金方面的教学与科研工作，历任科研处长、冶金系主任、副校长并主持学校工作、正校长级巡视员、学术委员会主任等职，先后发表学术论文140余篇，编著并出版了《高温水溶液热力学数据计算手册》、《湿法冶金》、《矿浆电解原理》等专著，参加编著并出版了《化学镀镍》、《微波能的技术新应用》、《电沉积多功能复合材料的理论与实践》、《松节油择形催化》等著作，获省部级科技进步奖9项，发明专利2项，曾两次担任国际学术会议学术委员会主任，先后担任中国有色金属学会常务理事，云南省有色金属学会副理事长，国家自然科学基金委员会矿冶学科委员，国家科技进步奖与发明奖冶金与材料组专家评委，云南省自然科学基金委员会委员，云南省自然科学奖评审委员会副主任，现任云南省发展计划委员会高新技术产业化专家咨询委员会副主任，《中国有色金属学报》、《有色金属》杂志编委会委员。

前 言

微生物湿法冶金自20世纪50年代问世以来，一直是研究的热门领域。在经历了半个世纪的努力之后，该领域无论在产业化还是在基础研究方面均取得了长足的进步。出于多种原因，这一新技术必将会有更加广阔的发展前景。

资源短缺，环境脆弱是中国的国情。早期工业化国家走的是一条先发展经济后治理环境的道路。新型工业化道路不能重蹈覆辙，而应不断提高工业化的科技含量、提高资源利用率、降低环境污染，走适合中国国情的资源节约、环境友好的新型工业化发展道路，实现工业化与可持续发展的良性互动。从战略高度看，微生物湿法冶金完全符合新型工业化道路的要求。

微生物湿法冶金在我国愈来愈受到重视，关注这一领域，从事这一方面研究与生产的人员也日渐增多。目前国内关于微生物湿法冶金的著作还很少，而且无论从广度还是从深度上均不能反映国内外在这一领域的进展。为了便于有关的人士学习，我们编著了这本书。

本书在编写过程中尽力把国内外在微生物湿法冶金方面的进展介绍给读者。为此我们参阅了国内、外大量的文献、资料及有关学者的论文，编者在此谨向所有在本书参考文献中列出的文献作者致以崇高的敬意和衷心的感谢。

在本书的编写过程中还得到过国内外一些专家、同事和朋友们的热情支持与帮助。云南大学的魏蓉城与张玲琪教授，昆明理工大学的李继彬教授分别从微生物学与数学方面提出了重要的修改意见。远在加拿大的郭先健、澳大利亚的雷云，云南有色地质局前总工程师任治玑教授，北京矿冶研究总院的王成彦，清华大学的文明芬，中科院过程工程研究所的周娥，福建紫金矿业股份有限公司的邹来昌，山东黄金集团烟台设计研究工程有限公司的李启轩，昆明有色冶金研究设计院的邹平等提供了重要的资料与信息，昆明理工大学谢海云与李春萌帮助收集了一些文献。昆明理工大学的谢刚教授、郭忠诚教授对本书的出版给予了重要的支持。在此，编者向上述同志与朋友表示衷心的感谢。

微生物湿法冶金是一门交叉科学，涉及微生物学、分子生物学、冶金学、矿物学、电化学、固体物理、传热传质理论、高等数学等。在编著的过程中我们深感科学海洋的浩瀚，个人的渺小，微生物湿法冶金发展之迅速，其文献数量之庞大，尽管我们做了很大的努力，但对于国内外在微生物湿法冶金方面的成就与进展介绍得仍然不够全面，对一些问题的论述也仍不够深刻，而且也难免有错误之处，因此诚恳地希望各位读者能不吝赐教以便于今后进一步完善。

昆明理工大学　杨显万

2003.4

目　录

1 绪论

1.1 生物分类[1,12]

宇宙间的万物分为有生命(生物)与无生命两大类。有生命的生物在地球上出现以来就不断演化发展——进化,并表现了丰富的多样性。随着生物进化理论研究的深入,人们对生物界的认识也日益深化。早期人类只把生物简单地分类为动物界和植物界,瑞典博物学家林奈(Carl von Linne)是科学地阐述两界系统的第一人。从19世纪中期起,由于人们对微生物认识的逐步深化,对生物的分类就历经了三界(在动、植物界外加上低等生物组成的原生生物界)、四界(植物界、除原生动物外的动物界、原始生物界——含原生动物,真菌,部分藻类、菌界——细菌,蓝细菌)、五界(动物界、植物界、原生生物界、真菌界和原核生物界)以及六界学说的阶段。近年又有人(C. R. Woese 等)根据分子生物学工作提

六界生物分类系统
- 病毒界(Archetista)——病毒(virus)
- 原核生物界(monera)
  - 蓝色光合菌门——蓝细菌(cyanobacteria)
  - 细菌门
    - 细菌(bacteria)
    - 放线菌(actinomycete)
- 真核原生生物界(protistate)
  - 微细藻类(micro-alga)
  - 原生动物(protozoan)
- 真菌界(fungi)
  - 粘菌门——粘菌(myxomycete)
  - 真菌门
    - 霉菌(molds)
    - 酵母菌(yeasts)
- 植物界(plantae)
- 动物界(animalia)

(病毒界至真菌界:微生物)

出了“三域”说（或新三界说），将生物分为细菌域（Bacteria）、古生菌域（Archaea）和真核生物域（Eukarya），虽比以前进了一大步，但尚有一些质疑，所以多数学者仍沿用六界说为生物分类系统。

其中，动物、植物、真核原生生物与真菌为真核生物。原核生物的共同特点是细胞内虽然有明显的核区，但是没有核膜包围，它们的脱氧核糖核酸（DNA）在细胞质内呈单分子形式，而病毒则属于非细胞结构生物，是一大类特殊的生物或生命形式。

1.2 生物与冶金的关系

生物六界，除病毒外均能在不同程度上起到从自然界中提取或富集金属的作用。以动物而言，有的昆虫，例如前捷克斯洛伐克的一种金龟子就能富集黄金，一些鱼类能从水中吸收并富集重金属。很多植物可以从土壤和水中选择性吸收某些金属而使其富集。已知金能在特定的植物，特别是在植物的种子中富集。生长在富含金地区的木贼的灰中含金量可达 160g/t，经换算这种植物中的含金量达 60g/t。在热泉地区的野蕨、白茅草、曼陀罗、铁线草也是富含金的植物，椴木每克干物质含金 500ng，有人把这些植物称为“金植物”。黑云杉、美洲白桦、柳树、山地赤杨、拉布拉多茶、马代草能富集 Pt、Pd。中药黄芪中能富集 Pt、Pd、Au。葱富含银，是一个矿物指示剂植物[2]。

但这些仅仅是一些零星的现象，缺乏系统的研究，当然更谈不上在工业上用作提取金属的手段。从冶金的角度来看，真正有意义并获得了工业应用的还是微生物，主要是细菌。用生物来提取金属的这门技术称为“生物冶金”是不够准确的，失之过宽。叫“细菌冶金”又未免失之过窄，还是称“微生物湿法冶金（Microbiohydrometallurgy）”较为贴切。

按微生物在冶金过程中的作用，微生物湿法冶金又可分为微生物浸出、微生物氧化、微生物吸附与微生物积累。

微生物浸出是借助于微生物的作用把有价金属从矿石（或矿床）中浸泡出来，使其进入溶液。微生物氧化是借助于微生物来氧化某些矿物如黄铁矿、砷黄铁矿，使包裹在其中的贵金属（Au、Ag、铂族金属等）暴露出来供下一步的浸出，生物氧化时有价金属留在浸出渣中。而微生物吸附与积累这两者则有相反的表现，用微生物把金属从水溶液中（自然水或工业废水）提取出来，吸附发生在微生物的表面，积累则是金属进入微生物细胞内部。

微生物浸出与微生物氧化的区别仅在于有价金属在过程中的行为与走向，其实无本质区别。二者都是硫化矿的氧化过程，只不过生物氧化时硫化矿（黄铁矿、砷黄铁矿）通过氧化而分解，其中铁与砷并不能或不完全进入浸出液而是生成沉淀，其中的贵金属则完全残留于浸出渣中。由于二者有着共同的实质，使用的也是同一类微生物，故在后面的论述中不再把二者分开，而是统一在“微生物浸出”这个概念下进行讨论。

生物吸附是指溶液中的金属离子，依靠物理化学作用，被结合在细胞壁上。组成细胞壁的多种化学物质常具有如下的功能基：胺基、酰基、羟基、羧基、磷酸基与巯基。这些基团的存在，构成了金属离子被细胞壁“吸附”的物质基础。

生物积累是依靠生物体的代谢作用在体内积累金属离子，例如巴伦支海的藻类细胞含金量是海水中金浓度的 2×10^{14} 倍。铜绿假单孢菌能积累铀，荧光假单孢菌和大肠杆菌能积累钆。

生物吸附与生物积累都是通过微生物把水溶液中的金属提取出来，这也是二者的共同特点。在后面也把两者并在一起论述。

1.3 微生物湿法冶金的历史沿革

很难有哪种技术像微生物冶金这般古老而又如此年轻。说它古老是因为远在细菌发现之前，生物浸矿提铜已经进行了许多个世纪。当时人们仅凭经验，当然不知道有细菌存在，更何况微生物浸出。远在纪元前六、七世纪的《山海经》中就有“石脆之山，其阴多铜，灌水出焉，北流注于禺，其中多流赤者”的记载。到了唐朝就有了官办的湿法炼铜生产，到宋朝则发展更盛，北宋时的年产量最高时达到 100 多万斤。在欧洲这种技术的应用至少始于公元二世纪，从1687年开始，瑞典中部Falun矿山的铜矿至少已经浸出了2000000t铜。但无论在中国还是外国，湿法提铜实践中细菌的利用程度尚不清楚。在这些实践中浸出母液中的铜是用金属铁沉积出来的，这种方法首先见于中国的记载。纪元左右时代的《神龙本草》写到“石胆能化铁为铜，成金银”。汉代《淮南万毕术》卷下记有“白青得铁化为铜”，白青即水胆矾。西方学者也承认用金属铁从铜溶液中置换铜是古代中国人的发明[3]。

1676年Anton Van Leeuwenhoek用他发明的式样简单的显微镜在胡椒籽浸泡液中发现了后来被命名为“细菌”的微生物。

1947年Colmer与Hinkel首次从酸性矿坑水中分离出一种能氧化硫化矿的细菌，即氧化亚铁硫杆菌（Thiobacillus ferrooxidans）[4]。

人类对细菌浸出的真正认识是在二十世纪五十年代，比电子计算技术还要晚，所以它又是相对年轻的技术。

1954年，L. C. Bryer与J. V. Beck在Utah Bingham Canyon铜矿矿坑水中发现了相同的细菌——氧化亚铁硫杆菌与氧化硫硫杆菌（T. thiooxidans）。他们的实验室研究结果表明氧化亚铁硫杆菌能够浸出各种硫化铜矿及辉钼矿，但浸出辉钼矿则必须要有黄铁矿的存在[5~7]。

1955年10月24日S. R. Zimmerley, D. G. Wilson与J. D. Prater首次申请了生物堆浸的专利[8]并将此项专利委托给Kennecott铜业公司，该公司在二十世纪五十年代实施了该项技术，这才开始了生物湿法冶金的现代工业应用。

1.4 微生物湿法冶金的进展

从20世纪50年代到80年代中期微生物湿法冶金经历了摇篮时期，在这一时期科技工作者积极研究、探索，而产业界则怕担风险，徘徊观望，裹足不前。一直到80年代中期才取得了产业化的突破，随即开始了它的快速发展并取得了巨大的成就。

1.4.1 产业化的进展

产业化主要沿着两大方向进行，并形成了两大类技术。

1.4.1.1 低品位铜矿与废石的细菌堆浸

低品位铜矿的堆浸(Heap leaching)与铜含量低于边界品位的含铜废石的堆浸(Dump leaching)是在1980年代中期才真正进入大规模产业化的。有两个因素推动了这一产业化进程，一是由于多种原因，用传统的技术方法生产使一些矿山企业处于亏损；二是从低浓度含铜溶液中采用有机溶剂萃取铜，反萃液中电积提铜的萃取－电积(SX－EW)技术取得成功，使大规模堆浸的终端产品成为市场需要的电积铜，而不是过去那种用铁屑置换后得到的铜粉。从那以后湿法提铜在世界铜总产量所占份额节节上升，到2000年已达到20%以上，其中有很大部分属细菌堆浸。表7－2为世界上自20世纪80年代以来建成并投产的细菌浸出提铜的厂矿。

1.4.1.2 难处理金矿的细菌氧化预处理

20世纪80年代中期(1986年)第一家难处理金矿细菌氧化预处理厂(Farirview)投产，微生物湿法冶金开始推广到铜以外的其他金属。这一技术的最大特点是处理磨细了的浮选精矿，浸出在充气的带机械搅拌的浸出槽中进行。具有代表性的是英国比利顿的Gencor公司开发的BIOX®(使用中温细菌)与Bactech工艺(使用中等嗜热菌)，Newmont难处理金矿堆浸氧化工艺以及Geobiotics工艺(精矿包覆堆浸)。

表8－1列出了世界上建成并投产的难处理金矿细菌氧化预处理工厂。

在BIOX®工艺产业化的基础上，近年来国外生物湿法冶金在两方面取得了重大进展：高温菌种的采用和基础金属镍、钴、锌的提取。两者结合使得细菌浸出开始大规模处理精矿。Gencor公司开展了大量的工作以使生物浸出扩展到从基础金属硫化矿中提取镍、钴和铜。细菌培养的适应试验非常成功。这些细菌由中温细菌的混合种群组成，其主要细菌为氧化亚铁硫杆菌、氧化硫硫杆菌和氧化亚铁微螺菌。中温细菌宜在30～45℃范围内生存。

BIONIC™法中间示范厂于1997年2月建成投产，处理镍黄铁矿，设计产量为日产20kg阴极镍。示范工厂试验结果表明，10天的连续浸出操作，镍的平均浸出率为92%。其试验结果证实了用中温细菌在30～45℃从低品位硫化矿精矿中生物浸出镍是可行的。

近几年来，由于BIOX®生物浸出的快速发展，中温菌(Mesophile)和高温菌(Sulfolobus)被逐渐地运用于浸出铜精矿上，为此，BIOCOP™工艺被开发出来。其中，1997年，智利建立了和溶剂萃取相结合的2m³生物连续浸出半工业试验处理次生硫化铜矿。1997年9月至1999年10月，建在智利丘基卡玛塔(Chuqicamata)的BIOCOP™半工业试验厂处理硫化铜矿精矿的成功经验(铜回收率达99%)验证了BIOCOP™工艺技术在商业上的可行性。由Codelco 与BHP Bringfon两家公司共同投资，在智利Chuqicamata建设一座年产电铜20000t的湿法提铜厂于2003年投产。该厂用BIOCOP™技术处理浮选硫化铜精矿，用高温菌，操作温度为70℃。

最近几年来，微生物浸出提钴的产业化是微生物湿法冶金的一重大进展。法国BRGM公司在非洲的乌干达建成了一座采用微生物浸出技术从含钴黄铁矿中回收钴的工厂，每年可处理100万t含钴黄铁矿，年产1000t阴极钴，1999年已顺利投产。该厂的浸出槽容量达1350m³。

微生物湿法冶金技术从开发到产业化的时间愈来愈短。BIOX®技术从研究开发至产业化历经了约20年，20世纪80年代末期，开始了BIONIC™——镍精矿微生物浸出的研究工作，约10年实现了产业化。在BIOX®、BIONIC™成功经验的基础上，铜精矿的微生物浸出技术——BIOCOP™的研究及产业化进程缩短至5年时间。预计微生物浸出硫化锌精矿技术——BIOZINC的产业化时间要比BIOCOP™还要短[9]。

由于采用特殊设计的反应器及控制设备，高温微生物浸出技术只有应用于有色金属精矿的大规模处理（浸出槽的体积已到 $1500m^3$）才能体现出其优越性。

1.4.2 基础理论研究

20 世纪 50 年代以来科技工作者在对微生物湿法冶金进行应用研究以及产业化的同时一直没有停止对其基础理论的研究。在这一时期，生物学、生物工程技术取得了众多突破性进展。尽管这些新成就尚未完全用到生物湿法冶金中来，但微生物湿法冶金在基础理论方面仍然取得了长足的进展，概括起来有以下几个方面：

(1)发现了更多适合于浸矿的菌种，特别是中等嗜热菌与高温菌；

(2)对浸矿细菌的性质进行了大量研究并开始深入到基因水平，测定了主要浸矿细菌 DNA 序列，对浸矿细菌进行了基因工程的研究，利用抗不同温度的 DNA 片断培养出不少的基因工程菌；

(3)研究了浸矿细菌对阴阳离子的抗性，初步揭示了浸矿细菌对阴阳离子抗性的质粒编码机理，并进行了质粒基因重组的尝试，培育出不少的抗砷工程菌；

(4)研究了细菌细胞与硫化矿之间的界面现象，区别了附着细菌与未附着的游离细菌的作用，揭示了细胞外聚合层的存在及其作用；

(5)对自养微生物浸出硫化矿的机理进行了大量研究并提出了若干不同的观点，从最初的“直接浸出”与“间接浸出”两种机理到一种机理即“间接浸出”，两种途径的提出（硫代硫酸盐途径与多硫化物途径）；

(6)开展了主要浸矿细菌铁硫氧化系统分子生物学研究，其中以氧化亚铁硫杆菌研究最多，其铁氧化系统中的绝大多数功能组分已得到了鉴定，其中有些已被分离纯化，在此基础上，提出了多种铁氧化呼吸链模式[10,11]；

(7)对各种矿物浸出过程动力学进行了大量研究，并揭示了很多重要现象，例如原电池效应、黄铜矿浸出缓慢的原因以及银的催化作用等；

(8)在数学模型的建立方面，研究了氧的传输，建立了槽浸的动力学与搅拌装置模型；建立了生物浸出的动力学模型，柱浸、铜矿堆浸的数学模型；

(9)在生物吸附方面进行了大量的研究，研究了多种微生物吸附金属离子的能力，吸附过程机理，建立了相应的数学模型。

1.4.3 微生物治理三废

用微生物治理废水、废气已有产业化的应用，主要在三个方面：

(1)用还原性细菌将有色金属工厂废水（含重金属离子与SO_4^{2-}）中的金属离子除去。已经投产的最大项目是荷兰 Budel－Dorplein 的一个锌精炼厂，该厂于 1992 年建成投产，设计能力为每小时处理污水 $300m^3$，所处理污水含锌 100mg/L，钙 100mg/L，硫酸 1000mg/L。经处理后的废水排放指标为：Zn＜0.3mg/L，Ca＜0.01mg/L，SO_4^{2-}＜200mg/L；

(2)氰化提金厂废液中氰化物的微生物降解；

(3)电镀行业废水中铬的去除；

(4)废气中有机物的微生物降解。

1.5 微生物湿法冶金的发展趋势与展望

推动微生物湿法冶金进一步发展的原因有下列几方面。

(1)生物工程技术的巨大进步；

(2)全球性的矿产资源的贫化与复杂化；

(3)人类社会对生态环境保护的要求愈来愈强烈也愈来愈严格，需要建立经济增长与可持续发展的良性互动。

其发展将有下列几大趋势。

(1)生物工程的进步与成就用到生物湿法冶金上来，筛选并培育出性能更好，更能满足冶金过程需要的微生物菌种，可能的方向有：

1)把基因组解码技术用到微生物湿法冶金领域，揭示浸矿微生物浸矿特性与其基因表达的内在规律并在其指导下实施菌种的基因工程改良，获得既能耐高温又能耐磨、耐酸、耐毒性的综合性能好的微生物；

2)能在极端环境中生存的微生物"嗜极"的发掘与应用。

(2)应用范围进一步拓展并走向产业化：

1)基础金属硫化矿浮选精矿的细菌浸出；

2)难处理金矿的细菌堆浸预处理；

3)氧化矿的微生物浸出；

4)用微生物从水溶液中提取与富集金属；

5)微生物用于废水、废气与固体废弃物的治理。

有人认为，几十年后随着信息经济时代的结束，人们将迎来生物经济时代，到 21 世纪中期，生物应用技术将渗透到人们生活中的各个角落。此话言之有理，看来今后生物技术不可避免地要渗透到矿业并对它产生深远的影响。矿冶界不能无视这一科技发展的大趋势，加强对微生物冶金的研究开发与应用正是顺时而动的明智之举。

参考文献

1 武汉大学、复旦大学，生物系微生物学研究室．微生物学(第二版)．北京：高等教育出版社，1987

2 赵怀志，宁远涛．金．长沙：中南大学出版社，2003

3 G. Rossi. Biohydrometallurgy. Hamburg：McGraw－Hill，1990. 1

4 A. R. Colmer，M. E. Hinkel. The role of microorganism in acid mine drainage. A preliminary report. Science，1947，106：253－256

5 L. C. Bryner，A. Anderson. Ind. Eng. Chem.，1957，49：1721

6 L. C. Bryner，A. K. Jameson. Appl. Microbiol，1958，6：281

7 L. C. Bryner，J. V. Beck，B. B. Davis，D. G. Wilson. Ind. Eng. Chem.，1954，46：2587

8 S. R. Zimerley，D. G. Wilson and J. D. Parater. US Patent，2829964. 1958

9 Yang Xianwan，Lei Yun. Important role of biohydrometallurgy in development of mineral resources in West of China. In：V. S. T. Ciminelli，O. Garcia eds，Biohydrometallurgy：Fundamentals，Technology and Sustaninable Develop-

ment, Part A. Elsevier, 2001

10 田克立，林建群，张长铠等. 氧化亚铁硫杆菌铁氧化系统分子生物学研究进展. 微生物学通报，2002，29(1):85－88

11 何正国，李雅芹，周培瑾. 氧化亚铁硫杆菌的铁和硫氧化系统及其分子遗传学. 微生物学通报，2000，40(5):563－566

12 周德庆. 微生物学教程(第二版). 北京：高等教育出版社，2002

浸矿用细菌

迄今为止，微生物湿法冶金实现产业化的主要领域是硫化矿的浸矿，在这一领域用到的微生物就是细菌。氧化矿的浸出是今后微生物湿法冶金的重要发展方向。氧化矿浸出的机理与硫化矿截然不同，因而所能采用的微生物也不同。硫化矿的浸出过程是氧化过程，而氧化矿的浸出除氧化过程外，还有还原过程，也有靠微生物衍生的有机酸产生酸溶与络合的过程(无电子转移)，其中关系到酶学方面的内容也相当繁杂，因此可供使用的微生物种类更是繁多，但研究程度远不及浸出硫化矿的微生物。本章只论及用于硫化矿浸出的细菌，至于用于氧化矿浸出的微生物，本章不做集中介绍，而是分散在后续章节结合相应的金属氧化物的浸出加以说明，用于细菌吸附的生物则在第10章中介绍。

2.1　细菌的基本知识[1]

2.1.1　细菌的形态

细菌种类繁多，但就其外形形态可分为三种：

(1)球菌　细胞呈球形或橄榄形，其中许多种在分裂后产生的新细胞常保持一定的空间排列方式，因而球菌有单球菌、双球菌、链球菌、四联球菌、八叠球菌与葡萄球菌等。

(2)杆菌　细胞呈杆状或圆柱形。

(3)螺旋菌　细胞呈弯曲杆状，不同种的细胞个体在长度、螺旋数目与螺距等方面有显著区别。

2.1.2 细菌细胞的结构

图 2－1 为细菌细胞结构示意图。

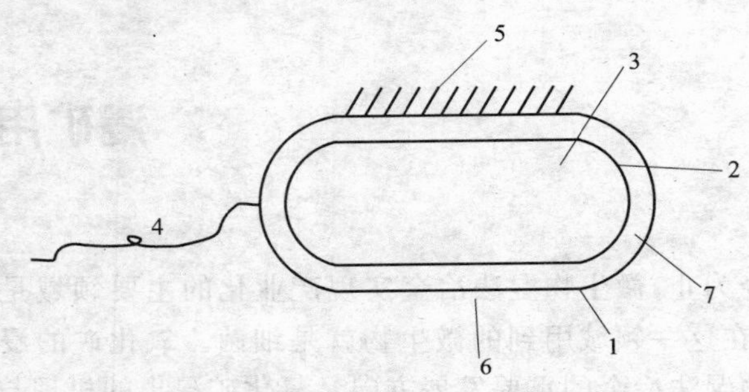

图 2－1 细菌细胞结构示意图

1—细胞壁；2—细胞膜；3—细胞质；4—鞭毛；5—纤毛；6—荚膜；7—周质间隔

2.1.2.1 细胞壁(cell wall)

细胞壁是位于细胞表面、内侧紧贴细胞膜的一层较为坚韧、略具弹性的外被。在电子显微镜下清晰可见，并可测知其厚度。它具有保护细胞免受机械或渗透压的破坏，维持细胞外形的功能。细胞壁又是多孔性的，水和某些化学物质可以通过而进入细胞内。

不同的细菌，细胞壁的化学组成和结构不同。通过革兰氏染色法(Gram Stain)可将所有细菌分为革兰氏阳性与革兰氏阴性两大类，这种方法是丹麦人革兰氏(Christian Gram)发明的。该方法的要点是：先把结晶紫染料溶液加入到已固定在载片上的细胞上，然后再用碘溶液处理。碘与结晶紫生成一种不溶于水的络合物，它溶解于乙醇。用乙醇处理细胞，最后用复染液(沙黄或蕃红)复染，显微镜下菌体呈红色者为革兰氏反应阴性细菌(G^-)，呈深紫色者为革兰氏反应阳性细菌(G^+)。二者的细胞壁组成与结构有明显的差异。革兰氏阳性细菌的细胞壁较厚，只有一层，其化学组成以肽聚糖为主。细胞壁由两部分构成：一是微细纤维组成的网状骨架，一是基质。骨架包埋于基质中。革兰氏阴性细菌的细胞壁有内壁层与外壁层。内壁层紧贴细胞膜，厚约 2～3nm，是一单分子层或双分子层，占细胞壁干重的 5%～10%，由薄薄的一层肽聚糖组成。外壁层覆盖于肽聚糖的外部，外表面不规则，切面呈波浪形。外壁层又分为内、中、外三层。外层为脂多糖层、中层为磷脂层、内层为脂蛋白层，它以脂类部分与肽聚糖肽链上的二氨基庚二酸连接。

2.1.2.2 细胞膜(cell membrane)

细胞膜又称原生质膜(plasma membrane)或质膜，是外侧紧贴于细胞壁内侧，包裹细胞质的一层柔软而富有弹性的半透性薄膜，控制着物质输送入细胞质及从细胞质内向外输出。在电子显微镜下可以看到细胞膜有三层，两侧表现为两条细线(为致密层)，中间被一较亮的区域(透明层)隔开。细胞膜总厚度约为 7～8nm，透明层厚约 4nm，内外两致密层各厚约 2nm。细菌细胞膜占细胞干重的 10%左右。其化学组成主要是脂类(20%～30%)，脂类成分主要为极性脂类——甘油磷脂，蛋白质(60%～70%)，此外还有少量糖蛋白和糖脂(约 2%)，以及微量核酸。

甘油磷脂由甘油、脂肪酸、磷酸和含氮碱组成。其化学成分因菌种而异，但它们都是两性分子，其结构可分为亲水的头部或极性端(X 部分)与疏水的尾部或非极性端(R 部分)。

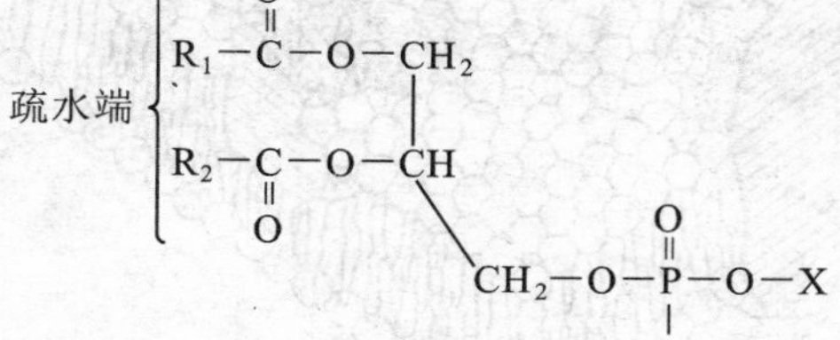

疏水端：$R_1-\overset{\displaystyle O}{\overset{\|}{C}}-O-CH_2$，$R_2-\underset{\displaystyle O}{\underset{\|}{C}}-O-CH$

$$CH_2-O-\underset{\displaystyle O^-}{\underset{|}{\overset{\displaystyle O}{\overset{\|}{P}}}}-O-X$$

亲水端

R_1、R_2 为脂肪酸链；X 为含氮碱，例如：

$-CH_2-CH_2-N^+(CH_3)_3$ 磷脂酰胆碱

或 $-CH_2-\underset{\displaystyle N^+H_3}{\underset{|}{CH}}-COO^-$ 磷脂酰丝氨酸

或 $-CH_2-CH_2-N^+H_3$ 磷脂酰乙醇胺

磷脂分子在水溶液中易形成具有高度定向性的双分子层，相互平行排列于膜内，其亲水的极性基指向双分子层的外表面（即含水较多的细胞质与外界），疏水的非极性基向内（膜内部），这样就形成了膜的基本结构。

目前对细胞膜的结构尚有不同看法，但有几点是一致公认的：

(1)磷脂双分子层构成膜的基本骨架；

(2)磷脂分子在细胞膜内以多种形式不断运动，从而使膜结构具有流动性；

(3)膜中的蛋白质分子无规则的以不同深度分布于膜的磷脂层中，参见图 2—2 所示。

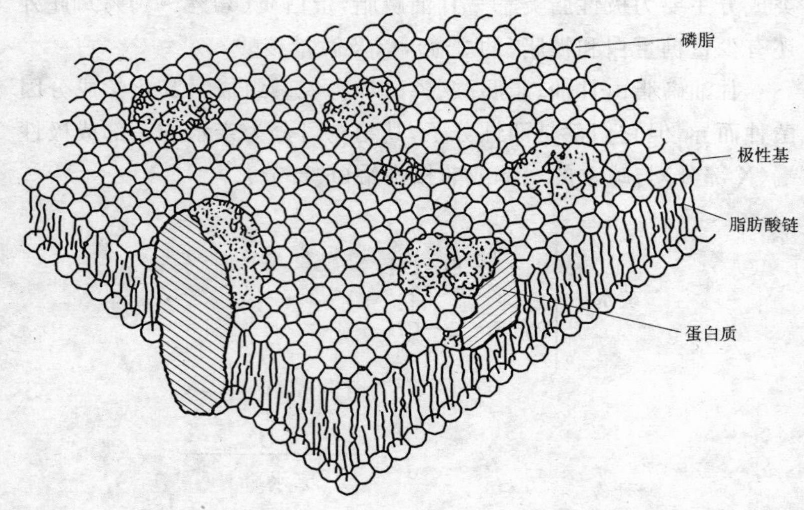

图 2—2 细胞膜结构模式图

2.1.2.3 细胞质(cytoplasm)

细胞质是细胞膜内的物质,除由一个大型的环状双链 DNA 分子形成的核区或核质体、原核外皆为细胞质。它是无色、透明的黏液,其 pH 值约为 7,主要成分为水、蛋白质、核酸、脂类,并有少量糖及无机盐。细胞质内还含有某些结构和内含物,如核糖体、羧酶体、载色体、类囊体等均属细胞内结构,此外还有气泡与颗粒状内含物。

2.1.2.4 鞭毛(flagellum)

运动性微生物细胞表面,生长着一条或数条由细胞内伸出的细长、波曲、毛发状的线状体结构,其长度往往超过菌体的若干倍,最长可达 70μm,直径很细,一般为 10~20nm,它是细菌的运动器官,鞭毛的运动才引起细菌的运动。

2.1.2.5 纤毛(fimbria)

很多革兰氏阴性细菌在其细胞表面有一些比鞭毛更细,较短而直硬的线状物,其数目很多,每个菌体有 150~500 根,直径 7~10nm,长 0.2~20μm。它们具有使菌体附着于物体表面的功能。

2.1.2.6 荚膜(capsule)

有些细菌生活在一定营养条件下可向细胞壁外表面分泌一层松散透明、黏度极大、黏液状或胶质状的物质,即为荚膜,又称胞外聚合层(extracellular polymeric)或胞外多糖层(extracellular polysaccharide)。有的细菌的荚膜物质互相融合,连为一体,组成共同的荚膜,多个菌体包含其中,称为菌胶团。荚膜的化学成分因菌种而异,主要是多糖,有的也含有多肽、蛋白质、脂以及由它们组成的复合物——脂多糖、脂蛋白等。荚膜多糖,又叫"胞外多糖"(extracellular expysaccharide)。从结构看,大多数细菌荚膜是一种聚合物均匀结构,现也将其包括在糖被构造中。荚膜物质被认为对细菌吸附在固体物表面有重要作用。

2.1.2.7 周质间隔(periplasmic space)

介于细胞壁与细胞膜之间的缝隙。细菌的细胞结构如图 2—

3 所示。

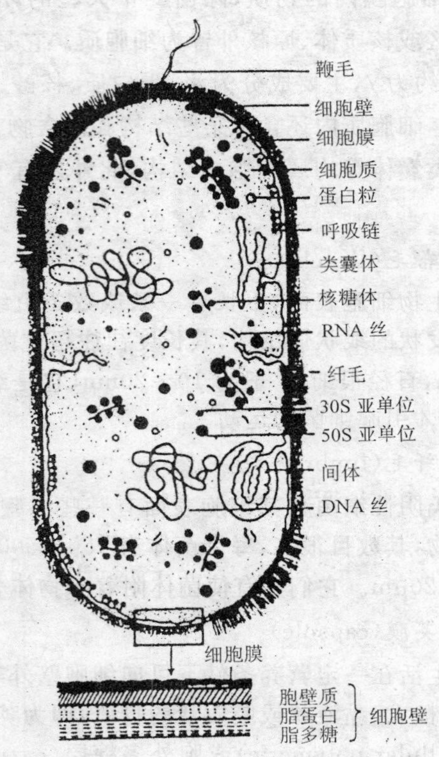

图 2—3 细菌细胞结构图

2.1.3 微生物的营养

与一切生物一样，微生物得以存活，繁殖，必须从外界环境中摄取所需要的各种物质。所有能满足其生长、繁殖和完成各种生理活动所需的物质统称为“营养物质”。这些物质可以概括为：

(1)碳源物质。提供构成细胞物质的碳源元素的来源，在细菌细胞的干重中，碳占 50%。因此，碳在细胞的构成与繁殖中有极为重要的作用。碳源物质通过机体内一系列复杂的化学变化构成细胞物质和为机体提供完成其生理活动所需的能量。碳源物质种类繁多,有无机物,主要是 CO_2 和碳酸盐等,也有复杂的有机含碳化合物。

(2)氮源物质。氮也是细胞组成的重要元素,占细菌细胞干重的12%~15%。氮源物质主要是用来合成细胞物质中的含氮物质,包括核酸和蛋白质等。常用的氮源物质有碳酸铵、硝酸盐、硫酸铵、尿素、氨以及氨基酸等。

(3)无机盐。它们主要是可为微生物提供除碳、氮以外的各种重要元素,特别是为机体生长提供必不可少的金属元素,这些元素在机体中的生理作用有参与酶的组成,构成酶的最大活性,维持细胞结构的稳定性,调节与维持细胞的渗透压平衡,控制细胞的氧化还原电位和作为某些微生物生长的能源物质等。一般有硫酸盐,磷酸盐、氯盐以及含有钠、钾、钙、镁、钛等金属元素的化合物。

(4)水。水不是营养物质,但它是细菌生存的必需条件,细胞90%是水,其机体内一系列生化反应均有水参加,营养物的吸收与代谢物的分泌通过水(溶液)来实现。此外由于水的热容高,又是热的良好导体,能迅速吸收代谢过程放出的热并将其散发出去,有效地控制细胞内温度的变化。

(5)其他。有些细菌在生长过程中需要某些特殊的物质,例如,嗜氧微生物生长需要氧气。用于氧化浸出处理硫化矿的微生物就是典型的例子。

不同的微生物需要的营养物质不同,按需要的营养物质性质的不同,微生物可分为两大类:

(1)自养微生物(autotrophs),以简单的无机物作为营养物质。

(2)异养微生物(heterotrophs),需要以复杂的有机物质作为营养物质。

生物在生长过程中需要能量,根据能量的来源,生物可分为两大类：一类是依靠物质氧化过程放出的能量，称为“化能营养型”生物，动物与很多微生物属于此类。另一类则是依靠光能进行生长，称为“光能营养型”生物，植物与小部分微生物属于此类，它们通过机体内的特殊色素，将光能转变为化学能，然后再供机体利用。

综上所述，生物根据营养物质与能源的不同可分为化能自养型、化能异养型、光能自养型、光能异养型四类。但是这种划分不是绝对的，它们在不同条件下往往可互相转变。

2.2 浸矿用细菌

据报道可用于浸矿的微生物的细菌有几十种，按它们生长的最佳温度可以分为三类，即中温菌（mesophile），中等嗜热菌（moderate thermophile）与高温菌（thermophile）。硫化矿浸出常涉及到的细菌如下所示：

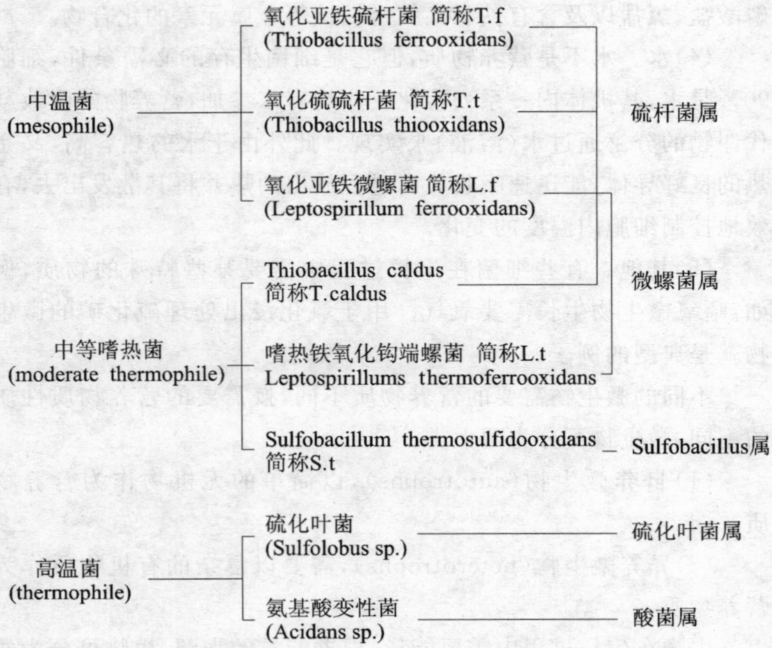

2.2.1 中温菌(mesophile)

此类细菌的生长适宜温度为25～40℃，在45℃以上不能生长。其中比较重要的有3种：

2.2.1.1 氧化亚铁硫杆菌(T. ferrooxidaus，以下简称T. f)

氧化亚铁硫杆菌属革兰氏阴性无机化能自养菌。其能源物质为Fe^{2+}和还原态硫，实际上可氧化Fe^{2+}、元素硫与几乎所有的硫化矿物，能有效地分解黄铁矿。它栖居于含硫温泉、硫和硫化矿矿床、煤和含金矿矿床，也存在于硫化矿矿床氧化带中，能在上述矿的矿坑水中存活。这类细菌的形状呈圆端短柄状，长1.0～1.5 μm，宽0.5～0.8μm，端生鞭毛(如图2－4所示)，细胞表面有一层黏液(外聚合层，又称多糖层)，能运动，只需要简单的无机营养便能存活(氮、磷、钾、亚铁等)。根据Macintosh(1976)与Stense(1986)等的看法，T. f能固定空气中的氮以满足其对氮的需求，这可以解释为什么该种菌在无任何明显氮存在的情况下仍具有活

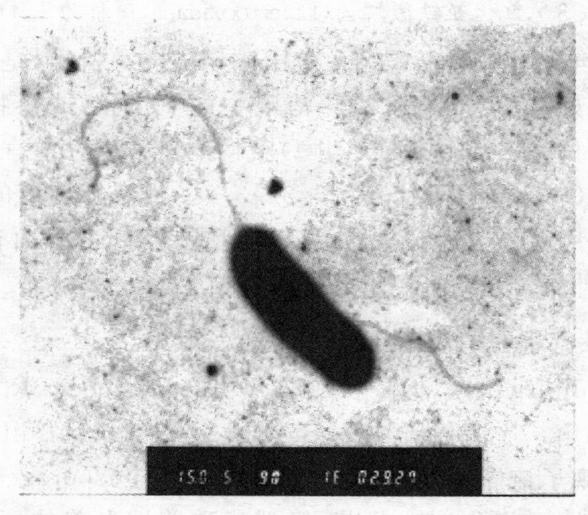

图2－4 氧化亚铁硫杆菌细胞形态❶(放大1.5万倍)

❶ 照片由昆明冶金研究设计院邹平提供。

力。适宜生长 pH 为 1～4.8，最佳生长 pH 为 1.8～2.5。存活温度为 2～40℃，最佳存活温度为 30～35℃。McCready R. G. 报道[2]，在 25～2℃范围内，温度每下降 6℃，T. f 的生长速度减小一半。某些菌株在温度低于 10℃时也能氧化黄铁矿。T. f 生长温度的上限在 40℃左右。

2.2.1.2 氧化硫硫杆菌(T. thiooxidans，简称为 T. t)

氧化硫硫杆菌与 T. f 同属于硫杆菌属，属革兰氏阴性无机化能自养菌。圆头短柄状，宽 0.5μm，长 1μm，端无鞭毛，常以单个、双个或短链状存在。栖居于硫和硫化矿矿床，能氧化元素硫与一系列硫的还原性化合物(S^{2-}，硫代硫酸根与某些硫化物)，适宜生存 pH 范围为 0.5～6，最佳生存 pH 为 2～2.5。生存温度范围为 2～40℃，最佳生存温度为 28～30℃。T. t 在纯态下不能分解硫化矿，但当它与 T. f 或 L. f 混合存在时可以提高二者分解硫化矿的能力。

2.2.1.3 氧化亚铁微螺菌(L. ferrooxidans，简称为 L. f)

1972 年氧化亚铁微螺菌由美国矿床中分离析出，是属螺旋菌一种，严格好氧，仅能通过氧化溶液中的 Fe(Ⅱ)或矿物中的 Fe(Ⅱ)成分(例如 FeS_2 中的 Fe(Ⅱ))获得能量。生存适宜温度范围为 45～50℃，最佳生存 pH 为 2.5～3.0。具有螺旋菌的弯曲状，如图 2—5 所示[3]。宽 0.5μm，极生鞭毛是其特征，表面有黏液(外聚合层)，外聚合层的主要组分是葡萄糖酸。

2.2.2 中等嗜热菌

(1)Sulfobacillus，该属于 1976 年由 Golovacheva R. S. 等[4]发现，发现的第一个物种命名为 Sulfobacillus thermosulfooxidans。另外还发现了该属的亚种 themotolerans[5]与 asporogenes[6]。属革兰氏阳性，无机化能自养菌，极端嗜酸兼性自养的真细菌(eubacteria)，以 Fe(Ⅱ)、元素硫、还原态硫作为其能源基质，可氧化 Fe(Ⅱ)、S^0、硫代硫酸根与一些硫化矿，如黄铁矿、黄铜矿、砷黄铁矿、亚锑盐酸矿、靛铜矿、铜铀云矿等。所有物种均能在有机物(酵

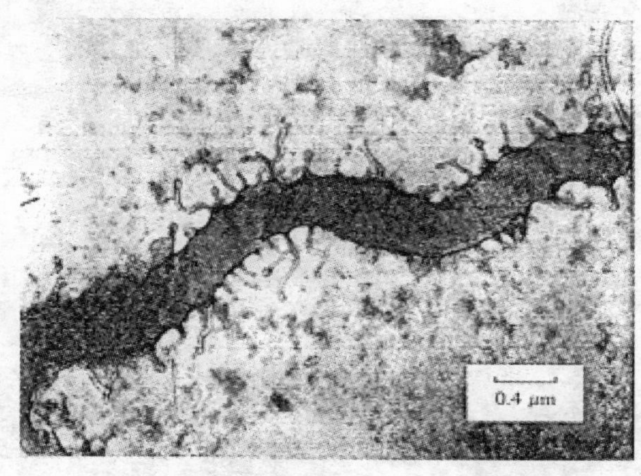

图 2—5　氧化亚铁微螺菌细胞的电子显微镜照片[3]

母提取物、某些糖、氨基酸或其他更复杂的有机物如谷胱甘肽、酪蛋白等)存在的混养条件下生长良好。也可以以酵母提取物等作为能源基质在异养条件下生长。最佳生长温度为 50℃,有效生长温度可达 58℃。这些细菌广泛存在于自然界如硫化矿堆、火山地区,存在于富含铁、硫或硫化矿的酸热环境中。细胞呈杆状,其尺寸为(0.6～2)×(3～6.5)μm,取决于生长条件。Paul R. Norris 研究了在 3 种不同底物下培养出的 S. thermosulfooxidans 的特性[4]。在 Fe(Ⅱ)加酵母提取物的混养条件下培养出的细胞尺寸最大((0.8～1.8)×3.6μm),以酵母提取物为能源的异养条件下培养出的细菌尺寸次之,而以 Fe(Ⅱ)为底物自养条件下培养出的细菌尺寸最小(0.6×(2～3.5)μm),该菌以亚铁为能源自养生长时更易生成内生孢子。

(2)1992 年 Golovacheva R. S. 等分离出微螺菌属的一种中等嗜热菌 L. thermoferrooxidans,其适应温度范围为 45～50℃之间,最佳 pH 为 1.65～1.9,具有微螺菌的共同特征。螺旋状,有鞭毛,严格好氧,只能氧化水溶液与矿物种的 Fe(Ⅱ),见图 2—6。

(3)T. Caldus 是 Hallberg K. B. 于 1994 年发表的[7]。它属于硫杆菌属,不能氧化 Fe(Ⅱ),可氧化还原态硫。在 Hallberg 正式

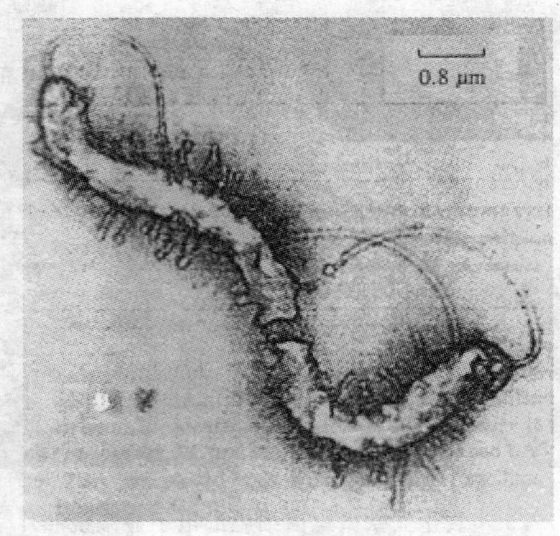

图 2－6　L. thermoferrooxidans 的电子显微镜照片[3]

将其归类为 T. caldus 之前，一个被称为 BC_{13} 的菌株的最佳生长温度为 45℃，在 55℃下也能生长。在实验室的连续浸出槽中在 35～40℃的条件下浸出锌－铅－铁硫化矿精矿时，介质中含有两种菌，即 L. ferrooxidans 与 T. caldus，它们分别是 Fe(Ⅱ)与还原态硫的主要氧化者。

2.2.3　高温细菌(thermophiles)[3]

Thermoacidophilic archaebacteria(嗜酸嗜高温古细菌)是微生物进化的一个独支系，共四个种属能氧化硫化物，即硫化叶菌(Sulfololus)，氨基酸变性菌(Acidanus)，金属球菌(Metallosphaera)和硫化小球菌(Sulfurococcus)。上面四个种属均极端嗜高温、嗜酸，球状无鞭毛，不游动，直径约 1μm。

其中硫化叶菌表面具有纤毛样的结构。均属兼性化能自养菌，能在自养、异养、混养条件下生长。在自养条件下能催化硫、铁及硫化物的氧化，利用二氧化碳作为碳源。混养条件下在培养基中加入 0.01%～0.02%酵母提取物则生长最快。叶硫球菌(Sulfololus acidocaldarius)还可在厌氧条件下以 Fe^{3+} 作电子受体氧化元素硫。叶硫球菌能在 pH 为 1～5.9 范围内生长，最佳 pH 为 2～3，生长温度为 55～80℃，而最佳生长温度是 70℃。A. brierleyi 的最佳 pH 为 1.5～2，温度范围为 45～75℃，最佳温度为 70℃。

上述细菌大多分布在含硫温泉中，上面提到的两个代表物种是从美国黄石国家公园的高温泉水中找到的，水的 pH 为 1～5.9，温度为 43～100℃。其他物种发现于冰岛、意大利、亚苏尔群岛、新西兰、日本、千岛群岛以及堪察加半岛的火山区。近来，在云南热温泉水中采集到了一种高温菌，在 65℃温度下浸出黄铜矿，其速率为氧化亚铁硫杆菌的 6 倍。其形貌如图 2－7 所示，是一种严格无机化能自养型嗜热嗜酸菌，革兰氏阴性[24]。

表 2－1 列出了各主要浸矿用细菌的一些性质参数。

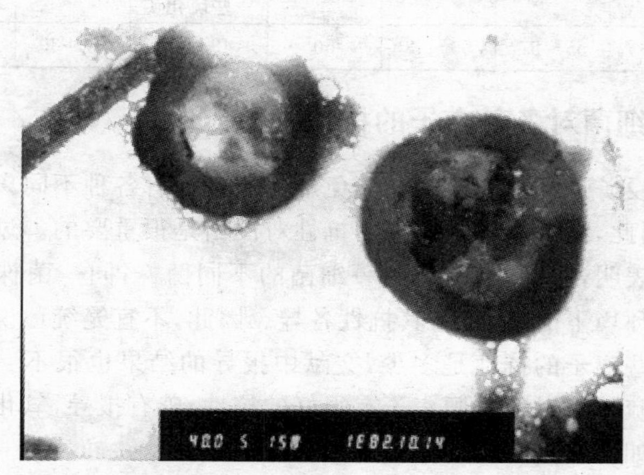

图 2－7 云南热温泉水中的高温菌形态❶(放大 4 万倍)

❶ 照片由昆明冶金研究设计院邹平提供。

表 2－1　浸矿用细菌主要性质

特性	T. f	T. t	L. f	Sulfobacillus	Sulfolobus	Acidanus
营养类型	自养	自养	自养	兼性自养	兼性自养	兼性自养
外形	圆端短柄	圆端短柄	弯曲杆状	直棒状	球形	球形
大小/μm	(0.3～0.5)×(1～1.7)	0.5×1.2	0.5×	0.8×(1.6～3.2)	1.5～1.6	1.5～1.6
适宜 pH 范围	1.0～6.0	0.5～6.0			1～5.9	
最佳 pH	2～2.5	2～2.5	2.5～3.0		2～3	1.5～2
适宜温度范围/℃	2～40	2～40		45～50	55～80	45～75
最佳温度/℃	28～30	28～30	30	50	70	70
	革兰氏阴性	革兰氏阴性	革兰氏阴性	革兰氏阴性	革兰氏阴性	革兰氏阴性
能氧化	Fe(Ⅱ) 还原态硫 硫化矿	元素硫 还原态硫 硫化矿	Fe(Ⅱ)	元素硫 还原态硫 Fe(Ⅱ) 一些硫化矿	硫 Fe(Ⅱ) 硫化矿	硫 Fe(Ⅱ) 硫化矿
x(G+C)/%	55～57	50～53	50	49～68	34～39	31～39

2.3　细菌对各种离子的抗性

在浸矿过程中细菌不可避免地生活在含有各种不同离子的介质中，因此，细菌对各种离子的抗性对浸出是很重要的。过去的众多研究表明，不同的细菌，同一细菌的不同菌株，同一菌株在经历了不同环境下的培养后，其抗性各异。因此，不宜笼统地说某些细菌对某些离子的抗性是多少，文献中报导的结果也很不一致。氧化亚铁硫杆菌对金属阳离子有很好的抗性，曾有报导，氧化亚铁硫杆菌在如下金属浓度的介质中生长[8]：

金属：	Co^{2+}	Cu^{2+}	Ni^{2+}	Zn^{2+}	U_3O_8	Fe^{2+}
质量浓度/$g\cdot L^{-1}$：	30	55	72	120	12	163

氧化亚铁硫杆菌对 Hg^{2+}，Ag^{+}，As^{3+}，Mo^{6+} 与负一价阴离子

Cl^-,Br^-,NO_3^-敏感,抗性差。生产实践表明,氧化亚铁硫杆菌与氧化亚铁微螺菌对 As^{5+} 的耐受力为 15～20g/L,对 As^{3+} 的耐受力更低,当 As^{3+} 的浓度达到 6g/L 时细菌的生长就会受到抑制[17]。砷化合物对细菌的毒害作用主要是因为砷酸盐是磷酸盐的类似物,可被细菌的磷酸盐转移系统所转移,使细菌表现出“磷酸盐饥饿”症状。As(Ⅲ)比 As(Ⅴ)砷酸盐毒性更大,因为它可与蛋白质的巯基作用使酶失活[19],而酶在细菌细胞的新陈代谢过程中起决定性作用。对于许多生物体来说,汞离子具有很高的毒性,其部分原因是它对硫醇类化合物具有较大的亲和性。这种相互作用以及伴随所形成的化合物的稳定性,使得许多蛋白质和酶结构中的必需硫醇失去活性。再者,正常的代谢过程能产生一些比 Hg^{2+} 毒性更大的有机汞化合物[21]。Silverman[9] 的试验表明,在 9K 培养基中 1mM 的 Mo^{6+} 对氧化亚铁硫杆菌对铁的氧化已有抑制作用,2mM 则完全抑制铁的氧化。嗜热菌的一个重要特性是它们对 Cl^- 的高度敏感,这对浸矿实践十分重要,也对所采用水源的水质提出了特别的要求。有些地区的水含 Cl^- 高,其使用必然受到限制。用混合硫杆菌浸出硫化铜矿有使用含 Cl^- 5g/L 的水的实例,而用氧化亚铁硫杆菌,用含 $Cl^- > 5g/L$ 的水则未获成功[15]。Cl^- 的毒性可能表现在破坏细菌的膜[18]。

Norris P. R. 曾报导,氧化亚铁微螺菌(L. ferrooxidans)对铀、银、钼的抗性为氧化亚铁硫杆菌的 4～5 倍多,但对铜的抗性则低 100 倍[10]。Sand W. 等[11]对比了氧化亚铁硫杆菌,氧化亚铁微螺菌,氧化硫硫杆菌与 Acidiphilium 对重金属离子的抗性,结果示于图 2－8。从图看出,氧化亚铁硫杆菌与氧化亚铁微螺菌对 Cu^{2+},Zn^{2+},Al^{3+},Ni^{2+} 与 Mn^{2+} 的抗性相当,但氧化亚铁微螺菌比氧化亚铁硫杆菌对 Co^{2+} 更敏感(<2g/L)。氧化硫硫杆菌对除了 Zn^{2+} 以外的所有阳离子的敏感度为<5g/L,而对 Zn^{2+} 则为 10g/L。

细菌对离子的抗性机理有内在的(细菌的生理及遗传特性),有以下 4 个方面[3,12]:

(1)通过改变膜转移系统,使有毒离子不能进入细胞内,也能

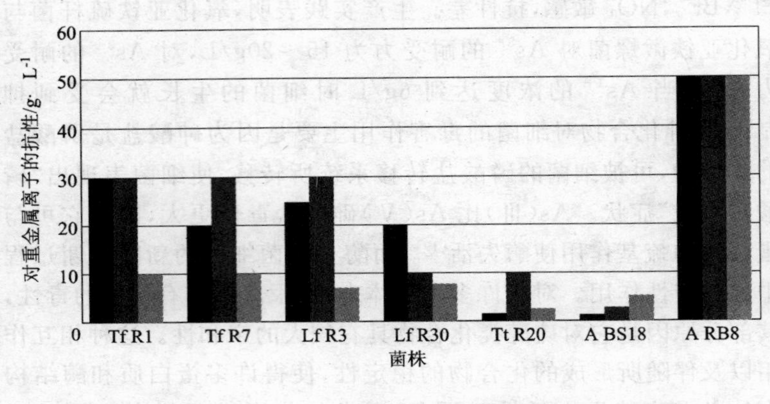

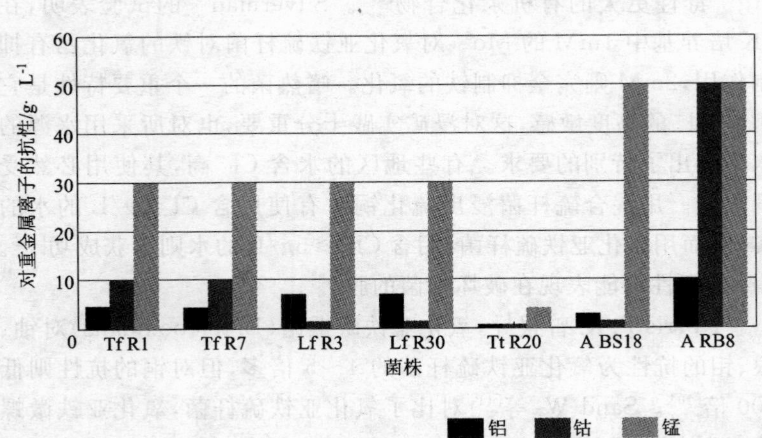

图 2—8 四种细菌对部分金属离子的抗性

Tf(T. ferrooxidans), Tt(T. thiooxidans)

Lf(L. ferrooxidans), A(Acidiphilium)

R1, R7, R3, R30, R20, BS18, RB8 为菌株编号

将原先就存在于胞内的有毒离子泵出胞外；

(2)通过特殊的金属离子络合剂在细胞内外将有毒离子固定(一般固定细胞壁上)，使其不能进入细胞内；

(3)通过抗性基因编码的高度特异性的离子泵出系统，将有毒

离子泵出胞外,这是质粒控制的抗性系统;

(4)通过细胞的酶系统,将有毒离子转变成低毒的物质。

质粒编码的抗性机理目前还研究的不很深入。主要的抗金属毒性的特质都是由质粒编码的。氧化亚铁硫杆菌的大多数含有质粒,1980 年 MaO[13] 首先报导从氧化亚铁硫杆菌与兼性自养嗜酸性硫杆菌中分离得到了质粒。有的氧化亚铁硫杆菌不含质粒,这间接说明在硫杆菌中硫和亚铁的氧化机能不是由质粒所编码的。质粒编码的抗性系统能抵抗一系列重金属离子的毒性,诸如:Ag^{+}、AsO_2^{-}、AsO_4^{2-}、Bi^{3+}、Cd^{2+}、Co^{2+}、CrO_4^{2-}、Hg^{2+}、Ni^{+}、TeO_3^{2-}、Ni^{+}、TeO_3^{2-}、Tl^{+}、Pb^{2+}、Zn^{2+}。

将抗砷的质粒 R773 导入氧化亚铁硫杆菌后,其抗性明显增强。Rawling 与 Wood 进行了氧化亚铁硫杆菌质粒基因重组,获得了一种抗砷菌株,用于金精矿的浸出可以提高金的浸出率[14]。1994 年 Peng 等[23,24]利用大肠杆菌 Incp 族质粒能够转移到氧化亚铁硫杆菌中并表达其功能的特性,选用 PJRD215 作为氧化亚铁硫杆菌基因工程载体,通过整合在大肠杆菌 SM10 染色体上的 PR4 质粒 Tra 基因的作用被带动转移到氧化亚铁硫杆菌中,使得该质粒上的两个抗性基因(卡那霉素和链霉素基因)和抗砷基因(As^{+})被成功地转移到氧化亚铁硫杆菌中并获表达。山东大学徐海岩等[20] 利用 DNA 体外重组技术将抗砷质粒酶切、克隆,构建了新的氧化铁硫杆抗砷工程菌 T. f－59(PSDX3),以减少砷化合物在细菌体内积累,专一性地排出砷化合物,使磷酸盐系统正常工作,免于砷的毒害。抗砷试验表明,此种含有抗砷质粒的菌株可在 AsO_2^{-} 高达 80mmol/L 的条件下正常生长,而野生型 T. f 在 AsO_2^{-} 60mmol/L 的条件下受到严重抑制。氧化亚铁硫杆菌 ATCC33020 的抗砷基因已被克隆出[15]。郭爱莲等对适合氧化亚铁硫杆菌(T. ferrooxidans)特点的诱变方法进行了研究:把菌体制成无铁细胞悬液进行小剂量、多次数的诱变,氧化亚铁硫杆菌菌株 S_1 经多次紫外线和激光照射,并结合逐级驯化处理,最终选育出了优良耐砷菌株 S_x,它能在含 11g/L As_2O_3 的环境中生长,比出发菌株的 0.7g/L 提高了近 14.7 倍。在用该菌株进行浸矿的实验结果表明：浸矿能力良好，同样是在 10%接种量时，浸出时间比出发菌株缩短了一天，并且砷的浸出率由原先的 76%提高到 85.7%[16]。

除开细菌的生理及遗传特性外，细菌生长在有利条件下的化学因素对细菌耐高浓度金属离子也是有贡献的，这些条件大体有[12]：

(1)具有优化成分介质的低 pH 值，使细胞壁上的阴离子格点质子化，从而减少了有毒金属离子与细胞壁的结合；

(2)介质中某些阴离子的存在(特别是磷酸根、砷酸根离子)，会与某些金属阳离子生成沉淀，从而减少阳离子与细胞结合的机会；

(3)细胞分泌或死细胞释放出的有机配位体能与金属离子络合，同样可以减少阳离子与细胞的结合；

(4)在介质中存在某些能与有毒的金属或非金属竞争的物质，会减少有毒物质的毒性，例如磷酸根的存在可减少砷酸根的毒性，钾离子的存在可减少 Tl^{+} 的毒性。

2.4 细菌的采集、培养与驯化

细菌的采集、培养与驯化涉及到以下 5 方面内容：

(1)细菌菌样的采集；

(2)细菌的分离、培养、纯化与鉴定；

(3)细菌的驯化；

(4)细菌数量的测定；

(5)细菌活性的测定。

这些内容和微生物学实验研究采用的方法及技术大体一致，在有关微生物学的教科书中均有系统的阐述，下面只着重说明其中的几个问题。

氧化亚铁硫杆菌一般在硫化矿的矿坑水中都有，若矿坑水 pH 为 1.5～3.5 并呈红棕色，则很可能有氧化亚铁硫杆菌。在国内裘荣庆等1960年从广东云浮茶洞毒砂矿酸性矿坑水中首次分离出氧化亚铁硫杆菌。作者及其同事先后在云南东川汤丹铜矿、大姚铜矿等的矿坑水中采集到氧化亚铁硫杆菌。最近在云南某温泉水中采集到高温菌。

浸矿用的菌种也可向菌种保藏单位购买，但经验证明，在将进行细菌浸矿的矿区就地采集的细菌比外购的细菌有更强的适应当地条件的能力。

细菌的培养是细菌浸出的主要准备工作。在适宜的条件下使所需的细菌繁殖，提供浸出所需的细菌。这些条件包括：合适的培养基、温度、pH以及O_2和CO_2的供给。

2.4.1 培养基

培养基是细菌获取营养、能源的源泉。不同的微生物有不同的营养要求，因此，首先根据不同微生物的营养需要配置不同的培养基。由于自养微生物有较强的合成能力，能从简单无机物质如CO_2和无机盐合成本身需要的糖、蛋白质、核酸、维生素等复杂的细胞物质，因此，培养自养微生物的培养基由简单的无机物组成。细菌浸出常用的氧化亚铁硫杆菌，氧化硫硫杆菌的培养基大多采用Leathen提出的成分，见表2－2。

有些研究者在实验应用中使用的培养基成分有小的变动，例如用硫磺粉代替$FeSO_4$做能源物质，其他一些物质的含量也略有不同。

异养微生物合成能力较弱，不能以CO_2作为惟一的能源，其培养基中至少需含一种有机物质如葡萄糖，有的需要一种以上的有机物。

2.4.2 合适的条件

主要的条件有pH、温度、浸出液中Fe^{3+}离子初始浓度、CO_2与O_2的供给等。经众多前人的研究，这些条件业已确定，并在2.2节中介绍各种细菌时已指出了各种浸矿菌生长的最佳温度和最佳pH。

细菌的培养通常在生化培养箱中进行。在 100mL 锥形瓶中先加入 30mL 培养基，然后接种 5～10mL 菌种液，置于培养箱中，在 30℃下恒温培养 2～3d。可隔一定时间取样化验 Fe(Ⅲ)浓度，统计细菌浓度(个/mL)。

为使细菌具有最大活性，必须通过驯化使细菌适应与其工作条件相似的基质。这种驯化往往采用逐步提高培养基或浸出悬浮液中金属离子浓度的办法使菌株对高金属离子浓度适应。其方法是：首先在三角瓶中加入一定体积的培养基，配入一定量的某种金属离子(保持低浓度)，然后接种入需要驯化的细菌进行恒温培养，待细菌适应并能正常生长后再将它接种入新的一份培养基中，其金属离子浓度比上一次高，继续培养，依次进行多次，每一次的培养基中金属离子浓度都比前一次高。

表 2—2 自养微生物培养基成分

成 分	培 养 基 种 类				
	Leathen	9K	Wakesman	ONM	Colmer
$(NH_4)_2SO_4$	0.15g	3.0g	0.2g	2.0g	0.2g
KCl	0.05g	0.1g			
K_2HPO_4	0.05g	0.5g	KH_2PO_4 3～4g	KH_2PO_4 4.0g	KH_2PO_4 3g
$MgSO_4 \cdot 7H_2O$	0.50g	0.5g	0.5g	0.3g	0.1g
$Ca(NO_3)_2$	0.01g	0.01g			
$CaCl_2 \cdot 2H_2O$			0.25g	0.3g	$CaCl_2$ 0.2g
硫磺粉			100g	10.0g	
浓度为 5mol/L 的 H_2SO_4		1.0mL			
$Na_2S_2O_3 \cdot 5H_2O$					5g
$FeSO_4 \cdot 7H_2O$	10.0g	44.3g	0.01g	0.01g	
蒸馏水	1000mL	1000mL	1000mL	1000mL	1000mL
适用菌种	氧化铁杆菌与氧化亚铁硫杆菌		氧化硫硫杆菌		氧化亚铁硫杆菌

参考文献

1 武汉大学、复旦大学生物系微生物学教研室编.微生物学(第二版).北京:高等教育出版社,1987.11－54

2 McCready R G. Progress in the bacterial leaching of metals in Canada. In:Norris P R, Kelly D P, eds. Biohydrometallurgy. Kew Surrey: Science and Technology letters, 1988. 177－195

3 Jack Barret, M. N. Hughes, G. L. Karavaiko and P. A. Spence. Metal Extraction by Bacterial Oxidation of Minerals. New York. London. Toronto. Sydney. Tokyo. Singapore: Ellis Horwood, 1993. 48

4 Golovacheva R S, Karavaiko G I. Second International Symposium on Microbial Growth on C_1 Compounds. Pushchino, USSR Academy of Science, 1997, 108

5 Kovalenko E V, Malakhove P T. Mikrobiologiya, 1983, 52: 962

6 Karavaiko G. I., Golovacheva R. S., Pivovarova T. A. et al. In: Norris P. R. and Kelly D. P. eds, Biohydrometallurgy－87, International Symposium, Warwick, U. K. Science and Technology Letters, 1987, 29

7 Hallberg K B, Linstrom E B. Characterization of Thiobacillus caldus sp. nov. a moderately thermophilic acidophile. Microbiology, 1994, 140: 3451－3456

8 Torma A P. The role of Thiobacillus ferrooxidans in hydrometallurgical process. Adv. Biochem Eng., 1977, (6): 1－38

9 Silverman M P, Lundgren D G. Studies on the chemo－autotropic iron bacterium T. ferrooxidans, I, An improved medium and harvesting procedure for securing high cell yield. J. Bactriol., 1959, 77: 642－647

10 Norris P R, Parrot L, Marsh R M. Moderately thermophilic mineral－oxidizing bacteria. Biotech Bioeng Sym., 1986, (16): 253－262

11 Sand W, Gehrke T, Hallmann R, et al. In situ bioleaching of metal sulfides: The importance of leptospirillum ferrooxidans. In: Torma AE, Wey JE, Laksmanan VI eds. Biohydrometallurgical Technologies, Vol. I. Warrendate. Pensylvania: TMS Press, 1993. 15－27

12 姜成林,徐丽华.微生物资源学.北京:科学出版社, 1997. 167

13 MaO, M W H. FEMS Microbiology letters, 1980, (8): 121－125

14 颜望明.浸矿细菌的遗传工程.微生物学通报, 1989, 16(3): 173－175

15 Douglas E. Rawlings. Mesophilic, Autotrophic Bioleaching Bacteria: Description, Physiology and Role, In: Douglas E. Rawlings eds. Biomining: Theory, Microbes and Industrial Processes. Springer－Verlag and landes Bioscience, 1997. 229－245

16 郭爱莲，孙先锋，朱宏莉，郎惠云. He－Ne激光、紫外线诱变氧化亚铁硫杆菌及耐砷菌株的选育. 光子学报，1999，28(8)：718－721

17 Dew D. W. Comparison of performance for continuous biooxidation of refractory gold ore flotation concentrates. Biohydrometallurgical Processing，Vol. 1. IBS95，239－251

18 Lawson E. N.，Nicholas C. S.，Pellat I. I. The toxic effect of chloride ions on Thiobacillus ferrooxidans. In：Vargas T.，Jerez CA.，Wiertz JV.，Toledo H. eds. Biohydrometallurgical Processing Vol. Ⅰ. University of Chile Press，1995. 165－174

19 徐海岩，颜望明. 细菌抗砷特性研究进展. 微生物学通报，1995，22(4)：228－231

20 徐海岩，颜望明，刘振盈等. 抗砷载体的构建及在亚铁硫杆菌中的表达. 应用与环境生物学报，1995，1(3)：238－241

21 S. L. Lippard，J. M. Berg 著. 席振峰等译. 生物无机化学原理. 北京：北京大学出版社，2000. 103

22 Peng J. B.，Wangming Y. and Xuezhou B. J. Bacteriol.，1994，176：2892－2897

23 Jinbin P.，Wangming Y. and Xuezhou B. Appl. Environ. Microbiol.，1994，60：2653－2656

24 邹平，杨家明，周兴龙，赵有才. 嗜热嗜酸生物浸出低品位原生硫化铜矿. 有色金属(季刊)，2003，55(2)：21－24

3 微生物浸出的机理

微生物浸出可用于处理硫化矿，也可用于处理氧化矿。

硫化矿的浸出是一个氧化过程，化学氧化、电化学氧化、生物氧化与原电池反应同时发生，至少包含下列一些类型的反应：

(1)硫化矿的氧化；

(2)Fe(Ⅱ)的氧化；

(3)S^0与其他硫的中间产物(亚硫酸根、硫代硫酸根)的氧化；

(4)原电池反应；

(5)难溶产物的生成。

而氧化矿的浸出则要复杂得多，按其有无电子参加可分为：

(1)还原过程，如 MnO_2 的浸出，Mn(Ⅳ)还原为 Mn(Ⅱ)；

(2)氧化过程，如铀矿的浸出，U(Ⅳ)氧化为 U(Ⅵ)；

(3)酸溶与络合反应，如用真菌浸出镍、锌等的氧化矿。

不同的过程有不同的机理，甚至同一过程因微生物的不同，其机理也不相同。

3.1　硫化矿细菌浸出机理

关于硫化矿细菌浸出机理，过去不少人研究过并相继提出了若干观点。比较流行的是细菌的间接作用与直接作用两种机理，但一直存在着争论。要弄清细菌浸出的机理，至少应说清三个层面的问题：(1)是谁在氧化硫化物，氧化过程中的第一电子受体是谁；(2)这种氧化过程的反应途径是什么，即反应的终端产品是什么，在到终端产品之前经历了哪些中间阶段；(3)细菌起何作用并如何起作用。

3.1.1 关于机理的不同观点

细菌浸出的实质是使难溶的金属硫化物氧化，使其金属阳离子溶入浸出液，浸出过程是硫化物中 S^{2-} 的氧化过程。过去的普遍看法是这一过程有细菌的间接作用与直接作用两种机理。细菌的间接作用是金属硫化物被溶液中 Fe(Ⅲ)氧化，是一化学或电化学过程：

$$MeS+2Fe^{3+} \longrightarrow Me^{2+}+2Fe^{2+}+S^0 \quad (3-1)$$

所生成的 Fe^{2+} 在细菌的参与下氧化成 Fe^{3+} ：

$$Fe^{2+}+\frac{1}{4}O_2+H^+ \xrightarrow{\text{细菌参与}} Fe^{3+}+\frac{1}{2}H_2O \quad (3-2)$$

Fe^{3+} 得以再生并再次去氧化硫化物，如此周而复始，循环进行。而所谓细菌的直接作用是硫化物在细菌的参与下被 O_2 所氧化：

$$MeS+\frac{1}{2}O_2+2H^+ \xrightarrow{\text{细菌参与}} Me^{2+}+S^0+H_2O \quad (3-3)$$

这一氧化过程没有细菌参与时虽然在热力学上可行，但十分缓慢而不具有实用价值。由于细菌的参与，使这一过程大为加快。

细菌"直接作用"最初是指细菌的细胞与被氧化的物质之间的作用，从这一含义出发，细菌对 Fe^{2+} 与 S^0 等的氧化应属于"直接作用"的范畴。而在固体状态硫化物的氧化时细菌的"直接作用"指的是细菌的细胞与硫化矿表面之间的作用，这种作用被假定是通过某种酶来完成的。

众多的研究已表明，在 ZnS、NiS、CuS 等硫化矿浸出的时候，当用 Fe^{3+} 浸出、溶液电位保持不变并且溶液中 Fe^{3+} 浓度较高时，有菌与无菌的速率相当。ZnS 浸出是一个很好的例子，如图 3－1 所示[1]。这类硫化矿的浸出被认为是细菌的间接作用。

另一类矿物，典型的是黄铁矿，其氧化过程比较流行的看法是以细菌的直接作用为主，即

$$FeS_2+0.5H_2O+\frac{15}{4}O_2 \xrightarrow{\text{细菌}} Fe^{3+}+2SO_4^{2-}+H^+ \quad (3-4)$$

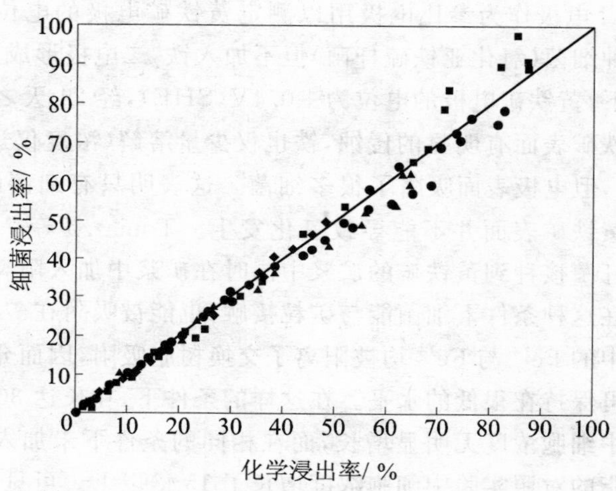

图 3－1　闪锌矿细菌浸出与化学浸出速率对比图

[Fe^{3+}]：◆—2g/L；●—4g/L；▲—9g/L；■—10g/L

其主要依据是(1)黄铁矿细菌浸出速率比用 Fe^{3+} 进行化学氧化浸出的速率快得多。1993 年 M. Boon 与 J. J. Heijnen[2] 总结了 1972～1992 年间发表过的 24 篇有关文献，认为黄铁矿细菌氧化的速率比用 Fe^{3+} 进行的化学氧化高出 10～20 倍。(2)从 1978 年以来若干研究者[3,7～12,29] 均发现，黄铁矿细菌氧化不是均匀地进行，而是在其表面形成侵蚀坑，其形状和尺寸与参与的细菌(氧化亚铁硫杆菌)极为相似，过去一直把这种现象作为被吸附细菌与其附着表面之间发生界面反应的结果。

1999 年 G. S. Hansford[3] 指出，根据上述情况得出结论说黄铁矿氧化是细菌直接作用是不正确的，因为提供依据的那些实验，即用 Fe^{3+} 进行的化学氧化与细菌参与下的氧化二者是在不同的介质电位下进行的。测定没有细菌参与的条件下 Fe^{3+} 浸出黄铁矿的浸出速率时，溶液的电位比有细菌参与时低。Tomas Vargas 等[4] 的一组试验很能说明问题。把磨平并抛光的黄铁矿作为一电极与另一铂电极同时放入溶液中组成电解池，黄铁矿作阳极，另一

Ag/AgCl 电极作为参比电极用以测定黄铁矿电极的电位。在溶液中接种细菌(氧化亚铁硫杆菌)但不加入铁,二电极形成开路(此种条件下,黄铁矿电极的电位为+0.4V,SHE),经 24 天之后并未发现黄铁矿表面有明显的侵蚀,铁也仅少量溶解(浓度仅达 $1.6\times10^{-3}\%$),但电极表面吸附了很多细菌。这表明只有细菌,而且被吸附到黄铁矿表面并不能导致氧化发生。Toniazzo 等[36]把氧化亚铁硫杆菌接种到黄铁矿的矿浆中同时在矿浆中加入阳离子交换树脂。在这种条件下细菌能与矿粒接触,也能被吸附在矿粒表面,但介质中的 Fe^{3+} 与 Fe^{2+} 均被阳离子交换树脂吸附,因而介质中铁的浓度可保持在很低的水平。在这样的条件下,在长达 30 天时间内介质中细胞浓度无明显增长,而在相同的条件下未加入阳离子交换树脂的对照实验中细胞浓度增长了 15 倍以上。可见,若介质中只有黄铁矿而无 Fe^{3+},细胞不会繁殖,同时对矿粒进行拉曼光谱检测表明,在这种情况下,除开 $S_2{}^{2-}$ 外没有发现任何 $S_2{}^{2-}$ 的氧化产物存在。而不加阳离子交换树脂的对照实验中,矿粒的拉曼光谱明显地显示出了 $S_2{}^{2-}$ 的氧化产物存在。这一试验也很好地说明,氧化亚铁硫杆菌并不能与黄铁矿"直接作用",直接以黄铁矿为其能源基质,通过"直接"氧化黄铁矿获得能量而繁殖。

因而另一种观点认为,即使是黄铁矿的细菌氧化也是间接作用,即

$$FeS_2+14Fe^{3+}+8H_2O\longrightarrow15Fe^{2+}+2SO_4^{2-}+16H^+ \quad (3-5)$$

$$15Fe^{2+}+\frac{15}{4}O_2+15H^+\xrightarrow{\text{细菌}}15Fe^{3+}+\frac{15}{2}H_2O \quad (3-6)$$

A. Schipper 等的试验表明氧化亚铁硫杆菌与氧化亚铁微螺菌氧化黄铁矿的能力大致相当,而氧化硫硫杆菌氧化黄铁矿的速率极低(见第 6 章图 6-1)。注意到氧化亚铁微螺菌是一种只能氧化 Fe(Ⅱ)的细菌,而氧化亚铁硫杆菌则既能氧化还原态硫也能氧化 Fe(Ⅱ),氧化硫硫杆菌不能氧化 Fe(Ⅱ),则可以看出 Fe^{3+} 在黄铁矿氧化中的重要作用。一些使用 BIOX® 工艺处理难处理金

矿的工厂实践也表明，用由氧化亚铁硫杆菌、氧化硫硫杆菌、氧化亚铁微螺菌组成的混合菌进行浸出时，经过一定的时间，氧化铁微螺菌成为优势菌种。这些事实都支持黄铁矿氧化是间接作用这一观点。

直接作用机理有一个环节很难解释，即从硫化物表面到细菌细胞内部的电子传输过程中是谁作为首端电子受体，把电子从硫化物表面跨越硫化物与细胞壁的界面把电子传到细胞内。最初曾假定是某种酶，但时至今日，一直未能发现这种酶。以上情况使得“直接作用”机理难以令人信服，所以 W. Sand 等认为“确凿证据表明，直接作用机理并不存在”[7]。过去被认为是细菌直接作用的过程发生在被吸附于矿物表面的细胞与矿物之间，即使在这种情况下是靠细菌细胞外的外聚合层（细胞分泌产物形成的）中的 Fe（Ⅲ）去氧化硫化物。即是说，在这种情况下，氧化硫化物的依然是 Fe（Ⅲ），只不过这种 Fe（Ⅲ）不是游离于溶液本体中的，而是包含于细胞外的外聚合层（多糖层）中的。氧化而生成的 Fe（Ⅱ）又靠细胞内的反应被 O_2 氧化成 Fe（Ⅲ）。Sand 等人指出[5]，由于“直接作用”与“间接作用”都是靠 Fe（Ⅲ）去氧化金属硫化物，因此这两种机理没有本质的区别，都属于间接作用，这一氧化过程分两步进行。第一步是 Fe（Ⅲ）氧化金属硫化物，这 Fe（Ⅲ）有两种来源，一种是游离于溶液本体中的 Fe^{3+}，另一种是吸附在硫化物表面的细菌细胞外多糖层中的 Fe（Ⅲ）。第二步是前一过程所生成的 Fe^{2+} 在细菌参与下被氧化成 Fe^{3+}，使 Fe^{3+} 再生，这一过程主要是在细菌的细胞内进行，并作为细菌获取能源的途径。

根据这种对机理的解释，在吸附细菌与其附着表面之间发生界面反应，有人建议将这称为“接触浸出”。过去众多的研究所发现的黄铁矿细菌浸出时，其表面侵蚀不是均匀发生，而是形成尺寸与形状与细菌相仿的刻蚀坑，这一直被认为是吸附的单个细菌与其附着表面处发生“接触浸出”的结果。然而近年来，这种吸附细菌与其附着面之间的界面反应也受到质疑。2001 年，Katrina[12]

指出，对放置于接种了氧化亚铁硫杆菌介质中的黄铁矿矿样(表面抛光)进行的 SEM 检测表明，在反应前期阶段(一个星期)，其表面生成了许多形状和尺寸与氧化亚铁硫杆菌极为相像的刻蚀坑，后来(4 个星期)延伸为直线槽。可是在这些坑内与槽内从未观察到有细菌(过去一些人的研究也是如此)。对这一现象只可能有两种解释，一是这种刻蚀坑并不是细菌(被吸附的)的接触浸出造成的；另一种是被吸附细菌细胞在其附着位置与黄铁矿表面发生界面作用(接触浸出)而导致侵蚀坑的产生，到一定时候细菌细胞脱附了，进入溶液或转移到别的位置上去了。后一种解释显得不合逻辑，细菌细胞吸附在黄铁矿表面以及其脱附不可能同时进行，应该是随时间早晚不一，任何时候都有吸附与脱附发生并保持动态平衡，不管细胞在一个位置上停留时间有多长，在任何时候都应有一批细胞还保留在原来的位置上，如果侵蚀坑是细胞的接触浸出产生的，则总应该有一些细胞留在原侵蚀坑内。Katrina 的试验还同时发现，用不接种细菌的含 Fe^{3+} 的溶液(Fe^{3+} 浓度 0.01M，pH1.5，$T=42℃$)与黄铁矿(表面抛光)作用，同样不是均匀进行，也生成了侵蚀坑，其尺寸、形状与氧化亚铁硫杆菌作用时相像。这些现象使 Katrina J. 等得出结论说，虽然这些现象不能证明在吸附细胞与附着表面处不存在界面反应，但至少可以说明这种反应没有快到能在试验时间内形成电子显微镜可观察到的侵蚀坑，这些侵蚀坑依然是间接作用(Fe^{3+} 的作用)造成的。这就更有力地支持了间接作用机理。

根据上述机理，在细菌浸出时介质中有 Fe^{3+} 存在并保持介质的高电位至关重要。T. Gehrke 等[13]的试验表明，用氧化亚铁硫杆菌氧化黄铁矿，当介质中 Fe(Ⅲ)含量为 0.5g/L 时，没有滞后期，而未加 Fe^{3+} 的试验，则有 7 天的滞后期，一直到介质中的铁浓度上升到≥0.2g/L。

3.1.2 浸出的两种反应途径

按硫化矿氧化时硫的反应途径，浸出过程可分为两类。

(1)生成硫代硫酸盐的过程:

第一步:$MeS_2+6Fe^{3+}+3H_2O \longrightarrow S_2O_3^{2-}+6Fe^{2+}+6H^++Me^{2+}$ (3—7)

第二步: $S_2O_3^{2-}+8Fe^{3+}+5H_2O \longrightarrow SO_4^{2-}+8Fe^{2+}+10H^+$ (3—8)

硫化物被 Fe^{3+} 氧化,金属溶解,硫化物中的还原态硫氧化生成硫代硫酸根,继而硫代硫酸根很快与 Fe^{3+} 作用生成硫酸根,不太可能成为细菌的基质。Lowson 等用示踪氧原子与含有示踪氧的水中进行试验发现,水中的示踪氧进入了硫酸根,而空气中的示踪氧进入了水中。

(2)生成多硫化物的过程:

第一步 $MeS+Fe^{3+}+H^+ \longrightarrow Me^{2+}+\frac{1}{2}H_2S_n+Fe^{2+}$ $n \geq 2$ (3—9)

第二步 $\frac{1}{2}H_2S_n+Fe^{3+} \longrightarrow 0.125S_8^0+Fe^{2+}+H^+$ (3—10)

$0.125S_8^0+1.5O_2+H_2O \longrightarrow SO_4^{2-}+2H^+$ (3—11)

Schipper A. ,W. Sand[7] 将两种途径表示为如图 3—2 所示。

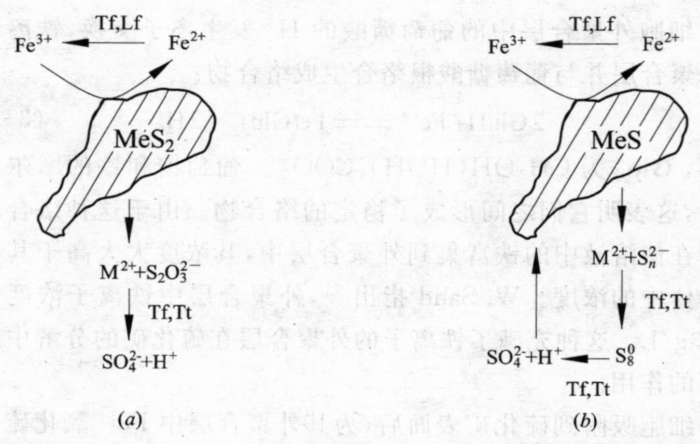

图 3—2 硫化矿氧化的两种途径

(a)生成硫代硫酸盐;(b)生成多硫化物

图 3－2 中 Tf、Lf、Tt 分别代表氧化亚铁硫杆菌、氧化亚铁微螺菌、氧化硫硫杆菌。

硫化物按何种途径反应取决于其电子结构。黄铁矿 FeS_2 与 MoS_2、WS_2 按硫代硫酸根途径反应。其余硫化物(它们均有一定的酸溶性)按多硫化物途径反应。Hackl R. P. 等报导他们在黄铜矿与 Fe^{3+} 作用时在其表面检测到多硫化物,可作为多硫化物途径的一个佐证[14]。

3.1.3 胞外多糖层的作用

胞外多糖层是细胞分泌的产物,又称外聚合层,它是附着于细胞壁外的一层松散透明、黏度极大、黏液状或胶质状的物质。外聚合层的化学成分因菌种而异,主要是多糖,有时为多肽、蛋白质、脂肪以及由它们组成的复合物——脂多糖、脂蛋白等,M. Rodriguezleiva 等曾在吸附在黄铁矿表面的氧化亚铁硫杆菌上探测到这种外聚合层的存在[15],Arrendondo R. 等分离出部分此种多糖层物质[16]。T. Gehrke 等则分析了这种外聚合层的化学成分[13]。当细胞置身于含有铁的离子 Fe^{3+} 或 Fe^{2+} 的溶液中时,溶液中的铁离子与细胞外聚合层中的葡萄糖酸的 H^+ 发生离子交换,铁离子进入外聚合层并与葡萄糖酸根络合生成络合物:

$$2GluH + Fe^{2+} \rightleftharpoons Fe(Glu)_2^+ + 2H^+ \quad (3-12)$$

其中,Glu^+ 为 $CH_2OH(HOH)_4COO^-$。葡萄糖和铁的摩尔比为 2∶1,这表明它们之间形成了稳定的络合物。由于这种络合现象的存在使溶液中的铁富集到外聚合层中,其浓度大大高于其在溶液本体中的浓度。W. Sand 指出[7],外聚合层中铁离子浓度大约为 53g/L。这种充满了铁离子的外聚合层在硫化矿的分解中起着重要的作用。

细胞吸附到硫化矿表面后,为其外聚合层中 Fe^{3+} 氧化硫化矿创造了条件。由于外聚合层中 Fe^{3+} 的浓度比溶液本体高得多(大约为 53g/L),则吸附细胞－矿物表面界面处的氧化反应比溶液本体中 Fe^{3+} 氧化硫化矿要快得多。

外聚合层中的铁离子既可是Fe^{2+},也可是Fe^{3+},显然,只有当外聚合层中Fe^{3+}占优势时被吸附细菌才有可能去氧化硫化矿。而外聚合层中Fe^{3+}/Fe^{2+}之比取决于溶液本体中Fe^{3+}/Fe^{2+},即是取决于溶液本体的电位。这样一来,溶液本体电位的大小对被吸附细菌的行为有决定性的影响。T. Gehrke 等的实验结果显示,当溶液中 Fe(Ⅲ)浓度<0.2g/L 时,即使在有菌条件下,黄铁矿的氧化速率几乎可忽略不计,只有当 Fe(Ⅲ)浓度≥0.2g/L 时,黄铁矿的氧化才能显著发生[13]。

3.1.4 Fe^{2+}的氧化

在细菌浸出过程中Fe^{2+}的氧化是一个重要环节。该过程不仅使Fe^{3+}再生使浸出介质保持高的电位,同时通过这一过程细胞获得能量用于自身的生长与繁殖。这一氧化过程最终的电子受体是O_2:

$$Fe^{2+}+0.25O_2+2H^+ \longrightarrow Fe^{3+}+H_2O \qquad (3-13)$$

这一反应在热力学上是完全可行的,而且其趋势很大,但在动力学上则十分缓慢。但在细菌(氧化亚铁硫杆菌、氧化铁铁杆菌)的参与下这一过程大为加快,这一过程发生在细菌内部。Fe^{2+}通过细胞壁上的微孔渗透到细胞壁内进入周质间隔,在那里把电子传给呼吸链,自身变为Fe^{3+}然后反渗透出细胞壁。电子通过呼吸链最后传递到细胞膜内侧的溶解于细胞质中的氧。不同的细菌电子传输链的组成不尽相同。R. C. Blake 等指出[17],至少有 4 种 Fe(Ⅱ)被氧化成 Fe(Ⅲ)的电子传输链。一种是以 C 型细胞色素与铁质兰素为主,例如氧化亚铁硫杆菌。Tateo Yamanaka 等分离出了氧化亚铁硫杆菌细胞内参与氧化电子传输的各组分并测定了它们的性质参数[18]。对于氧化亚铁硫杆菌这一电子传输链由 Fe(Ⅱ)oxidase,细胞色素(Cytochrome)C_{552},铁质兰素(Rusticyanin)与aa_3型的 Cytochrome C oxidase 组成。而 L. ferrooxidans 与其他耐高温菌的呼吸链中未能发现有铁质兰素。在 L. ferrooxidans 的电子传输链中一种新的红色细胞色素(Cyt579)为主,其分子量为 16152，它明显地不同于 a-、b-、c-型细胞色素，在其他能氧化 Fe^{2+} 的细胞中未能发现[17]。即使对氧化亚铁硫杆菌，上述物质的排列顺序也还不是很确定，最初提出铁质兰素是电子传输链的首端，是第一电子受体，Cox J. C.[19] 等证实铁质兰素确能被 Fe^{2+} 还原，这也许是前一结论的原因。但后来 A. G. Lappin 等发现铁质兰素与 Fe^{2+} 之间的反应十分缓慢[20]。T. Yamanaka 证明 Fe^{2+}—细胞色素 C_{552} 不能还原铁质兰素。他提出[21]铁质兰素的作用是扩大了电子从 Cytochrome C_{552} 到 Cytochrome oxidase 的通道（作为并联的另一通道）。根据上述可以得出一个 Fe^{2+} 在细胞内氧化成 Fe^{3+} 这一过程的图景，示于图 3—3。

后来(1996) Cavazza C.[22] 等在氧化亚铁硫杆菌细胞中发现了另一细胞色素 Cyt C_4（分子质量为 30kDa），M. T. Giudici Orticoni 等[23]（1999）研究了 Cyt C_4 与铁质兰素之间在有 Fe^{2+} 存在下的氧化还原反应动力学，发现不论 Fe^{2+} 浓度如何，Cyt C_4 不被 Fe^{2+} 还原，但铁质兰素在有大量 Fe^{2+} 存在时还原 Cyt C_4，并将 Cyt C_4 列入电子传输链并提出了有别于图 3—2 的设想，Fe^{2+}→？→铁质兰素→Cyt C_4→Cyt. oxidase→O_2，在这一设想中铁质兰素同样不是电子传输链的首端（首端电子受体他们未能确定）。持相同观点者还有 C. Appia—Ayme 等[24]。

田克立等[37]认为，在氧化亚铁硫杆菌铁氧化系统的研究中，各研究者所得出的结论不同。原因一方面可能是他们对所得资料的解释不同，另一方面反映出在极端生长环境中强大的选择压力所造成的遗传多样性，使得不同种群之间能量代谢系统出现差异。

图 3—3 所示电子由 Fe^{2+} 转移到细胞内并与 O_2 生成水的过程伴随着能量的转换。氧化亚铁硫杆菌这样的好氧化能自养微生物是通过物质的氧化获得生长所需要的能量，在硫化矿的浸出过程中是通过 Fe^{2+} 这一氧化过程获得能量

$$2Fe^{2+}+0.25O_2+2H^+ \longrightarrow 2Fe^{3+}+0.5H_2O+44.52\text{kJ} \quad (\text{pH}=0) \tag{3—14}$$

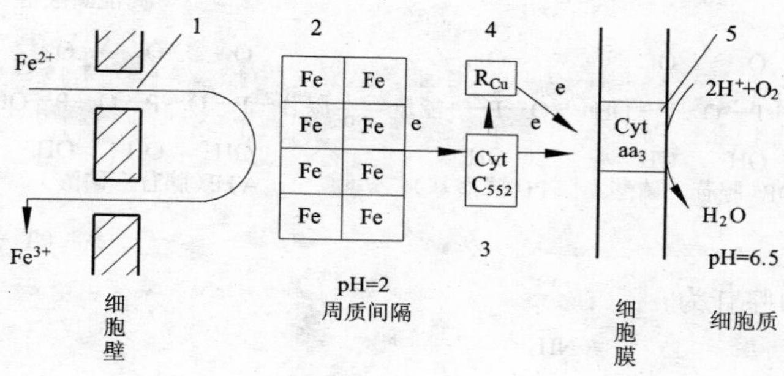

图 3－3　Fe^{2+} 氧化的电子传输示意图（对氧化亚铁硫杆菌）

1—膜孔隙；2—Fe（Ⅱ）－细胞色素 C oxidase，曾被从氧化亚铁硫杆菌的水溶性组分里分离出来并测得其分子量（Mr）为 63000。这种细胞色素似乎是存在于细胞的周质间隔中。它似乎由两个基本单元组成，而其每一基本单元又由 4 个最小的分子量约为 6000 的单元组成。最小的单元含有一个 Fe_4S_4 分子。这种细胞色素还原细胞色素 C_{552}，但不能与铁质兰素作用；3—细胞色素 Cyt－C_{552}；4—Rustisyanin（铁质兰素），是一种分子量为 16.5KD 的可溶性周质兰铜蛋白，具有较高的氧化还原电位（＋670mV）及酸稳定性。其分子为单肽链蛋白，可通过其辅基 Cu^{2+}/Cu^{+} 的氧化还原反应传递电子。在铁生长环境中 T.f 体内含高浓度的铁质兰素，达可溶蛋白质总量的 5％；5—细胞色素 aa_3 型。该酶的最小结构单位由 3 个亚基组成，再由 2 个这样的单位组成 2 聚体，每一个结构单位含 1 个血红素 a 辅基，1 个铜原子。此种酶的光谱特征与细胞色素 aa_3 相似

并靠此获得的能量合成一种高能化合物 ATP，如图 3－4 所示。

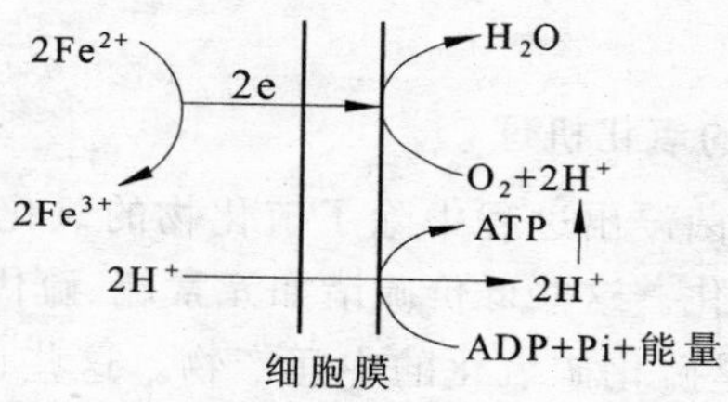

图 3－4　氧化亚铁硫杆菌氧化 Fe^{2+} 合成 ATP 示意图

合成 ATP 的过程为：

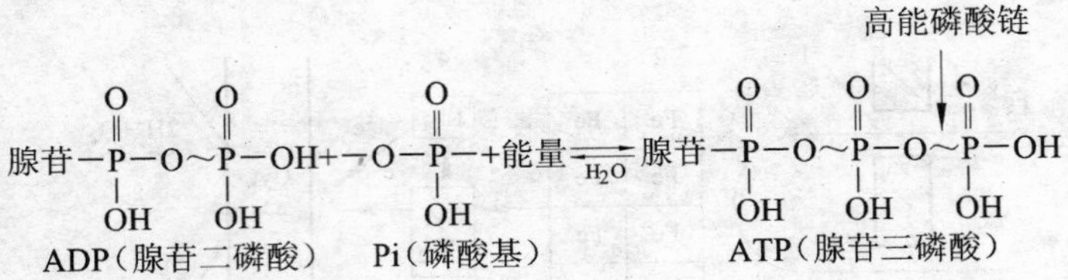

$$\text{腺苷}-\overset{\overset{\displaystyle O}{\|}}{\underset{\underset{\displaystyle OH}{|}}{P}}-O\sim\overset{\overset{\displaystyle O}{\|}}{\underset{\underset{\displaystyle OH}{|}}{P}}-OH+-O-\overset{\overset{\displaystyle O}{\|}}{\underset{\underset{\displaystyle OH}{|}}{P}}-+\text{能量}\xrightarrow[H_2O]{}\text{腺苷}-\overset{\overset{\displaystyle O}{\|}}{\underset{\underset{\displaystyle OH}{|}}{P}}-O\sim\overset{\overset{\displaystyle O}{\|}}{\underset{\underset{\displaystyle OH}{|}}{P}}-O\sim\overset{\overset{\displaystyle O}{\|}}{\underset{\underset{\displaystyle OH}{|}}{P}}-OH \quad (3-15)$$

ADP（腺苷二磷酸）　Pi（磷酸基）　ATP（腺苷三磷酸）　高能磷酸链

式中的腺苷为：

（腺苷结构式：NH_2、C、N、HC、C—N、CH、O、$H_2C—O—$、CH、CH—CH、OH、OH）

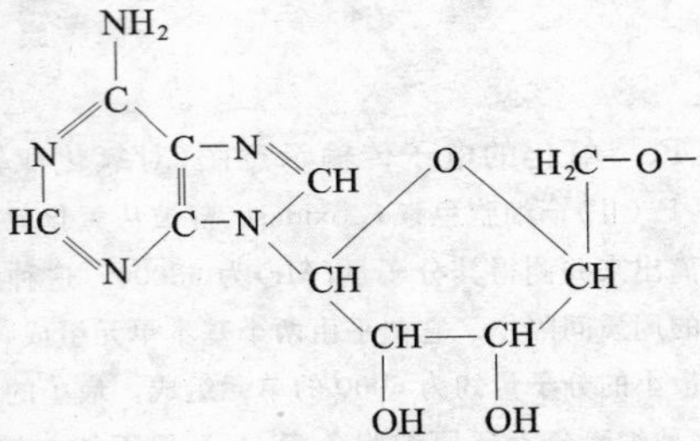

ATP在细菌的代谢过程中起重要的作用，其分子中有两个高能磷酸链，这种高能磷酸链在水解时（式(3—15)逆过程）可放出能量，在形成时可以储存能量。

硫化物与Fe^{2+}氧化时释放的能量为

$$\Delta G=-nF\Delta\varphi=-23\times4.184\quad kJ/mol$$

式中　$\Delta\varphi$—— 硫化物、Fe^{2+}电位与氧电位之差，V；

n—— 参加反应的电子数。

所释放能量用于合成ATP，合成1molATP需33.472kJ的能量。

3.1.5　硫的氧化机理

在硫化矿细菌浸出过程中除了硫化物的氧化外，还同时发生各种低价硫的氧化。这些低价硫诸如元素硫、硫代硫酸根、多硫酸根、亚硫酸根等是硫化矿氧化的中间产物。这些也是浸矿细菌的能源基质，通过它们的氧化，细菌获取能量供其繁殖。从能量供应的角度看，这些物质的氧化能获得更高的细菌产出。例如Fe^{2+}氧化成Fe^{3+}时，氧化亚铁硫杆菌的摩尔e电子产出率为0.23g(干重)，而 $S_4O_6{}^{2+}$ 氧化成 $SO_4{}^{2-}$ 时则为 0.92g(干重)[30]。因此，这种氧化过程对细菌浸矿是有利的。

由于多方面的困难，硫的氧化机理与途径至今尚未搞清。1990 年以前的有关文献 Pronk[31] 做了综合评述。徐海岩，颜望明发表了一篇有关无机硫化合物微生物氧化的综合评述(1994 年)，介绍了关于硫氧化机理与途径方面的一些研究结果与论点[29]。

关于元素硫的氧化机理，现在比较倾向于 1965 年 Suzuki 提出的模式[25]，在谷胱甘肽(GSH)参与下，由硫氧化酶催化，元素硫氧化生成亚硫酸根：

$$S_n + GSH \longrightarrow GSS_nH \qquad (3-16)$$

$$GSS_nH + O_2 + H_2O \xrightarrow{\text{硫氧化酶}} GSS_{n-1}H + SO_3^{2-} + 2H^+ \qquad (3-17)$$

在上述反应过程中，通过谷胱甘肽多硫化物中间体 $GSS_{n-1}H$，硫原子逐个从聚合态硫 S_n 上解离下来，被氧化成亚硫酸根，亚硫酸根可继续被氧化成硫酸根。当硫原子全部被氧化后，生成的氧化型谷胱甘肽(GSSG)可在谷胱甘肽还原酶作用下再生成还原型谷胱甘肽：

$$GSSG + NADPH + H^+ \xrightarrow{\text{谷胱甘肽还原酶}} 2GSH + NADP^+ \qquad (3-18)$$

上述构想有下列问题需要回答：

(1)催化反应(3－17)的酶是否存在？三种酶：硫代硫酸盐氧化还原酶、三硫酸盐水解酶以及催化四硫酸盐割裂为硫代硫酸根、元素硫与硫酸根的酶被提取出来[30]。Kletzin[32] 在兼性、厌氧、高温古细菌 Desulfurolobus ambivalens 中发现了催化元素硫变成亚硫酸根的硫加氧酶—还原酶。Sugio 等[34] 在氧化亚铁硫杆菌中鉴别出了亚硫酸:Fe(Ⅲ)氧化还原酶，在一系列菌株包括氧化亚铁硫杆菌与氧化亚铁微螺菌中鉴别出硫化氢:Fe(Ⅲ)氧化还原酶。最近，定位于自养硫杆菌周质间隔中的还原型硫化物氧化途径中的一些酶已开始纯化，如硫代硫酸氧化酶等，有一个硫氧化途径的调节基因(其序列存取号为 gbAF005208)被克隆测序。另外，一个高温古细菌 Acidanus ambivalens 的氧化酶已被纯化，该酶不需要任何辅因子即可表现出酶活性[38]。

(2)反应(3—16)、(3—17)应该发生在细胞内，固体态的元素硫如何进入细胞内？Каравайко[33]认为，元素硫被细菌析出的脂类溶解并以胶体的形式渗透过细胞壁进入周质空间，但他没有提供这一结论的实验依据。

(3)反应(3—17)最终电子受体是 O_2，从 S^0 到 O_2 的电子传输途径。Sugio[34]提出了硫氧化时失去的电子与 Fe^{2+} 氧化时失去的电子在同一位置上进入电子传输链。如果是这样的话，硫氧化时每摩尔电子的细胞产出与 Fe^{2+} 氧化时应相同。而事实上 Hazeu[35]的实验数据表明，低价硫氧化时每摩尔电子的细胞产出比 Fe^{2+} 要高得多。因此，Kuenen 等[30]认为，硫氧化时失去的电子比 Fe^{2+} 氧化时失去的电子在更高的水平上进入电子传输链。在好氧硫杆菌中硫化合物氧化所产生的电子是在细胞色素 C 水平上进入电子传输链的[29]。

除了元素硫氧化外，元素硫氧化的中间产物 $SO_3{}^{2-}$ 以及一些硫化矿氧化所生成的中间产物硫代硫酸根 $S_2O_3{}^{2-}$、$S_4O_4{}^{2-}$ 等均在细菌的参与下进一步氧化最终生成 $SO_4{}^{2-}$。这些硫化合物的氧化途径是复杂的并有多种可能，徐海岩在其综述中[29]将无机硫化合物氧化途径表示如图 3—5。当基质是元素时，氧化进入主要途径(粗箭头表示)，如果基质是硫代硫酸盐，以还原割裂为主，形成硫与亚硫酸盐；如果硫的氧化速率低于硫代硫酸盐的割裂速率，便会造成硫的沉积；如果硫代硫酸盐的还原割裂受阻时则会在硫代硫酸盐氧化酶的作用下生成四硫酸盐；当细胞浓度较高，氧分压较低时，四硫酸盐还原割裂生成硫、亚硫酸盐与硫代硫酸盐。图 3—5 中 S^{2-} 到 S^0 是在硫化物氧化酶作用下进行的，这是按过去对硫化矿氧化的细菌直接作用机理的一种假设。由于至今这种酶未被发现，一些研究者倾向于否定这种机理(见 3.1 节)。

3.1.6 细菌浸出时的原电池反应

如前所述，硫化矿细菌浸出时，Fe^{3+} 起着重要的作用，此种情

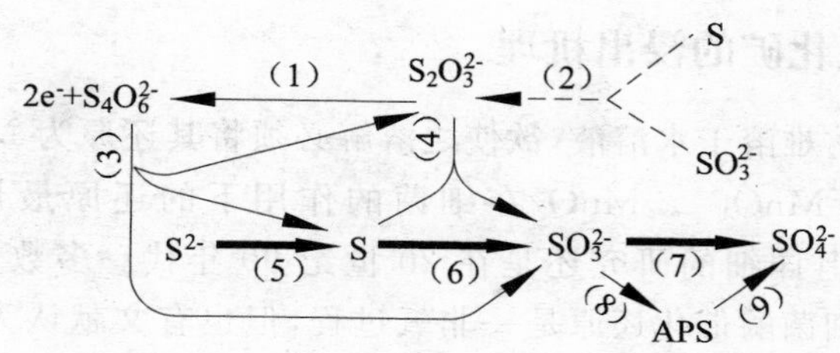

图 3－5 硫杆菌的无机硫化合物氧化机理

(1)硫代硫酸盐氧化酶;(2)非酶缩合;(3)还原割裂(高细胞浓度,低氧分压);(4)还原割裂(硫代硫酸盐还原酶(?));(5)硫化物氧化酶(?);(6)硫氧化酶;(7)亚硫酸盐氧化酶;(8)APS 还原酶;(9)ADP 硫酸化酶

况下,单一矿物的浸出往往不及两种矿物共存时浸出效果好。两种(或两种以上)的固相(它们是导体或半导体)相互接触并同时浸没在电解质溶液中时各自有其电位(不同的物质电位一般都不相同),组成了原电池,发生电子从电位低的地方向电位高的地方转移并产生电流。电位低者为阳极是电子供体,电位高者为阴极是电子受体。在阳极上发生氧化反应,阴极上发生还原反应,化学能转化为电能,如图 3－6 所示。实验研究表明,黄铁矿的存在能明显使黄铜矿浸出速度增加。若干研究者发现,贫铜矿的浸出速率比铜精矿高出 10 倍,其原因就在于此。

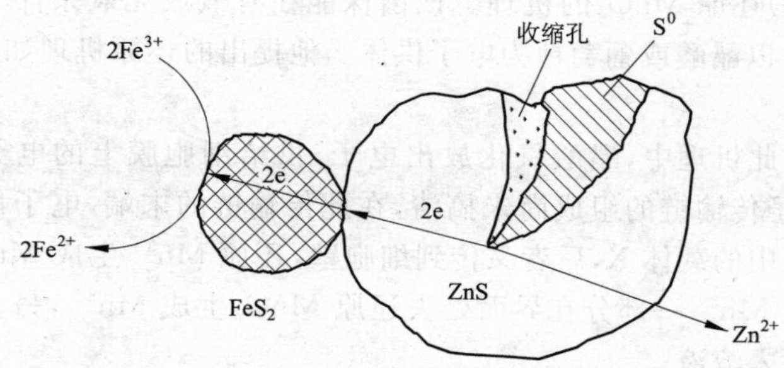

图 3－6 原电池浸出反应示意图

3.2 氧化矿的浸出机理

MnO_2难溶于水溶液，欲使之溶解必须将其还原为Mn(Ⅱ)或是氧化为MnO_4^-。MnO_2在细菌的作用下的还原最早报道于1894年，但详细的研究还是在20世纪90年代。多数文献报导MnO_2的细菌酶催化还原是一非氧过程，但也有文献认为，它同样是一个有氧过程。仅能在非氧条件下还原MnO_2的微生物的例子是厌氧微生物Geobacter metallireducens GS—15，与兼性厌氧微生物Shewanella putrefaciens 与 Bscillus polymyxa。能在非氧与有氧条件下还原MnO_2的微生物则有芽孢杆菌(Bacillus)。

细菌还原MnO_2时葡萄糖、醋酸等有机物可作为电子供体，其氧化过程释放出电子，无论是在哪种条件下的还原都有一个共同的问题，还原过程中电子是如何穿越细胞与MnO_2的界面而传递给MnO_2的。有证据表明[26]，电子从基质进入穿越细胞膜的呼吸链并沿着呼吸链传输。在非氧条件下生长的细菌Shewanella putrefaciens，能量可能传输经越周质间隔到细胞壁上的C型细胞色素。由此可直接或再经某一载体传到MnO_2表面并使Mn(Ⅳ)还原成Mn(Ⅱ)[27]。

Henry L. Ehrlich[28]研究了一种海生假单孢菌(采自太平洋深海处)还原MnO_2的机理。该菌株能在有氧或无氧条件下还原MnO_2，以醋酸或葡萄糖为电子供体。他提出的还原机理如图3—7所示。

在此机理中，醋酸氧化放出电子，供给细胞膜上的电子传输链，电子传输链的组成尚未搞清，在此传输链的末端，电子传给周质间隔中的载体X，后者又传到细胞壁，还原Mn^{3+}生成Mn^{2+}，所生成的Mn^{2+}一部分在界面处去还原MnO_2生成Mn^{3+}，另一部分则溶解入溶液。

该机理也适用于有氧条件下用假单孢菌BIII88还原MnO_2的过程。有氧与无氧条件下的区别仅在于，在有氧条件下醋酸或葡萄糖氧化放出电子部分传给MnO_2使其还原，另一部分则传给

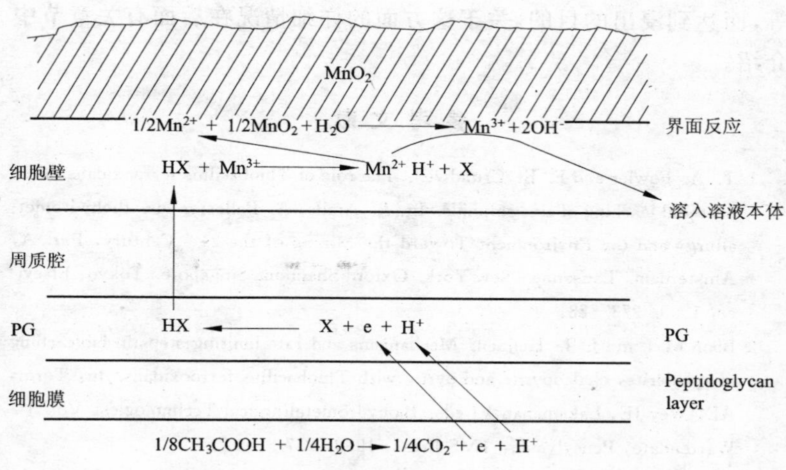

图 3－7 MnO_2还原时电子传输示意图

O_2。

用自养微生物如氧化亚铁硫杆菌浸出 MnO_2时，加入黄铁矿或硫磺粉作为细菌能源基质，此时，细菌的作用是参与硫与黄铁矿的氧化，按前面所讲述的机理，氧化过程生成 Fe^{2+}与低价硫的中间化合物，在黄铁矿伴生时，为硫代硫酸根，这些生成的 Fe^{2+}与硫代硫酸根作为还原剂去还原 MnO_2。

$$MnO_2 + 2Fe^{2+} + 4H^+ = Mn^{2+} + 2Fe^{3+} + 2H_2O \qquad (3-19)$$

$$4MnO_2 + S_2O_3^{2-} + 6H^+ = 4Mn^{2+} + 2SO_4^{2-} + 3H_2O \qquad (3-20)$$

某些异养微生物，如真菌黑曲酶和大肠杆菌对葡萄糖代谢的末端产物分别是乙二酸和甲酸这两种有机酸，它们是 MnO_2在酸性溶液里的有效还原剂，其还原反应为：

$$MnO_2 + HOOCCOOH + 2H^+ = Mn^{2+} + 2H_2O + 2CO_2 \qquad (3-21)$$

$$MnO_2 + HCOOH + 2H^+ = Mn^{2+} + 2H_2O + CO_2 \qquad (3-22)$$

有的微生物，如真菌，其代谢产物中含有机酸，这些有机酸可以作为溶剂与络合剂去溶解氧化矿中的金属氧化物如 NiO、ZnO

等，而达到浸出的目的，关于这方面的详细情况在后面有关章节中介绍。

参考文献

1 T. A. Fowler and F. K. Crundwell. The role of Thiobacillus ferrooxidans in the bacterial leaching of zinc sulphide. In：R. Amils，A. Ballester eds. Biohydrometallurgy and the Environment Toward the Mining of the 21st Century，Part A，Amsterdam. Lausanne. New York. Oxford Shannon. Singapore. Tokyo：Elsevier，1999. 273－281

2 Boon M.，and J. J. Heijnen. Mechanisms and rate limiting steps in bioleaching of sphalerite，chalcopyrite and pyrite with Thiobacillus ferrooxidans. In：Torma AE，Wey JE，Laksmanan VI eds. Biohydrometallurgical Technologies，Vol. Ⅰ. Warrendate，Pensylvania：TMS Press，1993. 217

3 G. S. Hansford and T. Vargas. Chemical and electrochemical basis of bioleaching process. In：R. Amils，A. Ballester eds. Biohydrometallurgy and the Environment Toward the Mining of the 21st Century，Part A. Amsterdam. Lausanne. New York. Oxford. Shannon. Singapore. Tokyo：Elsevier，1999. 19

4 Tomas Vargas，Angel Sanhueza and Blanca Escobar. In：Torma AE，Wey JE，Laksmanan VI eds. Biohydrometallurgical Technologies，Vol. Ⅰ. Warrendate，Pensylvania：TMS Press，1993. 579

5 W. Sand，T. Gehrke，R. Lallman and A. Schipper. Appl. Microbiol. Biotechnol.，1995，43:961

6 Goebel BM，Stackebrandt E. Cultural and phylogenetic analysis of mixed microbial populations found in natural and commercial bioleaching environments. Appl Enviro Micro.，1994，60:1614－1621

7 W. Sand，T. Gehrke，P. G. Jozsa and A. Schipper. Direct versus indirect bioleaching. In：R. Amils，A. Ballester eds. Biohydrometallurgy and the Environment Toward the Mining of the 21st Century，Part A. Amsterdam. Lausanne. New York. Oxford. Shannon. Singapore. Tokyo：Elsevier，1999. 27

8 Mustin C，De Donato P. and Berthelin J. Quantification of the intragranular porosity formed in bioleaching of pyrite by Thiobacillus ferrooxidans. Biotechnol. Bioeng.，1992，39:1121－1127

9 Rodriquez L. M. and Tributsch H. Morphology of bacterial leaching patterns by Thiobacillus ferrooxidans on synthetic pyrite. Arch. Microbiol.，1988，149:401－405

10 Edwards K. J. Schrenk M. O. , Hamers R. and Banfield J. F. Microbial oxidation of pyrite: Experiments using microorganisms from an extreme acidic environment. Am. Mineral. , 1998, 83:1444

11 Mustin C. , Berthelin J. , Marion P. and De Donato P. Corrosin and electrochemical oxidation of a pyrite by Thiobacillus ferrooxidans. Appl. Environ. Microbial. , 1992, 58:1175—1182

12 Katrina J. Edwards, Bo Hu, Robert, J. Hamers, Jillian F. Banfield. A new look at microbial leaching patterns on sulfide minerals. FEMS Microbiology Ecology, 2001, 34:197—206

13 T. Gehrke, R. Hallman, W. Sand. In: Vargas C. A. , Jerez J. V. Wiertz and H. Toledo eds. Biohydrometallurgical Processing, Vol. I. Santiago Chile: University of Chile, 1995. 1

14 Hackl R. P. , D. B. Dreisinger, E. Peters and J. A. King. Hydrometallurgy, 1995, 39:25

15 M. Rodriguez—leiva and H. , Arch. Microbiol. , 1988, 149:401

16 Arredondo R, Garcia A, Jerez CA. Partial removal of polysaccharide from Thiobacillus ferrooxidans relevant to adhesion on mineral surfaces. Appl. Environ. Microbiol. , 1994, 60:2848—2851

17 R. C. Blake, II and S, McGinness, Electron—transfer proteins of bacteria that respire on iron. In: Torma AE, Wey JE, Laksmanan VI eds. Biohydrometallurgical Technologies, Vol. Ⅱ. Warrendate, Pensylvania: TMS Press, 1993. 615—638

18 Tateo Yamanaka, Takhiro Yano, Masahiro Kai et al. , The electro transport system coupled to the oxidation of Fe^{2+}. In: Torma AE, Wey JE, Laksmanan VI eds. Biohydrometallurgical Technologies, Vol. Ⅱ. Warrendate, Pensylvania: TMS Press, 1993. 453—460

19 Cox J. C. , Boxer D. H. Biochemical J. , 1978, 174:497

20 Lappin A. G. , Lewis C. A. , Ingledew W. J. Inorgamic chenmistry, 1985, 24: 1446

21 Yamanaka T, Fukumori Y. Molecular aspects of the eletrom tromsfer system which participtes in the oxidation of ferrous iron by Thiobacillus f. FEMS Microbiol Rer. , 1995, 17:401—413

22 Blake I I, R C, Shute E. A. Biochemistry, 1994, 33:9200

23 M. T. Giudici Orticoni, G. Leroy, R. Toci, W. Nitschke and M. Bruschi. Characterization and functional role of cytochromes possibly involved in the iron respiratory electron transport chain of T. ferrooxidans. In: R. Amils, A. Ballester

eds. Biohydrometallurgy and the Environment Toward the Mining of the 21st Century, Part B. Amsterdam. Lausanne. New York. Oxford. Shannon. Singapore. Tokyo: Elsevier, 1999. 51—57

24 C. Appia—Ayme, N. Guiliani and V. Bonnefoy. Characterization of the genes encoding a cytochrome oxidase from T. ferrooxidans ATCC33020 strain. In: R. Amils, A. Ballester eds. Biohydrometallurgy and the Environment Toward the Mining of the 21st Century, Part B. Amsterdam. Lausanne. New York. Oxford. Shannon. Singapore. Tokyo: Elsevier, 1999. 29—38

25 Suzuki I. Biochim. Biophys. Acta, 1965, 104:359—371

26 C. R. Myers and K. H. Nealson. Bacterial manganese reduction and growth with manganese oxide as sole electron acceptor. Science, 1988, 240: 1319—1321

27 C. R. Myers and J. M. Myers. Localization of cytochromes to the outer membrane of anaerobically growth shewanella purefaciens MR—1. J. of Bacteriology, 1992, 174: 3429—3438

28 Henry L. Ehrlich. A possible mechanisms for the transfer of reducting power to insoluble mineral oxide in bacterial respiration. In: Torma AE, Wey JE, Laksmanan VI eds. Biohydrometallurgical Technologies, Vol. Ⅱ. Warrendate, Pensylvania: TMS Press, 1993. 415—420

29 徐海岩,颜望明. 无机硫酸化合物的微生物氧化. 微生物学通报, 1994, 21(3): 167—172

30 J. G. Kuenen, J. P. Pronk, W. Hazeu, R. Meulenberg and P. Bos. A review of bioenergetics and enzymology of sulfur compound oxidation by acidophilic Thiobacilli. In: Torma AE, Wey JE, Laksmanan VI eds. Biohydrometallurgical Technologies, Vol. Ⅱ. Warrendate, Pensylvania: TMS Press, 1993. 487—494

31 J. T. Pronk, R. Meulenberg, W. Hazeu, et al. Oxidation of reduced inorganic sulphur compounds by acidophilic Thiobacilli. FEMS Microbiol. Rev., 1990, 75:293—306

32 A. Kletzin. Coupled enzymatic production of sulfite, thiosulfate and hydrogen sulfide from sulfur: purification and properties of a sulfur oxygenase reductase from the facultatively anaerobic archaebacterium Desulfurolobus ambivaleus. J. of Bacteriology, 1989, 171:1638—1643

33 Каравайко Г. И. Биогеотехнология переработки металосодержащих руд и концентратов. Вестник АН СССР, 1985, (1):72

34 T. Sugio, K. J. White, E. Shute, D. Choate and R. C. Blake I. I. Existence of a hydrogen sulfide: ferric iron oxidoreductase in iron—oxidizing bacteria. App. And Environ. Microbiology Reviews, 1990, 75:307—318

35 W. Hazeu, D. J. Schmedding, O. Goddijn, P. Bos and J. G. Kuzene. The importance of the sulphur－oxidizing capacity of T. ferrooxidans during leaching of pyrite. In: O. M. Neijssel, R. R. Van der Meer and K. Ch A. M. Luyben eds. Proceedings 4th European congress on Biotechnology 1987, Vol. 3. Amsterdam: Elserier, 1987. 497－499

36 Toniazzo V., Mustin C., Benoit R., Humbert B. and Berthelin J. Superficial compounds produced by Fe(Ⅲ) mineral oxidation as essential reactants for bio－oxidation of pyrite by Thiobacillus ferrooxidans. In: R. Amils, A. Ballester eds. Biohydrometallurgy and the Environment Toward the Mining of the 21st Century, Part A. Amsterdam. Lausanne. New York. Oxford. Shannon. Singapore. Tokyo: Elsevier, 1999. 177－199

37 田克立，林建群，张长铠等. 氧化亚铁硫杆菌铁氧化系统分子生物学研究进展. 微生物学通报，2002，29(1):85－88

38 何正国，李雅芹，周培瑾. 氧化亚铁硫杆菌的铁和硫氧化系统及其分子遗传学. 微生物学通报，2000，40(5):563－566

微生物浸出过程的热力学

4.1 硫化矿浸矿过程热力学

硫化矿的细菌浸出最终的电子受体是氧。尽管细菌浸出过程十分复杂，但从热力学的角度看，对一过程而言，体系的状态函数的变化量仅与体系的始态与终态有关，而与所经历的途径无关。所以可以不涉及过程的机理对浸出过程进行热力学上的分析。

图 4－1 为主要硫化矿的 φ－pH 图，计算所用热力学数据取自文献[1]。图中各线对应的反应式与平衡方程式（T＝25℃时）如表 4－1 所示。图上叠加了卡普兰（Kaplan）绘制的硫细菌与铁细菌的活动区。

表 4－1　主要硫化物电极反应与其平衡方程式（T＝25℃）

序号	电极反应式	平衡方程式
ⓐ	$2H^+ + 2e = H_2$	$\varphi = 0 - 0.0591pH - 0.0296\lg P_{H_2}$
ⓑ	$\frac{1}{2}O_2 + 2H^+ + 2e = H_2O$	$\varphi = 1.229 - 0.0591pH + 0.01478\lg P_{O_2}$
1	$Fe^{2+} + S + 2e = FeS$	$\varphi = 0.114 + 0.0296\lg[Fe^{2+}]$
2	$Co^{2+} + S + 2e = CoS$	$\varphi = 0.145 + 0.0296\lg[Co^{2+}]$
3	$7Fe^{2+} + 8S + 14e = Fe_7S_8$	$\varphi = 0.146 + 0.0042\lg[Fe^{2+}]^7$
4	$4.5Fe^{2+} + 4.5Ni^{2+} + 8S + 18e = Fe_{4.5}Ni_{4.5}S_8$	$\varphi = 0.146 + 0.0148\lg([Ni^{2+}][Fe^{2+}])$
5	$Ni^{2+} + S + 2e = NiS$	$\varphi = 0.176 + 0.0296\lg[Ni^{2+}]$

续表 4—1

序号	电极反应式	平衡方程式
6	$Fe^{2+}+H_3AsO_3+S^0+3H^++5e$ $=FeAsS+3H_2O$	$\varphi=0.2130-0.0355pH+0.0118\lg\frac{[Fe^{2+}]}{[H_3AsO_3]}$
7	$Zn^{2+}+S+2e=ZnS$	$\varphi=0.282+0.0296\lg[Zn^{2+}]$
8	$Fe^{2+}+2Ni^{2+}+4S+6e=FeNi_2S_4$	$\varphi=0.304+0.0098\lg([Fe^{2+}][Ni^{2+}]^2)$
9	$Fe^{2+}+SO_4^{2-}+8H^++8e=FeS+4H_2O$	$\varphi=0.297-0.0591pH+0.0074\lg([Fe^{2+}][SO_4^{2-}])$
10	$Co^{2+}+SO_4^{2-}+8H^++8e=CoS+4H_2O$	$\varphi=0.301-0.0591pH+$ $0.0074\lg([Co^{2+}][SO_4^{2-}])$
11	$7Fe^{2+}+8SO_4^{2-}+64H^++62e$ $=Fe_7S_8+32H_2O$	$\varphi=0.310-0.061pH+$ $0.007\lg[Fe^{2+}]+0.008\lg[SO_4^{2-}]$
12	$4.5Fe^{2+}+4.5Ni^{2+}+8SO_4^{2-}+66e+64H^+$ $=Fe_{4.5}Ni_{4.5}S_8+32H_2O$	$\varphi=0.3-0.057pH+$ $0.004\lg([Fe^{2+}][Ni^{2+}])+0.007\lg[SO_4^{2-}]$
13	$Zn^{2+}+SO_4^{2-}+8H^++8e=ZnS+4H_2O$	$\varphi=0.335-0.0591pH+$ $0.0074\lg([Zn^{2+}][SO_4^{2-}])$
14	$Cu^{2+}+Fe^{2+}+2SO_4^{2-}+16H^++16e$ $=CuFeS_2+8H_2O$	$\varphi=0.372-0.0591pH+$ $0.0037\lg([Fe^{2+}][Cu^{2+}][SO_4^{2-}]^2)$
15	$Fe^{2+}+2SO_4^{2-}+16H^++14e$ $=FeS_2+8H_2O$	$\varphi=0.367-0.067pH+$ $0.0042\lg([Fe^{2+}][SO_4^{2-}]^2)$
16	$Cu^{2+}+SO_4^{2-}+8H^++8e=CuS+4H_2O$	$\varphi=0.419-0.0591pH+$ $0.0074\lg([Cu^{2+}][SO_4^{2-}])$
17	$Cu^{2+}+Fe^{2+}+2HSO_4^-+14H^++16e$ $=CuFeS_2+8H_2O$	$\varphi=0.358-0.052pH+$ $0.0037\lg([Cu^{2+}][Fe^{2+}][HSO_4^-]^2)$
18	$Fe^{2+}+2HSO_4^-+14H^++14e$ $=FeS_2+8H_2O$	$\varphi=0.351-0.0591pH+$ $0.0042\lg([Fe^{2+}][HSO_4^-]^2)$
19	$Zn^{2+}+HSO_4^-+7H^++8e=ZnS+4H_2O$	
20	$Fe^{2+}+2Ni^{2+}+4HSO_4^-+28H^++30e$ $=FeNiS_4+16H_2O$	$\varphi=0.332-0.055pH+$ $0.002\lg([Fe^{2+}][Ni^{2+}]^2[HSO_4^-]^4)$
21	$Cu^{2+}+HSO_4^{2-}+7H^++8e=CuS+4H_2O$	
22	$Fe^{3+}+e=Fe^{2+}$	$\varphi=0.767+0.0591\lg\frac{[Fe^{3+}]}{[Fe^{2+}]}$

从图 4—1 看出，细菌活动区也是各金属硫化矿的氧化区，这样可使细菌的存活与硫化矿的氧化统一在一个环境中。细菌浸出

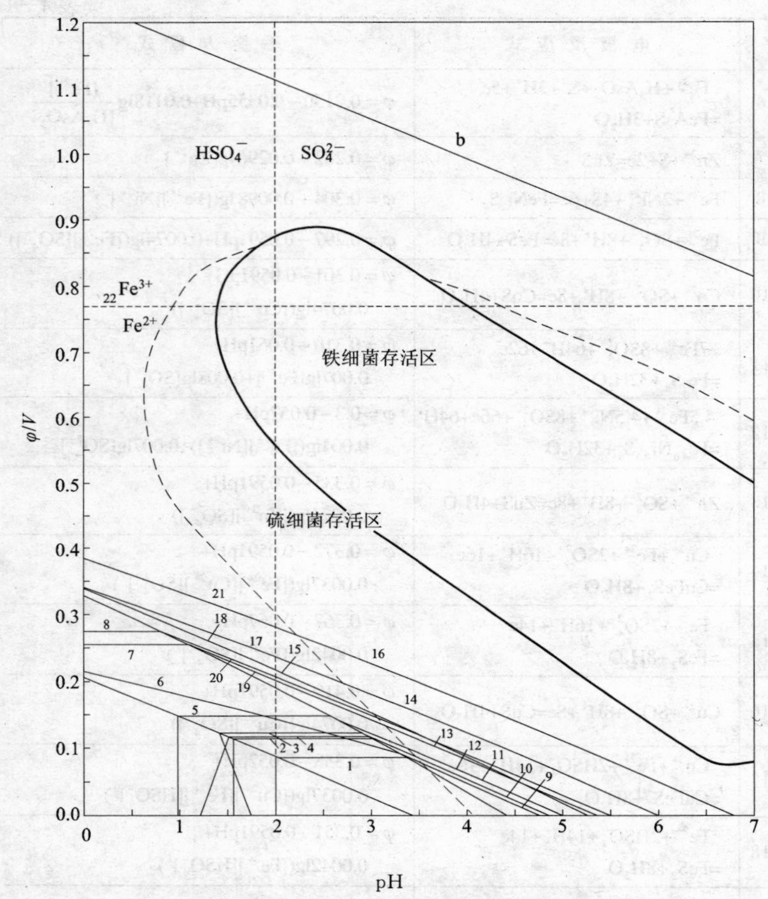

图 4－1　主要金属硫化物 φ－pH 图

$T=25℃$，$[Me]=[SO_4^{2-}]=[HSO_4^-]=0.1mol/L$，$[H_2S]=0.01mol/L$

硫化矿时最终的电子受体是氧，而氧的电位比图上所列硫化物均正，从热力学看这些硫化物均可能被细菌浸出。按硫化矿被氧化的热力学趋势的大小可排序如下：

$FeS>CoS>Fe_{4.3}Ni_{4.5}S_8\approx Fe_7S_8>NiS>ZnS>FeNi_2S_4>CuFeS_2>FeS_2$

由于 FeS_2 电位较高，因而它可与其他硫化物组成原电池，FeS_2 作为阴极，促进与之接触的其他硫化矿的浸出，而黄铁矿自身的氧化则较其他矿困难。辉铜矿有其特殊性，将在第7章中专门论及。

图4－2是杨显万、张英杰绘制的 Ag_2S-H_2O 系 φ－pH图[2]。

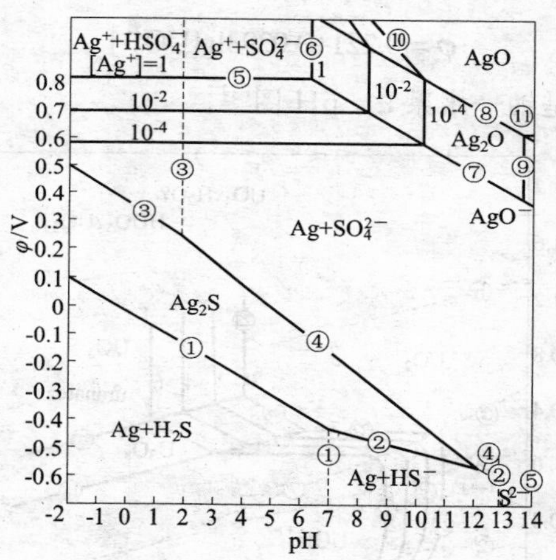

图4－2 Ag_2S-H_2O 系 φ－pH图

$T=25$℃，[S(Ⅱ)]＝[S(Ⅵ)]＝10^{-2} mol/L

从图看出，在细菌浸出的平衡范围内 Ag_2S 在一定电位下也会发生变化，但不是被浸出而是转化为金属态的银

$$Ag_2S+H_2O-8e=2Ag+HSO_4^-+7H^+ \quad (4-1)$$

$$\varphi=0.4032-0.069pH-0.01lg[HSO_4^-] \quad (4-2)$$

$T=25$℃，pH＝1，$[HSO_4^-]=0.1mol\cdot L^{-1}$ 时，$\varphi=0.373V$，即是说当浸矿液电位大于0.373V时这一反应即能发生。电位更高时，少量银也能溶解入溶液，这一情况对生产实践是有意义的。

4.2 氧化矿浸矿过程热力学

氧化矿的浸出有三种类型：氧化浸出，还原浸出，酸溶＋络合浸出。

4.2.1 氧化浸出

如铀的浸出。矿物中的铀一般是U(Ⅳ)的氧化物，难溶，可将

其氧化变成易溶物种

$$UO_2-2e=UO_2^{2+} \qquad (4-3)$$

$$\varphi=0.221+0.0293\lg[UO_2^{2+}] \qquad (4-4)$$

图 4—3 是铀—水系 φ—pH 图[3]。

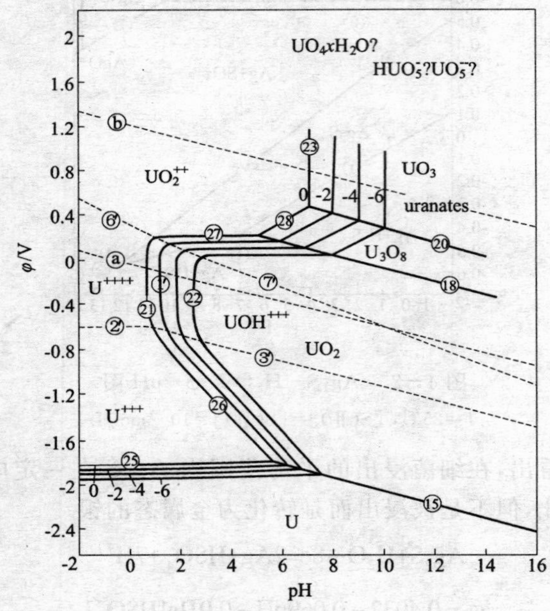

图 4—3　U—H_2O 系 φ—pH 图（T=25℃）

4.2.2　还原浸出

如锰矿中的锰常以 Mn(Ⅳ)的氧化物 MnO_2形式存在，由 Mn—H_2O 系 φ—pH 图可以看出，MnO_2在任意 pH 范围内均稳定，故不溶于碱也不溶于酸，但可以将其还原为 Mn(Ⅱ)而溶解入溶液，如图 4—4 上的箭头所示。

$$MnO_2+4H^++2e=Mn^{2+}+2H_2O \qquad (4-5)$$

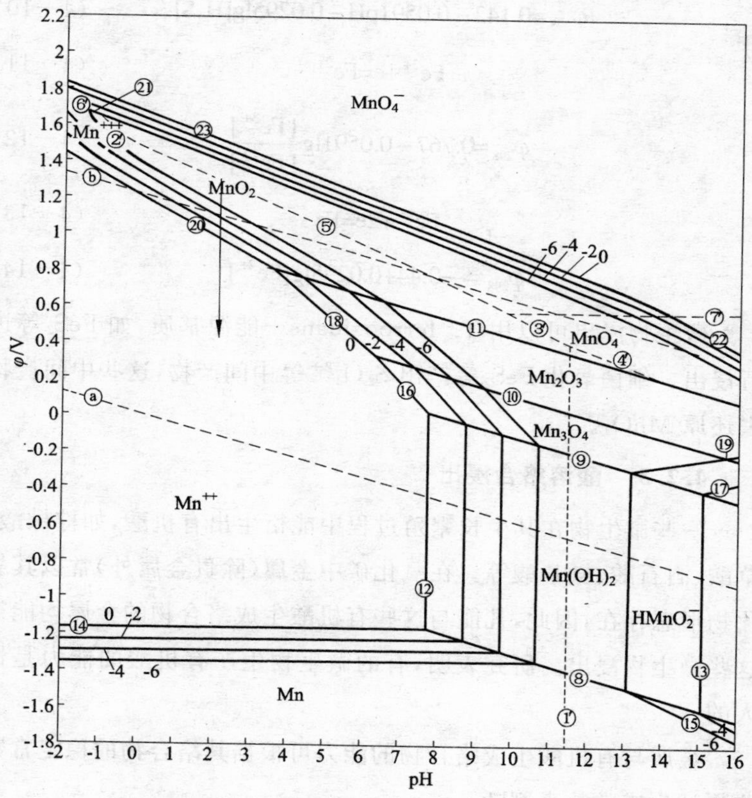

图 4－4　Mn－H_2O 系 φ－pH 图[3]（T＝25℃）
（针对 β－MnO_2）

$$\varphi_{298}=1.228-0.1182\mathrm{pH}-0.0295\lg[\mathrm{Mn}^{2+}] \qquad (4-6)$$

化学浸出可以作为还原剂的有 FeS_2、S^0、SO_2、Fe^{2+}、Fe 等。

$$\mathrm{Fe}^{2+}+2\mathrm{HSO}_4^-+14\mathrm{H}^++14e=\mathrm{FeS}_2+8\mathrm{H}_2\mathrm{O} \qquad (4-7)$$

$$\varphi_{298}=0.351-0.0591\mathrm{pH}+0.0042\lg[\mathrm{Fe}^{2+}][\mathrm{HSO}_4^-]^2 \qquad (4-8)$$

$$\mathrm{S}^0+2\mathrm{H}^++2e=\mathrm{H}_2\mathrm{S} \qquad (4-9)$$

$$\varphi_{298}=0.142-0.0591\text{pH}-0.0295\lg[H_2S] \quad (4-10)$$

$$Fe^{3+}+e=Fe^{2+} \quad (4-11)$$

$$\varphi_{298}=0.767-0.0591\lg\frac{[Fe^{3+}]}{[Fe^{2+}]} \quad (4-12)$$

$$Fe^{2+}+2e=Fe \quad (4-13)$$

$$\varphi_{298}=-0.44+0.0295\lg[Fe^{2+}] \quad (4-14)$$

微生物浸出可以用 T. ferrooxidans＋能源基质，如 FeS_2 等进行浸出。细菌氧化 FeS_2 等产出 $S_2O_3^{2-}$ 等中间产物，这些中间产物去还原 MnO_2。

4.2.3 酸溶络合浸出

一些微生物在其生长繁殖过程中能衍生出有机酸，如柠檬酸、草酸、酒石酸、氨基酸等。在氧化矿中金属（除贵金属外）常以其氧化物形态存在，因此，凡能与这些有机酸生成络合物的金属均能被这些微生物浸出。研究表明，有的微生物生产有机酸的能力是惊人的。

金属与有机酸生成络合物的能力可根据其络合物的稳定常数或累计生成常数来判断。

$$Me^{z+}+iA^{n-}=MeA_i^{z-in} \quad (4-15)$$

其稳定常数或累计生成常数为

$$\beta_i=\frac{[MeA_i^{z-in}]}{[Me^{z+}][A^{n-}]^i} \quad (4-16)$$

式中 Me^{z+}—— 金属阳离子；

A^{n-}—— 有机酸根；

[ ]—— 活度，mol/L。

表 4－2 列出了几种有机酸与金属络合物的累计生成常数。

表 4—2 几种有机酸与金属络合物的累计生成常数

（除特别指明外数据均取自文献[4]）

有机酸	络合物	测定温度	离子强度	lgβ
草酸（OX^{2-}）	$AgOX^-$	25	0	2.41[6]
$C_2O_4{}^{2-}$	$Al(OX)_2{}^-$		>0.01	13.0
	$Al(OX)_3{}^{3-}$		>0.01	3.8
	CdOX	25	0	3.52
	$Cd(OX)_2{}^{2-}$	25	0	1.85
	$CeOX^+$	25	0	6.52
	$Ce(OX)_2{}^-$	25	0	3.96
	$Ce(OX)_3{}^{3-}$	25	0	0.82
	CoOX	18	0	4.70
	$Co(OX)_2{}^{2-}$	25	>0.1	2.41
	$Co(OX)_3{}^{4-}$	25	0.1	7.96
	CuOX	18	0	6.16
	$Cu(OX)_2{}^{2-}$	25	>0.1	8.04
	FeOX	18	0	4.7
	$Fe(OX)_2{}^{2-}$	25	0.5	4.52
	$Fe(OX)_3{}^{4-}$	25	0.5	0.70
	$FeOX^+$	—	—	9.4
	$Fe(OX)_2{}^-$	—	—	6.8
	$Fe(OX)_3{}^{3-}$	—	—	4.0
	NiOX	18	0	5.3，4.1[5]
	$Ni(OX)_2{}^{2-}$	25	>0.1	7.2[5]
	$Ni(OX)_3{}^{4-}$			8.5[5]
	ZnOX	18	0	4.89，3.7[5]
	$ZnHOX^+$			5.6[5]
	$Zn(HOX)_2$			10.8[5]
	$Zn(OX)_2{}^{2-}$			6.0[5]，7.60[6]
	$Zn(OX)_2{}^{4-}$			8.15[6]

续表 4-2

有机酸	络合物	测定温度	离子强度	lgβ
柠檬酸 CH_2COOH | $C(OH)COOH$ | CH_2COOH (H_3L)	$AgHL^-$	298	0	7.1
	CdHL	298	0	3.98[6]
		298	0.1	5.05
	CdL^-	298	0	11.3[6]，4.22
	CuHL	298	0	4.75[6]
	CuL^-	298	0	14.2[6]
		298	>0.5	14.21
	$Cu(OH)_2L_2{}^{6-}$	298	>0.5	19.30
	$Cu(H_2L)(HL)^-$	室温	—	4.0
	$Cu(OH)(L)^{2-}$	室温	—	16.35
	$Cu(OH)_2L_2{}^{6-}$	室温	—	2.42
	FeHL	298	0	11.5[6]
	$FeHL^+$	298	0	12.5[6]
	FeL	298	0	25[6]
	NiHL	298	0	5.11[6]
	NiL^-	298	0	14.3[6]
	$NiL_2{}^{4-}$	—	—	5.1[5]
	ZnHL	298	0	4.71[3]，8.7[2]
	ZnL^{2-}	298	0	11.4[3]，4.5[5]
氨基酸($Alan^-$) $CH_3(NH_2)CHCOO^-$	AgAlan	298	0	3.64
	$Ag(Alan)_2{}^-$	298	0	3.57
	$CoAlan^+$	298	0	4.82
	$Co(Alan)_2$	298	0	3.66
	$Cu(Alan)^+$	298	0	8.51
	$Cu(Alan)_2$	298	0	6.87
	$NiAlan^+$	298	0	5.96
	$Ni(Alan)_2$	298	0	4.70
	$PbAlan^+$	298	0	5.00

续表 4—2

有机酸	络合物	测定温度	离子强度	lgβ
氨基酸($Alan^-$) $CH_3(NH_2)CHCOO^-$	Pb(Alan)	298	0	3.24
	$ZnAlan^+$	298	0	5.21
	$Zn(Alan)_2$	298	0	4.33

参考文献

1 Barner Herbert E., Scheuerman Ricard V. Handbook of thermochemical data for compounds and aqueous species. New York. Chichester. Brisbane. Toronto：A Wiley—Interscience Publication，1978

2 杨显万，张英杰. 矿浆电解原理. 北京:冶金工业出版社，2000. 21

3 M. Pourbaix. Atlas of Electrochemical Equilibria in Aqueous Solutions. Houston Texas USA：National Association of Corrosion Engineers，1974. 209

4 К. Б. Яцмирский，В. П. Васильев. Константы Нестойкости Комплексных Соединений. Москва：Издательство Академии Наук СССР，1959

5 A. Ringbom. Complexation in Analytical Chemistry. New York：Interscience，1963. 323—324

6 杭州大学化学系分析化学教研室. 分析化学手册. 北京:化学工业出版社，1979. 70—82

微生物浸矿过程动力学与数学模拟

微生物浸出全过程十分复杂，包括了微生物生长、物质传输、生化反应、化学反应、电化学反应等多种过程。这些过程有的并列进行，有的串联进行，整个生物浸出过程包括下面6个重要环节。

5.1 气体的溶解与传输

从第3章所述的浸出过程机理可以看出，硫化矿物、Fe^{2+}、S^0等的氧化，最终的电子受体是氧。氧是生物浸出过程必不可少的参与者。除氧外，CO_2是细菌生长所必须的。在槽浸时氧和CO_2是以向矿浆中鼓入空气的方式提供的。在堆浸、原位浸出时则靠这些气体在自然条件下溶解在浸出液中。在某些条件下溶液中溶解的气体向细菌和矿粒表面的扩散有可能成为全过程的速率控制步骤。特别是在槽浸时，当充气速率和搅拌速率低于某值时尤其会如此。但在正常情况下气体的溶解与扩散尚不至于成为速率控制步骤，在原位浸出时溶解有气体的浸矿液的供给有可能成为控制步骤。气体溶解在溶液中的速率可用下式表示：

$$\frac{dC_1}{dt} = K_1 a(C_{sat} - C_1) \tag{5-1}$$

式中 C_1—— 气体在液相中的浓度；

C_{sat}—— 气体在液相中的饱和浓度；

K_1—— 传质系数；

a—— 气液界面的有效面积。

因为K_1与a均不易测得，故常把K_1a作为一个参数看待，有

人称 K_1a 为氧气传输系数。

对于带搅拌的槽浸，Oguz 等[1]给出了氧气传输系数 K_1a 与各因素的关系式

$$K_1a = 6.6\times10^{-4}(\mu_{rel})^{-0.39}(P/V)^{0.75}Q^{0.5} \quad (5-2)$$

式中 μ_{rel}——矿浆相对黏度(相对于水)；

P——能量输入；

V——矿浆体积；

Q——空气流速。

Rao[2]给出了矿浆相对黏度与浓度(固体含量)的关系。如图5－1所示。

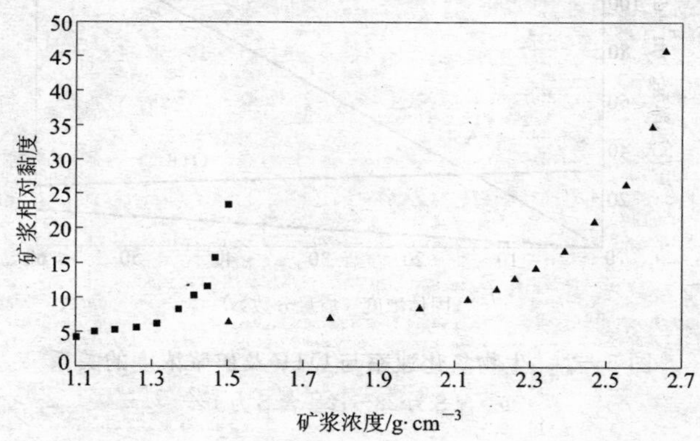

图 5－1　矿浆浓度与矿浆相对黏度的关系

■—石英砂；▲—黄铁矿

当黄铁矿的粒度为－75μm，固体含量大于60%时，矿浆黏度即显著上升。对很多矿物来说，这一现象带有共性。氧的传输速率等于 K_1a、搅拌强度(driving force)、溶液中氧的浓度与其饱和浓度之差三者的乘积。假定氧在溶液中的浓度达到 Liu 等提出的临界值——0.7×10^{-4} %[3]时，搅拌强度为最大值。K_1a 与此时之搅拌强度的乘积称为“氧传输势”(Oxygen transfer potential) OTP。Pinches 等得出两种物料(含 S 为 28%的黄铁矿和含 S 为

1.0%的等外矿)生物氧化过程耗氧速率与矿浆浓度的关系如图5—2[4]。图上同时给出了OTP与矿浆浓度的关系线。对于含S为28%的黄铁矿在交点A之前为化学或生化反应控制,而在交点A之后,OTP小于耗氧速率,此时的过程为氧扩散控制,这是引起高矿浆浓度下氧化速率减慢的原因。对于含硫低的物料(等外矿)矿浆浓度高到60%,OTP仍然高于其氧化耗氧速率。

在流态化床浸出时,流出液的氧含量低于$(0.7\times10^{-4})\%$,生物氧化过程即受氧气传输控制。

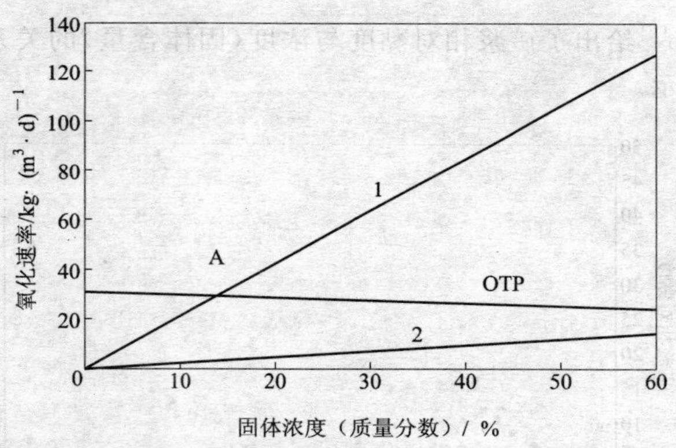

图5—2　生物氧化速率与OTP及矿浆浓度的关系

1—含S为28%;2—含S为1%

5.2　细菌的繁殖

细菌发挥作用,无论是好的(如细菌浸出)或是坏的(细菌导致的疾病的发生)都靠细菌数量的快速增长,这种增长是靠细菌的繁殖来实现的。细菌的繁殖是通过细胞的分裂——裂殖。大多数细菌表现为横分裂(垂直于其长轴方向分裂),分裂后形成的两个细胞大小相等,称为同型分裂。这一过程分为三步来实现。

第一步是核的分裂和隔膜的形成。细菌从周围环境中吸收营养物质,随之发生一系列生物化合反应,把进入细胞的营养物转变成新的细胞物质——DNA、RNA、蛋白质、酶及其他分子。细菌染色体 DNA 的复制往往先于细胞分裂并随着细胞的生长而分开。与此同时，细胞中部的细胞膜从外向中心做环状推进，逐步闭合形成一垂直于细胞长轴的细胞质隔膜，使细胞质与细胞核均分为二。

第二步是横隔壁的形成。随着细胞膜的向内推进，母细胞的细胞壁也跟着由四周向中心逐渐延伸，把新生成的细胞质膜分为两层，每层分别为两个子细胞的细胞膜，横隔壁也逐渐分为两层，使得每个子细胞各自有自己完整的细胞壁。

第三步是子细胞分离。在纯培养条件下细菌群体生长规律一般具有图 5—3 所示的规律。全过程分四个阶段。第一阶段为延迟期，又称为迟缓期、调整期或滞留适应期。在此阶段，细胞代谢活跃，细胞体积增长较快，但分裂迟缓。第二阶段为对数期。这一阶段细胞代谢活性最强，生长十分迅速，以对数增长速率繁殖。第三阶段为稳定生长期，在细菌的生长与死亡之间达到动态平衡。此时培养基中细菌浓度最大，但活性较差。在进行生产接种时应取处于稳定期但尽量靠近对数期的细菌。第四阶段为衰亡期。细菌生长速率可用 Monod 方程表述(见 5.6.1)。

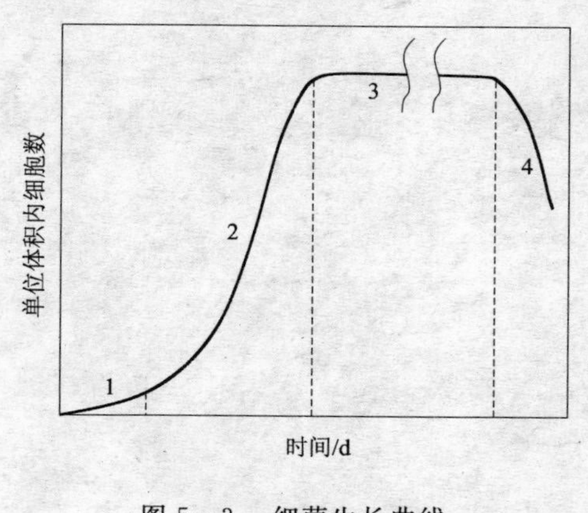

图 5—3　细菌生长曲线

5.3　细菌在矿物表面的吸附

细菌吸附在固体反应物表面是微生物浸出过程最重要的环

节。前面第 3 章在关于细菌浸出的机理中已经说明,细菌在浸出中的作用有两种,一种是游离细菌,另一种是吸附细菌。在很多情况下吸附细菌在浸出中起主要作用。邓敬石[5]用 Sulfobacillus thermosulfidooxidans 浸出镍黄铁矿,做了两个对比试验,其他条件均一样($T=50$℃,浸矿液铁浓度为 2.39g/L,矿浆浓度 1%,pH=2.0,加细菌),其区别仅在于在一个试验中矿样直接投入浸矿液,细菌能与矿粒接触,另一试验用透析袋(分子截留量为 8000)将矿粒与细菌隔离。浸出 4 天,前者镍浸出率达 52.2%,而后者仅为 14.32%。Toniazzo 等[46]也做过类似的实验,用 0.22μm 厚的疏水的半渗透过滤膜将反应器分为两隔,做两个对比试验,一是把黄铁矿粒与细菌置于同一隔中,另一是分放于两隔,其他条件均一样,其结果是细菌直接接触矿粒的浸出速率比细菌不与矿粒接触时的浸出速率高得多。

众多的证据表明细菌吸附已经是不争的事实了。图 5—4 是 T. ferrooxidans 吸附在抛光黄铁矿表面的电子显微照片[6]。

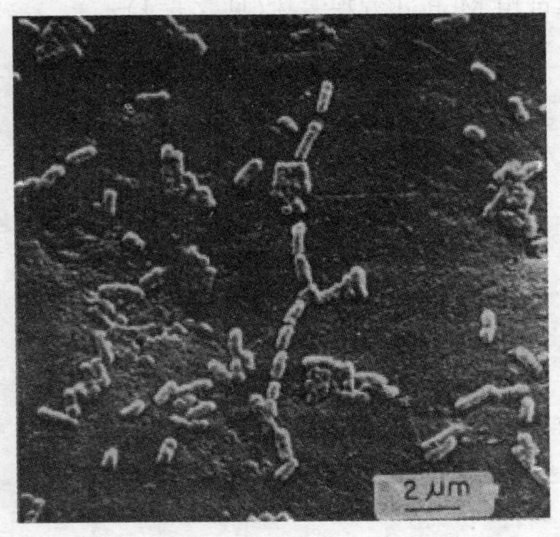

图 5—4　吸附在抛光黄铁矿表面的细菌的 SEM[6]

Gormely 和 Duncan[7]的研究表明,在硫化锌矿细菌浸出时有65%的氧化亚铁硫杆菌吸附在硫化锌矿的表面。Dispirito等[8]报道细菌浸出时有65%氧化亚铁硫杆菌吸附在各种颗粒(包括元素硫与黄铁矿)表面。在类似的实验中有96%~98%的氧化亚铁硫杆菌吸附在黄铜矿表面,77%吸附在元素硫的表面。细菌在矿粒表面上的分布与细菌生长阶段以及矿物氧化程度有关。测定表明,在生长缓慢期氧化亚铁硫杆菌有约70%吸附在元素硫表面,而在168小时后仅有40%。总的来说约60%~90%氧化亚铁硫杆菌吸附在被浸的硫化矿表面。在矿浆和矿粒表面存在着细菌的吸附与脱附的动态平衡。建立平衡所需时间与菌种,矿物性质与细菌的驯化有关。邓敬石的试验表明[5],中等嗜热菌 Sulfobacillus thermosulfidooxidans 在黄铁矿表面的吸附0.5小时即可达到平衡,而在镍黄铁矿表面则需1.5小时。经驯化过的氧化亚铁硫杆菌菌株与硫化矿表面之间的吸附平衡只要1~5小时即可达到,而未经驯化的则需120~300小时。工业实践也充分证明了细菌在矿物表面的吸附。Sao Bento 难处理金矿细菌氧化预处理的BIOX®工业反应槽中发现有48%的氧化亚铁微螺菌,34%氧化硫硫杆菌和10%的氧化亚铁硫杆菌未被吸附,其余的则吸附于矿物表面。随着反应槽数的增加,浸出时间的延长,未被吸附的氧化亚铁硫杆菌下降到5%,然后保持相对稳定,而氧化亚铁微螺菌吸附比例不断下降。细菌与矿粒表面的相互作用是分阶段进行的。曾发现在铜—锌精矿上第一小时吸附上去的细菌很易洗脱,吸附时间更长后则不易洗脱,即细菌在固体表面吸附可分为两步(如果不考虑细菌通过扩散,对流与活性运动抵达固体表面这一步的话)。

第一步,一些研究人员称之为初级吸附,此阶段主要是物理吸附。物理吸附主要靠两种力,一为静电吸引力,二为疏水力(范德华力)。曾提出过各种吸附机理。Rossi[9]综合评述了细菌表面吸附方面的研究,并认为没有一个已提出的机理能充分说明自养微生物与基体的相互作用。

细菌与硫化矿表面的静电作用取决于二者表面电荷的符号与大小,若电荷符号相反则有静电吸引,若符号相同则产生排斥。表面电荷的符号是容易确定的，但其大小(以表面电位表征)则无法用现有的任何方法来测定，只能用另外一个物理量来代表，这就是电泳淌度，即在溶液中建立一电位梯度并测定质点在溶液中的移动速度，此速度即为电泳淌度，单位为 $m^2/(s\cdot V)$。疏水力代表物质疏水性的强弱，可以用接触角 θ 来表征，如图 5—5 所示，接触角愈大，则疏水性愈强。

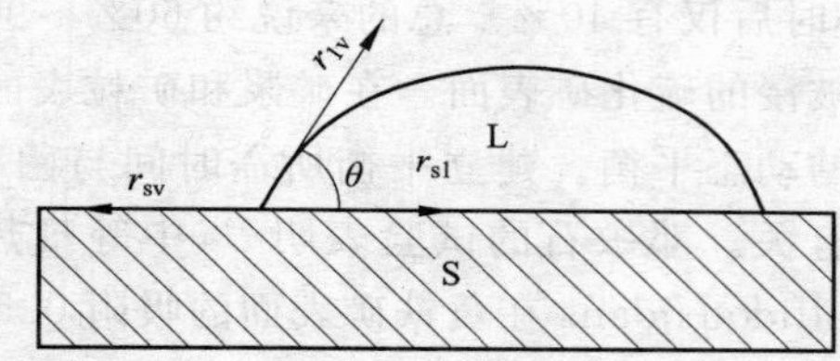

图 5—5　表征固体表面疏水性的接触角示意图

矿物中只有石英是亲水的，其余均是疏水的，因而细菌的疏水性愈强(其接触角愈大)，愈有利于细菌在硫化矿表面的吸附。表 5—1 中给出了若干微生物的电泳淌度与接触角数据，表 5—2 给出了某些矿物的接触角与细菌对其表面的吸附覆盖率。

表 5—1　部分微生物的电泳淌度与接触角值[31]

微　生　物	电泳淌度/$10^{-8}m\cdot(s\cdot V)^{-1}$	接触角/(°)
Pseudomonas fluorescens	—2.36	21.2±1.5
Pseudomonas aeruginosa	—1.07	25.7±0.9
Pseudomonas putida	—1.60	38.5±1.0
Pseudomonas sp. strain 26—3	—0.29	20.1±0.8
Pseudomonas sp. strain 52	—2.67	19.0±1.0
Pseudomonas sp. strain 80	—1.74	29.5±0.5
Escherichia coli NCTC 9002	—0.42	15.7±1.2
Escherichia coli K—12	—1.38	24.7±0.4
Arthrobacter globiformis	—1.84	23.1±0.7
Arthrobacter simplex	—1.08	37.0±0.9

续表 5－1

微　生　物	电泳淌度/10^{-8}m·(s·V)$^{-1}$	接 触 角 / (°)
Arthrobacter sp. strain 177	－3.24	60.0±1.5
Arthrobacter sp. strain 127	－1.37	38.0±1.3
Aficrococcus luteus	－1.62	44.7±0.9
Acinetobacter sp. strain 210A	－1.99	32.6±0.5
Thiobacillus versutus	－2.97	26.8±0.8
Alcaligenes sp. strain 175	－2.57	24.4±0.5
Rhodopseudomonas palustris	－2.68	34.3±0.5
Agrobacterium radiobacter	－1.48	44.1±0.5
Bacillus licheniformis	－2.40	32.6±0.5
Corynebacter sp. strain 125	－3.07	70.0±3.0
Azotobacter vinelandii	－2.45	43.8±0.5
Rhizobium leguminosarum	－2.10	31.0±1.0
Mycobacter phlei	－3.09	70.0±5.0
Thiobacillus ferrooxidans	—	23
E. coli	—	31

表 5－2　矿物的接触角(对 pH＝2 的水溶液)与细菌在其表面的附着覆盖率

矿　物	接触角 / (°)	覆 盖 率 / %		
		E. coli	T. ferrooxidans	
石英	28.4	9.9	4.7	9.8
黄铁矿	68.9	18.9	24.0	20.0
黄铜矿	83.4	26.8	14.0	23.0
文献	33	33	33	12

如上所述,细菌或广而言之微生物在固体表面的吸附,与疏水力和静电力均有关,其关系可用图 5－6 表示[32]。疏水力愈大(接触角愈大)吸附愈强,电泳淌度负值愈小或正值愈大,吸附也愈强。对具体的矿物与微生物而言,这两种力谁起主导作用则呈多样性,对硫化矿的表面细菌的吸附出现了两种截然相反的观点。

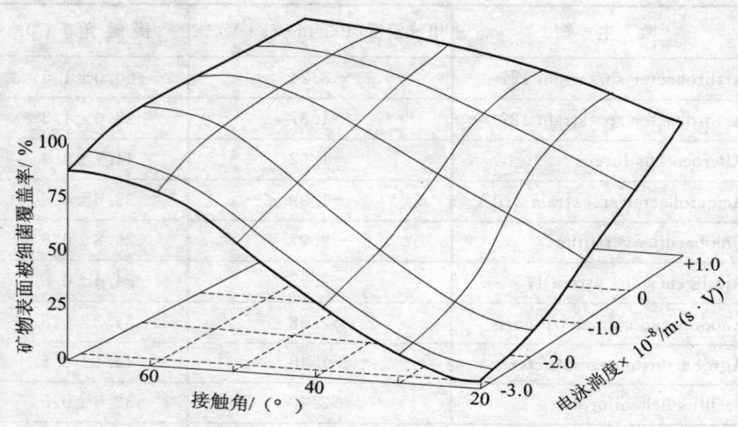

图 5—6　细菌附着覆盖率与其电泳淌度和接触角之关系示意图

一是认为细菌与硫化矿静电排斥，吸附主要是靠疏水力。1990 年 Van Loosdrecht[10] 总结前人发表的文献后提出细菌吸附的结论：

(1)细菌吸附随细菌与固体表面疏水性的增加而上升；

(2)细菌吸附随细菌与固体表面的静电排斥力的增加而下降；

(3)疏水力比静电力更重要；

(4)吸附一般是可逆的；

(5)当静电作用(排斥)弱，疏水力强时吸附是不可逆的。

有若干试验结果支持这一观点。Blake[11] 等发现，在 pH＝2 的介质中在有黄铁矿与 Fe(Ⅱ)条件下生长的氧化亚铁硫杆菌带负电荷，而在元素硫上生长的细菌则接近等电点(电泳淌度为 0)(isoelectric point)，在 pH＝2 时黄铁矿与元素硫均带负电荷。Solari 等[12] 发现，氧化亚铁硫杆菌是弱疏水的，其接触角随 pH 由 3 降至 2 而升高，细菌优先吸附在疏水的硫化矿表面上，这种吸附是弱的，可逆的。疏水的界面作用在氧化亚铁硫杆菌吸附在硫化矿表面起决定作用。

另一种观点认为细菌带正电荷，硫化矿表面带负电荷，二者靠静电吸引而导致吸附，同时也不排除疏水力的作用。Berry 与 Murr[13] 在 1976 年即报导过细胞与黄铁矿表面的静电吸附。W. Sand[14] 与 T. Vargas 等人认为，细菌在培养与生长时，其代谢产物聚集于细胞壁四周形成外聚合层，又称胞外多糖层。胞外多糖层是细菌分泌的产物，又称外聚合层，它是附着于细胞壁外的一层松软透明、黏度极大、黏液状或胶质状的物质。外聚合层的成分因菌种而异，主要是多糖，有的也有多肽、蛋白质、脂肪以及它们组成的复合物—脂多糖、脂蛋白等。M. Rodriguezleiva[15] 等曾在吸附在黄铁矿表面的氧化亚铁硫杆菌上探测到这种外聚合层的存在。邓敬石[5] 也在吸附在镍黄铁矿表面的 Sulfobacillus thermosulfidooxidans 上观察到这种外聚合层。Arrendondo R.[16] 等分离出部分此种多糖层物质。T. Gehrke 等[17] 则分析了这种外聚合层的成分。当细胞置身于含 Fe^{3+} 离子的溶液中时，溶液中的 Fe^{3+} 与细胞外聚合层中的葡萄糖酸 H^+ 发生离子交换，铁离子进入外聚合层并与葡萄糖酸根络合生成络合物。

$$2GluH + Fe^{3+} \longrightarrow Fe(Glu)_2^+ + 2H^+ \tag{5—3}$$

GluH 为葡萄糖，$CH_2OH(HOH)_4COOH$。这样，外聚合层即带正电荷，与带负电荷的硫化矿表面产生静电吸引而使细胞吸附，当然疏水力也同时起作用。只以硫为营养物质的细菌则有不同于上述成分的外聚合层，使细菌表面具有强烈的疏水性，这类细菌不能吸附在黄铁矿上。氧化亚铁微螺菌的外聚合层也含葡萄糖酸与 Fe^{3+}，其吸附机理与氧化亚铁硫杆菌相似。

吸附的第二步是二级吸附，一些人称其为化学吸附。在细胞与矿物之间形成了一种特别的联系。Arrendondo[16] 等认为，细胞壁上的蛋白质在这种联系中起着重要作用。Devasia[18] 等支持这种观点并认为在细胞表面存在着蛋白质是氧化亚铁硫杆菌吸附在硫化矿表面上的原因。一些研究者认为[19]，在细胞与矿物表面之间发生了特别的生物化学反应，但无论是 Arrendondo 所指的蛋白质还是其他人假定的生物化学反应都尚未鉴别出。

对吸附了细菌的硫化矿表面的电子显微照片观察表明，大多数细菌附着在可见的晶体缺陷处（位错与裂缝），为何如此，目前还研究得不多，尚未能提供深入的解释。

细菌在矿物表面的吸附是可逆过程，可用 langmuir 吸附等温方程加以描述。

$$\upsilon_a = K_a B(1-\theta) \tag{5-4}$$

$$\upsilon_d = K_d \theta \tag{5-5}$$

式中 υ_a—— 吸附速率；

υ_d—— 脱附速率；

K_a—— 吸附过程的速率常数；

K_d—— 脱附过程的速率常数；

θ—— 被细菌占领的表面积的分数；

B—— 溶液中细菌的浓度。

在平衡条件下 $\upsilon_a = \upsilon_d$，可导出

$$\theta = \frac{K_a B}{K_a B + K_d} \tag{5-6}$$

由式(5—6)看出，θ 随 B 增大而增大，当 B 足够大时 θ 趋近于1。经驯化的细菌与矿物表面之间吸附—脱附平衡很快达到。

5.4 液相传质

在细菌浸出过程中需要考虑的液相传质物种有：(1)反应物，如 Fe^{3+} 等；(2)生成物，如 Fe^{2+}、SO_4^{2-}、As(Ⅲ)、As(Ⅴ)以及各种硫化物氧化后产生的金属阳离子；(3)营养物。这些水溶物种均需通过扩散进达到细菌或固液反应物表面，或反之，从上述表面扩散到溶液本体。正如一切液—固反应一样，扩散主要是在固液界面处的边界层中进行。当反应生成固体产物时，还有经过固体产物层的扩散。当固体产物是元素硫时，若元素硫层疏松多孔，经过此种层的扩散不会成为速率控制步骤。在一个充分搅拌、扩散物浓度足够高的液—固反应体系中，边界层扩散不会成为过程的速率

控制步骤。在静态床浸出过程中，如堆浸、原位浸出等，低的 Fe^{3+} 与营养液浓度可能使扩散成为速率控制步骤。

5.5 表面化学反应或生化反应

若浸出按各种最佳条件进行，排除了前述各环节成为速率控制步骤的可能后，则浸出过程成为表面生物化学或化学反应控制。其中究竟何种反应起主要作用，这与所处理的矿物原料情况有关，这在第 3 章关于机理的阐述中已经论及了。

5.6 动力学数学模型

微生物浸出的日渐推广，自然产生了对这一过程数学模型的需要。先后从不同角度用不同的思路提出了多种数学模型，其中有建立在实验结果上的经验公式，也有从基本的理论出发经过数学的推导而得出的。二十世纪九十年代以前的情况已有 Rossi G. 作了综合评述[9]。下面介绍几种数学模型。

5.6.1 Monod 方程

细菌生长速率可用 Monod 方程来表述

$$\mu = \frac{\gamma_x}{C_x} = \frac{\mu_{max} \cdot C_s}{K_s + C_s} \quad 或 \quad \frac{1}{\mu} = \frac{K_s}{\mu_{max} \cdot C_s} + \frac{1}{\mu_{max}} \qquad (5-7)$$

式中 μ——单位细菌浓度的细菌生长速率（细菌生长比速），个/h；

μ_{max}——细菌生长的最大比速，个/h；

γ_x——细菌生长速率，mol/(L·h)；

C_x——细菌浓度；

K_s——基质饱和常数；

C_s——抑制细菌生长的物质的浓度，mol/L，此处指 Fe(Ⅲ)的摩尔浓度。

以 $\frac{1}{\mu}$ 与 $\frac{1}{C_s}$ 作图为一直线，由其截距可求出 μ_{max}，由其斜率与 μ_{max} 值

可求出 K_s。该方程适用于以显微镜下计数所表示的细菌浓度。

5.6.2 Hansford 逻辑方程

Hansford 逻辑方程[20]是一个经验公式。硫化矿氧化的速率

$$\frac{dx}{dt}=K_m X\left(1-\frac{X}{X_{max}}\right) \tag{5-8}$$

式中 X—— 黄铁矿浸出分数，无量纲；

X_{max}—— 黄铁矿最大浸出分数，无量纲，为经验数据；

K_m—— 逻辑方程中的最大速率常数，1/h。

对周期性槽浸，式(5－8)积分后得

$$X_{(t)}=\frac{X_{(0)}\exp(K_m t)}{1-\frac{X_{(0)}}{X_{max}}[1-\exp(K_m t)]} \tag{5-9}$$

式中 $X_{(t)}$—— 时间为 t 时黄铁矿浸出的分数；

$X_{(0)}$—— 在时间为 0 时黄铁矿的浸出分数。

式(5－9)可改变为对数方程

$$\ln\left(\frac{X}{X_{max}-X}\right)=K_m t+\ln\left(\frac{X_{(0)}}{X_{max}-X_{(0)}}\right) \tag{5-10}$$

可以由式(5－8)推导出适用于系列反应器连续浸出的更复杂的方程[20]。在稳定态下单级浸出分数

$$X_t=X_m\left(1-\frac{1}{K_1 t}\right) \tag{5-11}$$

对黄铁矿上述逻辑方程的计算结果与试验结果吻合甚好，如图 5－7 所示[21]，而且也适用于计算砷黄铁矿—黄铁矿细菌浸出时铁与砷的浸出率[2]。方程(5－11)用于计算 4 个反应器组成的串级浸出砷黄铁矿—黄铁矿的浸出率与试验结果也十分吻合[22]。

上述逻辑方程比较简单，而且对影响过程速率的诸多因素(例如粒度、溶液成分、搅拌转速等)均无直接关系，所有这些因素的影响都反应在 X_{max} 与 K_m 两个经验参数上，在不同的条件下，这两个

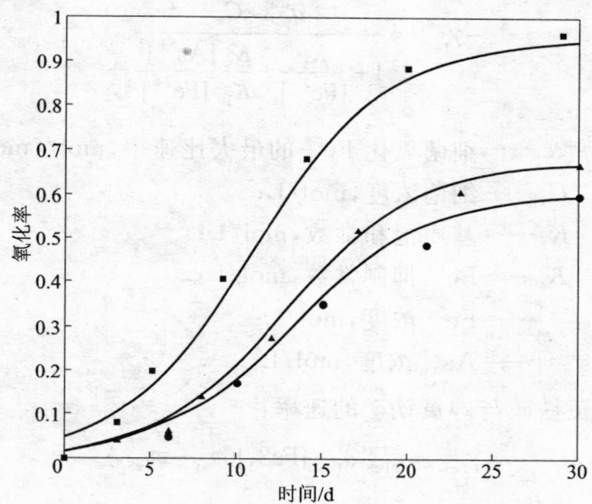

图 5－7　不同粒度的黄铁矿精矿细菌槽浸浸出率与时间的关系

粒度/μm：● ＋53～－75；▲ ＋38～－53；■ －38

（图中点为实验数据，线为按式(5－9)逻辑方程计算数据）

参数的值自然是不同的。

5.6.3　Nagpal 模型

假定：

(1)黄铁矿，砷黄铁矿的氧化仅只靠 Fe^{3+}，其速率取决于溶液电位与矿物电位之差；

(2)细菌生长速率与 Fe^{2+} 氧化速率成正比；

(3)吸附与未吸附细菌均参与 Fe^{2+} 氧化。

细菌生长速率：

$$\gamma_x = -Y_{sx} \cdot \gamma_{Fe^{2+}} \tag{5-12}$$

式中　γ_x——细菌产出速率，mol/(L·h)；

Y_{sx}——单位基质的细菌产出率，mol/(mol·h)；

$\gamma_{Fe^{2+}}$——Fe^{2+} 产出速率，mol/(L·h)。

Fe^{2+} 氧化而造成的 Fe^{2+} 的消耗速率：

$$-\gamma_{Fe^{2+}}=\frac{q_{Fe^{2+}}^{max}\cdot C_x}{1+\frac{K_s}{[Fe^{2+}]}+\frac{K_s}{K_i}\frac{[As^{5+}]^2}{[Fe^{2+}]}} \tag{5-13}$$

式中 $q_{Fe^{2+}}^{max}$——细菌氧化 Fe^{2+} 的最大比速率，mol/(mol·h)；

C_x——细菌浓度，mol/L；

K_s——基质饱和常数，mol/L；

K_i——Fe^{3+} 抑制常数，mol/L；

$[Fe^{2+}]$——Fe^{2+} 浓度，mol/L；

$[As^{5+}]$——As^{5+} 浓度，mol/L。

Fe^{3+} 浸出黄铁矿与砷黄铁矿的速率：

$$-\gamma_{FeS_2}=\xi_{FeS_2}^{max}a_{FeS_2}[FeS_2](\varphi_{aq}-\varphi_{FeS_2}) \tag{5-14}$$

式中 γ_{FeS_2}——黄铁矿浸出速率，mmol/(L·h)；

$\xi_{FeS_2}^{max}$——单位面积黄铁矿最大浸出速率，mol/(m^2·h)；

a_{FeS_2}——黄铁矿比表面积，m^2/mol；

$[FeS_2]$——黄铁矿的浓度，mol/L；

φ_{aq}——溶液电位(SHE)，mV；

φ_{FeS_2}——黄铁矿的静电位(SHE)，mV。

砷黄铁矿的浸出速率：

$$-\gamma_{FeAsS}=\xi_{FeAsS}^{max}a_{FeAsS}[FeAsS](\varphi_{aq}-\varphi_{FeAsS}) \tag{5-15}$$

式中 γ_{FeAsS}——黄铁矿浸出速率，mmol/(L·h)；

ξ_{FeAsS}^{max}——单位面积砷黄铁矿最大浸出速率，mol/(m^2·h)；

a_{FeAsS}——砷黄铁矿比表面积，m^2/mol；

$[FeAsS]$——砷黄铁矿的浓度，mol/L；

φ_{aq}——溶液电位(SHE)，mV；

φ_{FeAsS}——砷黄铁矿的静电位(SHE)，mV。

Nagpol 模型预测砷黄铁矿浸出时铁的浸出不是很准确，但预测砷的浸出则与试验结果吻合甚好。

5.6.4 Boon 两步反应模型[24,45]

如第 3 章对浸出机理的认识那样，把浸出过程分成两步，以黄铁矿为例。第一步黄铁矿与 Fe^{3+} 作用（化学反应），Fe^{3+} 转化为 Fe^{2+}；第二步，所生成的 Fe^{2+} 在细菌的参与下氧化为 Fe^{3+}（电子受体为 O_2）。这两步通过 Fe^{3+} 与 Fe^{2+} 的互相转化而相关联，前一过程 Fe^{2+} 的生成速率：

$$\xi_{Fe^{2+}}=\frac{-\vec{\gamma}_{Fe^{2+}}}{\alpha[FeS_2]}=\frac{\xi_{Fe^{2+}}^{max}}{1+B\dfrac{[Fe^{2+}]}{[Fe^{3+}]}} \tag{5-16}$$

$$\vec{\gamma}_{Fe^{2+}}=\frac{\alpha[FeS_2]\xi_{Fe^{2+}}^{max}}{1+B\dfrac{[Fe^{2+}]}{[Fe^{3+}]}} \tag{5-17}$$

式中 $\xi_{Fe^{2+}}$——Fe^{3+} 氧化黄铁矿时单位面积 Fe^{2+} 的生成速率，mmol/(L·h)；

$\xi_{Fe^{2+}}^{max}$——单位面积黄铁矿表面上 Fe^{2+} 的最大生成速率，即[Fe^{2+}]＝0 时之生成速率，mmol/(L·h)；

$\vec{\gamma}_{Fe^{2+}}$——Fe 的总生成速率，mmol/(L·h)；

[FeS_2]——黄铁矿的浓度；

α——固体浓度与其表面积浓度之间的转换系数；

[Fe^{2+}]——溶液中 Fe^{2+} 的浓度，mol/L；

[Fe^{3+}]——溶液中 Fe^{3+} 的浓度，mol/L。

从式(5－17)可以看出 Fe^{2+} 的生成速率与 FeS_2 浓度、温度（与 $\xi_{Fe^{2+}}^{max}$ 有关）、α（与粒度有关）、溶液中[Fe^{2+}]与[Fe^{3+}]浓度有关。

第二步，Fe^{2+} 在细菌参与下氧化为 Fe^{3+} 时 Fe^{2+} 的消耗速率

$$q_{Fe^{2+}}=\frac{-\vec{\gamma}_{Fe^{2+}}}{C_x}=\frac{q_{Fe^{2+}}^{max}}{1+K\dfrac{[Fe^{3+}]}{[Fe^{2+}]}} \tag{5-18}$$

$$\overleftarrow{\gamma}_{Fe^{2+}} = \frac{C_x q_{Fe^{2+}}^{max}}{1+K\dfrac{[Fe^{3+}]}{[Fe^{2+}]}} \qquad (5-19)$$

式中　$q_{Fe^{2+}}$——Fe^{2+} 被氧化为 Fe^{3+} 时单位浓度细菌造成的 Fe^{2+} 的消减速率，mmol/(L·h)；

$q_{Fe^{2+}}^{max}$——Fe^{2+} 被氧化为 Fe^{3+} 时单位浓度细菌造成的 Fe^{2+} 的最大消减速率，即$[Fe^{3+}]=0$ 时的消耗速率，mmol/(L·h)；

C_x——细菌浓度；

$\overleftarrow{\gamma}_{Fe^{2+}}$——$Fe^{2+}$ 的总消耗速率，mmol/(L·h)。

从式(5—19)看出，Fe^{2+} 消耗速率与细菌浓度、细菌种类与温度(决定 $q_{Fe^{2+}}^{max}$)、溶液中$[Fe^{3+}]$与$[Fe^{2+}]$有关，由反应

$$Fe^{3+} + e \longrightarrow Fe^{2+} \qquad (5-20)$$

的能斯特方程

$$\varphi = \varphi^{\ominus} - \frac{RT}{F}\ln\frac{[Fe^{2+}]}{[Fe^{3+}]} \qquad (5-21)$$

得

$$\frac{[Fe^{3+}]}{[Fe^{2+}]} = \exp\frac{\varphi-\varphi^{\ominus}}{\dfrac{RT}{F}} \qquad (5-22)$$

代入式(5—17)和式(5—19)得 Fe^{3+} 氧化黄铁矿时 Fe^{2+} 的生成速率

$$\overrightarrow{\gamma}_{Fe^{2+}} = \frac{\alpha[FeS_2]\xi_{Fe^{2+}}^{max}}{1+B\exp\dfrac{\varphi^{\ominus}-\varphi}{\dfrac{RT}{F}}} \qquad (5-23)$$

Fe^{2+} 被氧化为 Fe^{3+} 时 Fe^{2+} 的消耗速率

$$\overleftarrow{\gamma}_{Fe^{2+}} = \frac{C_x q_{Fe^{2+}}^{max}}{1+K\exp\dfrac{\varphi-\varphi^{\ominus}}{\dfrac{RT}{F}}} \qquad (5-24)$$

当两种速率相等时，达到了浸出过程的假稳定态，此时的速率即为浸出过程的速率。

从式(5－23)看出 Fe^{2+} 的生成速率随着体系电位 φ 的上升而上升，反之从式(5－24)看出，Fe^{2+} 的消耗速率随体系电位 φ 的上升而下降，将二者作为电位 φ 的函数作图，两曲线的交点即为假稳定态，如图 5－8 所示。

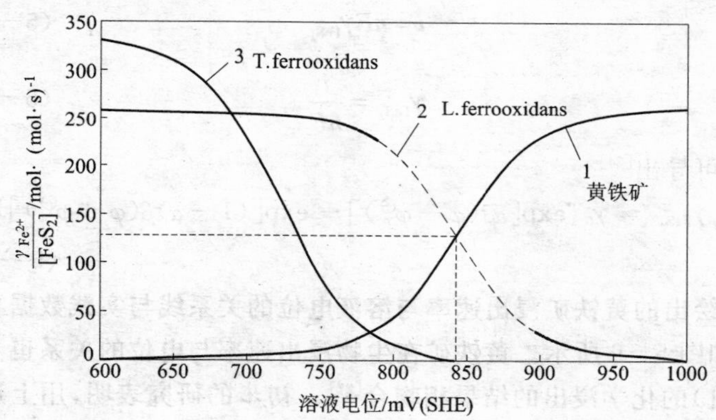

图 5－8 T. ferrooxidans 与 L. ferrooxidans 氧化 Fe^{2+} 时 $\overleftarrow{\gamma}_{Fe^{2+}}$ 与黄铁矿被 Fe^{3+} 氧化时 Fe^{2+} 生成速率 $\overrightarrow{\gamma}_{Fe^{2+}}$ 与体系电位 φ 的关系曲线

试验条件：1. 黄铁矿粒度：＋53～－75μm，黄铁矿浓度：10g/L；
2、3. 细菌浓度：150mg c/L，总铁浓度：12g/L

图 5－8 表明，氧化亚铁硫杆菌(leptospirillum ferrooxidans)的 $\overleftarrow{\gamma}_{Fe^{2+}}－\varphi$ 曲线与黄铁矿的 $\overrightarrow{\gamma}_{Fe^{2+}}－\varphi$ 曲线交点的电位与速率均比氧化亚铁硫杆菌高，这说明，在浸出黄铁矿时若两种菌均同时存在，则 L. f 菌有较高的反应速率，从而有较 T. f 高的生长率，它将逐渐占优势成为体系中的优势菌种。Boon M. 与 Sand W. 等人的工作证实了这一点[11－14]。Rawlings[25] 也发现在用 GENCOR BIOX® 处理砷黄铁矿—黄铁矿精矿时反应器中氧化亚铁硫杆菌占优势。Battaglia－Brunet 等也报道了类似的现象[26]。

假定用 Fe(Ⅲ)浸出的过程是一电化学过程，根据 Bulter—Volmer 方程

$$i = i_0\left(\exp\frac{\beta nF\eta}{RT} - \exp\frac{-\alpha nF\eta}{RT}\right) \tag{5-25}$$

式中 η——过电位。

电化学反应速率与电流之间的关系

$$i = nF\gamma_{FeS_2} \tag{5-26}$$

$$\gamma_{FeS_2} = \frac{i}{nF} \tag{5-27}$$

最后可导出[24]

$$-\gamma_{FeS_2} = \gamma_0\{\exp[\alpha\beta(\varphi-\varphi^{\ominus})] - \exp[(1-\alpha)\beta(\varphi-\varphi^{\ominus})]\} \tag{5-28}$$

绘出的黄铁矿浸出速率与溶液电位的关系线与实践数据相吻合，如图 5—9 所示。黄铁矿在生物浸出速率与电位的关系也与用 Fe(Ⅲ)的化学浸出的结果相吻合[27]。初步的研究表明，用上述速率方程可解释用 Fe(Ⅲ)浸出砷黄铁矿的动力学。

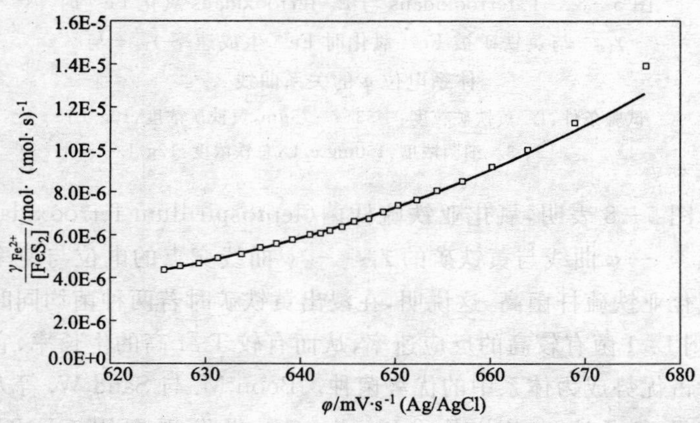

图 5—9　Fe^{3+} 浸出黄铁矿时 γ_{FeS_2} 与电位的关系(按式(5—28)计算)

□—实验结果

上述两步机理可以用来解释为什么在黄铁矿与砷黄铁矿细菌浸出时 L. f 成为主要菌种[28]，为什么砷黄铁矿在黄铁矿之前优先浸出[29]。这种理论处理已受到广泛的检验，得到了严谨的验证，是建立生物浸出工业化应用中的动力学模型的十分有用的思路。

5.6.5 Yasuhiro Konishi 模型

Yasuhiro Konishi 给出了氧化亚铁硫杆菌浸出黄铁矿周期性与连续性槽浸作业的数学模型，与前面的 Boon 等建模的思路相反，在建立模型时，他们认为 Fe^{3+} 对 FeS_2 的化学氧化作用与细菌对 FeS_2 的直接氧化作用相比可忽略不计。

在槽浸时，细菌的增长速率是吸附在矿粒表面的细菌增长速率与在矿浆液相中的细菌增长速率之和

$$\frac{dX_T}{dt}=R_A+R_l \tag{5-29}$$

式中 t——反应时间；

X_T——矿浆中细菌总浓度，个/m³；

R_A——细菌靠固体基质的增长速率，个/d·m³；

R_l——细菌靠水溶基质的增长速率，个/d·m³。

$$X_T=X_a a_P+X_l(1-q) \tag{5-30}$$

式中 X_a——吸附在矿粒表面的细菌浓度，个/m²；

X_l——矿浆液相中细菌浓度，个/m³；

a_P——矿粒总表面积，m²；

q——矿浆中固体物料所占体积分数。

$$X_a=K_A X_{am} X_l/(1+K_A X_l) \tag{5-31}$$

式中 K_A——细菌在矿粒表面吸附平衡常数；

X_{am}——细菌在矿粒表面的最大吸附量，个/m²。

$$a_P=a_{P,0}(1-\alpha)^{2/3} \tag{5-32}$$

式中 $a_{P.0}$——单位体积内矿粒总表面积的起始值；

α——反应率(氧化率或浸出率)。

$$a_{P\cdot0}=\frac{\phi W_0}{\rho_P D_{P\cdot0} V_0} \quad (5-33)$$

式中 W_0——矿物的起始重量,kg;

V_0——矿浆的起始体积,m^3;

ρ_P——矿浆的密度;

$D_{P\cdot0}$——矿粒的起始直径,m;

ϕ——反应矿粒偏离球体程度的形状系数。

细菌殖增速率与浸出速率成正比:

$$R_A V=-y_A\left(\frac{dW}{dt}\right) \quad (5-34)$$

式中 y_A——黄铁矿(FeS_2)氧化的细菌产出率,个/kg。

矿浆液相中细菌的殖增是靠 Fe^{2+} 氧化为 Fe^{3+} 获得能量而产生的。细菌直接作用产出的 Fe^{2+} 紧接着便氧化为 Fe^{3+},故而可以认为 Fe^{2+} 浓度的增长速率为0。则可导出 Fe^{2+} 的物质平衡方程:

$$\frac{d\{(1-\phi)V[Fe^{2+}]\}}{dt}=-f\frac{dW}{dt}-\frac{R_1 V}{y_1}=0 \quad (5-35)$$

式中 V——槽内矿浆体积,m^3;

f——黄铁矿中铁的质量分数;

y_1——水溶基质[Fe(Ⅱ)]氧化的细菌产出率,个/kg。

联立式(5-34)和式(5-35)可得

$$R_1=f\frac{y_1}{y_A}R_A \quad (5-36)$$

将式(5-36)代入式(5-29)得

$$\frac{dX_T}{dt}=R_A(1+\frac{fy_1}{y_A}) \quad (5-37)$$

吸附在矿粒表面上的细菌殖增速率可以用下式表示:

$$R_A = \mu_A x_a \theta_v a_p \tag{5-38}$$

式中 $\theta_v = (X_{am} - X_a)/X_{am}$；

μ_A——吸附在矿粒表面上的细菌的比殖增速率，d^{-1}。

槽浸时生物浸出速率与细菌生长速率成正比，令 α 为浸出率，则有

$$\alpha = 1 - \frac{W}{W_0} \tag{5-39}$$

$$\frac{d\alpha}{dt} = -\frac{d(W/W_0)}{dt} = -\frac{1}{W_0} \cdot \frac{dW}{dt} \tag{5-40}$$

由式(5－35)、式(5－36)、式(5－37)得出

$$\frac{dW}{dt} = -\frac{R_1 V}{y_1} f \tag{5-41}$$

经整理最后可得到浸出速率的微分方程

$$\frac{d\alpha}{dt} = \frac{1}{W_0(y_A + f y_1)} \cdot \frac{d(VX_T)}{dt} \tag{5-42}$$

对式(5－42)积分得到

$$y_A = \frac{(X_T V - X_{T0} V_0) - \alpha W_0 f y_1}{\alpha W_0} \tag{5-43}$$

用数值积分求解式(5－37)和式(5－42)可得出浸出率与时间的关系如图5－10。上述数学模型需要一系列参数，Konishi 等通过氧化亚铁硫杆菌的吸附研究得出细菌在黄铁矿表面的吸附－脱附平衡常数 $K_A = 4.40 \times 10^{-15}\ m^3$/个，与矿物的粒度无关。最大吸附能力 $X_{am} = (7.3/\phi) \times 10^{12}$ 个/m^2 与矿物的粒度无关。ϕ 取值为6.0。$y_A = (3.30 \sim 3.88) \times 10^{14}$ 个/kg，$\mu_A = 2.5 d^{-1}$，$y_1 = 3.49 \times 10^{13}$ 个/kg。

Yasuhiro 等推导出黄铁矿连续式槽浸公式[30]

$$\alpha_m = 3(t_m/\tau) - 6(t_m/\tau)^2 + 6(t_m/\tau)^3[1 - \exp(-\tau/t_m)] \tag{5-44}$$

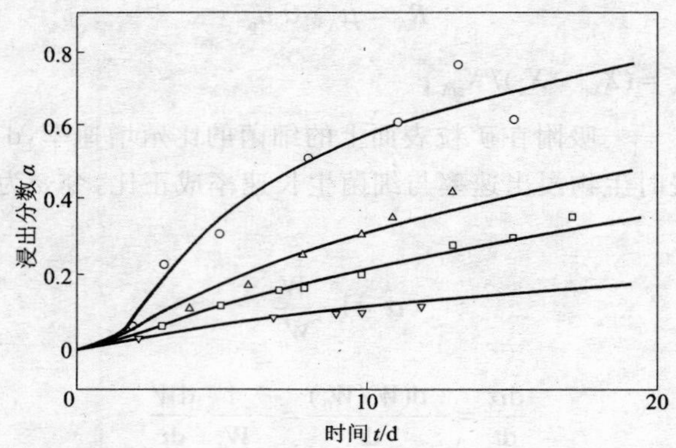

图 5－10　氧化亚铁硫杆菌浸出黄铁矿(槽浸)浸出率与时间的关系曲线为按数学模型计算值(各点为实测值)

○—矿物起始粒度为 25～44μm；△—矿物起始粒度为 53～63μm；□—矿物起始粒度为 63～88μm；▽—矿物起始粒度为 149～177μm

式中　α_m——黄铁矿的平均浸出率，%；

t_m——矿粒在槽中的平均停留时间，h；

τ——矿粒(直径为 d)完全消失所需时间，h。

5.6.6　堆浸数学模拟

原矿堆浸与废石堆浸的数学模型近 25 年来受到很大的关注，先后有众多的学者提出过不同的建模思路与方法[34－40]，本节介绍 J. M. Casas[39] 与 L. Moreno[40] 的建模方法与数学模型。

堆浸是一个复杂的综合过程，包括了下列各个方面的过程。

(1)化学反应，电化学反应过程：

酸溶；

Fe^{3+} 氧化硫化矿；

氧氧化反应。

(2)微生物过程：

吸附、生长、催化作用。

(3)传质过程：

通过空气的扩散与自然对流而引起的矿堆中氧的传输；

水溶物种在矿块内部的扩散。

(4)传热过程：

因吸热与放热反应而引起的矿堆的加热或冷却以及与环境的热交换。

这一总过程涉及很多变量，数学模拟有很大的难度。为了使建模工作具有较好的可操作性，尽量做一些简化处理。

首先比较容易的是建立二维数学模型。假若矿堆底部是一狭长的矩形，垂直其长边的矿堆横截面为一梯形，沿长边方向的此种横截面的浸出具有同一性。横截面梯形上下两边中点的连线为其轴线，此截面呈轴对称，只对其半边建立二维数学模型，如图 5—11 所示。

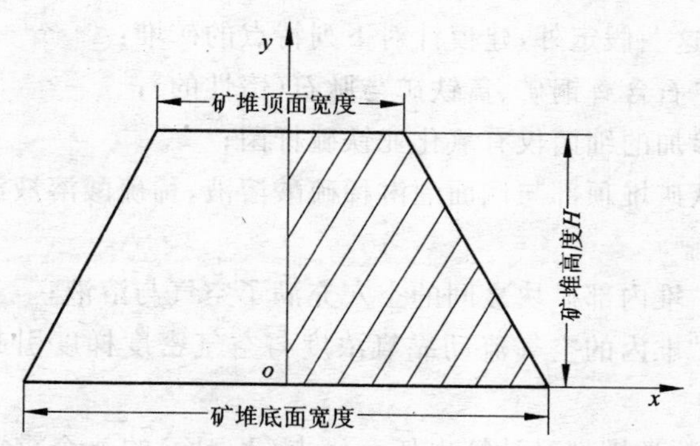

图 5—11　矿石堆浸二维数学模型示意图

J. M. Casas 等人于 1998 年提出了他们针对辉铜矿堆浸的二维数学模型[39]，该模型假定：

(1)铜的浸出过程受细菌活性控制；

(2)矿堆各处透气性一样；

(3)矿堆各处细菌分布是均匀的。

上述假定中(2)、(3)显然与实际情况不相符，仅是一种简化处理。1999 年 L. Moreno 等改进了这一模型[40]，取消了上述的第

(2)、(3)条假定，所提出的数学模型考虑了细菌浸出过程中矿堆透气性与细菌分布密度变化对浸出的影响。该模型是针对过程受细菌活性控制的情况。事实上矿石堆浸并不都属于这种情况。当矿堆的透气性很差时向矿堆内部供氧主要靠扩散，此时浸出过程速率受氧传输控制，而且低。当矿块粒度较大时，除了浸出的初始阶段外，浸出过程速率也可能受 Fe^{3+} 在矿块内部的扩散控制。因此，L. Moreno 等的模型的适用范围是浸出速率受细菌活性控制的情况。要符合这种条件，除了矿堆透气性外还必须具有下列情况之一：浸出的初始阶段，浸出在矿块的表面进行；脉石渗透性好；矿块粒度不太大。矿块的粒度应该多大才使这一条件成立，可通过一定的计算进行估计。L. Moreno 等的计算表明，矿堆细菌密度为 10^{11} 个/m^2(10^{10} 个/kg)，矿块粒度应小于 2cm。

除开这一假定外，建模针对下列特点的矿堆：

(1)矿石含辉铜矿、黄铁矿与脉石(惰性的)；

(2)参加的细菌仅有氧化亚铁硫杆菌；

(3)从矿堆顶部与侧面灌淋稀硫酸溶液，稀硫酸溶液渗透经过矿堆；

(4)矿堆内部矿块之间的空穴充满了空气与溶液；

(5)矿堆内的空气流动靠氧浓度与空气密度梯度引起的扩散与对流。

二维数学模型可计算出任意一点(X_i,Y_i)的 4 个重要变量的值：气流速度，气相氧浓度，温度以及指定时间的浸出率。为此必须要有 4 个方程。

5.6.6.1 表述细菌浸出速率的 Michails—Menten 方程[41]

$$\frac{d\alpha}{dt} = \frac{\sigma_1}{\rho_B G^{\ominus}}\left(\frac{C_1}{K_m + C_1}\right) X V_m \qquad (5-45)$$

式中 α——铜的浸出率，%；

t——时间，d；

ρ_B——矿石密度，kg/m^3；

$G^{\ominus}$——矿石中辉铜矿含量,%;

X——矿堆中细菌个数,个/m³;

C_l——矿堆中的溶液中的氧浓度,kg/m³;

V_m——每个细菌的最大耗氧比速率,kg/(个·s);

K_m——Michaelis 常数,kg/m³;

σ_1——浸出反应氧的总计量系数。

浸出过程中除辉铜矿氧化外,同时发生黄铁矿的氧化:

$$Cu_2S + 2.5O_2 + H_2SO_4 \longrightarrow 2CuSO_4 + H_2O \qquad (5-46)$$

$$FeS + 3.5O_2 + H_2O \longrightarrow FeSO_4 + H_2SO_4 \qquad (5-47)$$

浸出时,浸出一定量的铜必然有一定量的黄铁矿同时被浸出,设 FPY 代表被浸出的黄铁矿与辉铜矿的质量比,则

$$\sigma_1 = \frac{M_{ch} M_{PY}}{\frac{5}{2} M_{OX} M_{PY} + \frac{7}{2} (FPY) M_{OX} M_{ch}} \qquad (5-48)$$

式中 M_{ch}——辉铜矿的分子量;

M_{PY}——黄铁矿的分子量;

M_{OX}——氧的分子量。

式(5-45)中的 C_l 为矿堆中某一点的溶液中氧浓度,认为在矿堆各点氧在气相中与溶液中处于热力学平衡,C_l 可由亨利定律求得

$$C_l = C_g \cdot He \qquad (5-49)$$

式中 C_g——气相中的氧浓度,kg/m³;

He——亨利系数。

氧的亨利系数与温度的关系为[42]

$$He = 21.312 + 0.784T - 0.00383T^2 \qquad (5-50)$$

式中温度为℃。式(5-45)中的 V_m 值与菌种和温度有关,对氧化亚铁硫杆菌有

$$V_m = \frac{6.8\times10^{-13} T \exp\left(-\frac{7000}{T}\right)}{1+\exp\left(236-\frac{74000}{T}\right)} \tag{5-51}$$

图 5—12 为实测与计算得到的单个氧化亚铁硫杆菌活性与温度的关系[43]。

5.6.6.2 自然对流产生的空气流

气体流经矿堆的流速可用 Darcy 定律表述：

$$\varepsilon_g v_g = q_g = -\frac{KK_{rg}}{\mu_g}(\nabla P - \rho_g g) \tag{5-52}$$

式中 ε_g——矿堆中流相所占的体积比，m^3/m^3；
v_g——气体流速，m/s；
q_g——单位矿堆面积上的气体体积流量，$m^3/(m^2 \cdot s)$；
K——矿堆渗透性，m^2；
K_{rg}——相对渗透性；
μ_g——气体黏度，$kg/(m \cdot s)$；
∇P——压力梯度，Pa/m；
ρ_g——气体密度，kg/m^3；
g——重力加速度，m/s^2。

矿堆内部空气流动的动力是由于气体密度降低而引发的对流。密度改变则是由于气体的加湿与氧的消耗。矿堆内部的气流分布可用气流函数 $\Psi(x, y)$表述：

$$q_x = -\frac{\partial \Psi}{\partial y}, q_y = \frac{\partial \Psi}{\partial x} \tag{5-53}$$

式中 q_x——沿 y 轴（x=const）方向气体在单位面积上的体积流量，$m^3/(m^2 \cdot s)$；
q_y——沿 x 轴（y=const）方向气体在单位面积上的体积流量，$m^3/(m^2 \cdot s)$。

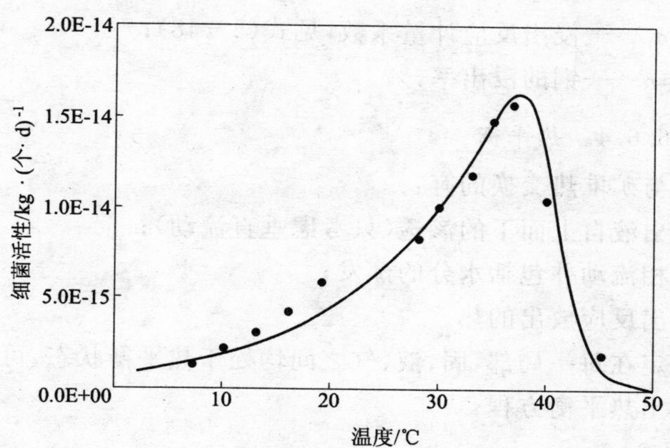

图 5－12　氧化亚铁硫杆菌活性与温度的关系

pH＝2；$C_{O_2 l}=6.5\times10^{-4}\%$；$K_m=10^{-4}\%$

联立式(5－52)和式(5－53)可得：

$$gKK_{rg}\frac{\partial\rho_g}{\partial x}=-\mu_g\left(\frac{\partial^2\psi}{\partial x^2}+\frac{\partial^2\psi}{\partial y^2}\right)\tag{5-54}$$

5.6.6.3　气体氧的质量平衡

在一单元体积内氧的输入有扩散输入与对流输入，而支出则为氧的消耗(细菌)，对一单元体积可写出氧的质量平衡方程

$$\varepsilon_g D_g\left(\frac{\partial^2 C_g}{\partial x^2}+\frac{\partial^2 C_g}{\partial y^2}\right)-\varepsilon_g\left(\frac{\partial(\upsilon_g C_g)}{\partial x}+\frac{\partial(\upsilon_g C_g)}{\partial y}\right)=\frac{\rho_B G^{\ominus}}{\sigma_1}\frac{d\alpha}{dt}\tag{5-55}$$

式中　ε_g——矿堆中气体所占的体积比，m^3/m^3；

D_g——氧在气相中的扩散系数，m^2/s；

C_g——气相中氧的浓度，kg/m^3；

υ_g——气体的流速，m/s；

$G^{\ominus}$——矿石中辉铜矿含量，%；

ρ_B——矿石密度，kg/m^3；

σ_1——浸出反应计量系数，见式(5－48)；

α——铜的浸出率，%。

5.6.6.4 热平衡

参与矿堆热交换的有：

浸出液自上而下的渗透(只考虑垂直流动)；

气相流动并包括水分的蒸发；

浸出反应放出的热。

假定在每一局部，固、液、气之间均处于热平衡状态，可对单元矿堆列出热平衡方程：

$$K_B\left(\frac{\partial^2 T}{\partial x^2}+\frac{\partial^2 T}{\partial y^2}\right)-\frac{\partial h_1}{\partial y}-\left(\frac{\partial h_g}{\partial x}+\frac{\partial h_g}{\partial y}\right)=(-\Delta H_R)\frac{\rho_B G^{\ominus}}{\sigma_1}\frac{d\alpha}{dt} \tag{5－56}$$

式中 K_B——矿堆的导热系数，kJ/(m·K·s)；

h_1——单位面积上的水相热焓流量，kJ/(m^2·s)；

h_g——单位面积上的气相热焓流量，kJ/(m^2·s)；

ΔH_R——浸出反应的平均反应热，kJ/kg。

式(5－56)右端为反应放出的热，左端各项代表对流、传导造成的热流失。

$$\Delta H_R=\Delta H_{ch}+FPY\cdot\Delta H_{PY} \tag{5－57}$$

式(5－57)中的 ΔH_{ch} 代表辉铜矿的浸出反应的反应热，ΔH_{PY} 代表黄铁矿浸出反应的反应热。

$$h_g=G[-\lambda H_{air}+(C_{p,g}+C_{p,v}H_{air})(T-T_{ref})] \tag{5－58}$$

$$h_1=-q_1\rho_1 C_{p,1}[T-T_{ref}] \tag{5－59}$$

式中 G——单位面积上干空气质量流速，kg/(m^2·s)；

λ——水的蒸发热，kJ/kg；

H_{air}——空气湿度(干空气中的水含量)，kg/kg；

$C_{p,g}$——空气热容，kJ/(kg·K)；

$C_{p,v}$——水蒸气的热容，kJ/(kg·K)；

$C_{p,l}$——水的热容，kJ/(kg·K)；

T_{ref}——参比温度，可用矿堆表面温度作参比温度；

q_l——单位面积上液体的体积流速，$m^3/(m^2 \cdot s)$；

ρ_l——液体密度，kg/m^3。

边界条件：

假定

(1)矿堆与地表是绝热的，不渗透的。

在矿堆底部，$y=0$ 处

$$\psi=1$$

$$\frac{\partial C_g}{\partial y}=\frac{\partial T}{\partial y}=0 \tag{5-60}$$

无氧流与热流经过底部。

(2)在矿堆轴心，$x=0$ 处，由于矿堆轴对称，无气流、液流与热流经过中轴线。

$$\psi=1$$

$$\frac{\partial C_g}{\partial x}=\frac{\partial T}{\partial x}=0 \tag{5-61}$$

(3)矿堆顶部，$y=H$ 处与矿堆侧表面。

$$\frac{\partial \psi}{\partial n}=0 \quad \text{（垂直于表面的气流速度）}$$

$$T=T_1, C_g=C_{air} \quad \text{（温度与氧浓度为常数）}$$

计算所需要的传输与热力学数据

(1)液体流速

$$q_l=\frac{Kg\rho_l}{\mu_l}(S_{ef})^4 \tag{5-62}$$

$$\varepsilon_g=1-\varepsilon_s-\phi S_w \tag{5-63}$$

$$K_{rg}=(1-S_{ef}^2)(1-S_{ef})^2 \tag{5-64}$$

式中　q_l——单位面积上液体的体积流速，$m^3/(m^2 \cdot s)$；

K——矿堆的渗透性，m^2；

ρ_l——液体密度，kg/m^3；

μ_l——液体黏度，$kg/(m \cdot s)$；

S_{ef}——矿堆中液体的有效填充量。

$$S_{ef}=\frac{[S_w-S_{wr}]}{[1-S_{wr}]} \tag{5-65}$$

式中　S_w——空穴中液体含量，m^3/m^3；

S_{wr}——空穴中残留液体量，m^3/m^3。

$$S_w=\frac{\varepsilon_w}{\phi} \tag{5-66}$$

式中　ε_w——矿堆内水所占的体积比，m^3/m^3；

ϕ——矿堆的空穴度，m^3/m^3（每立方米矿堆中空穴所占体积）。

(2)空气湿度

认为矿堆中的空气为水蒸气所饱和

$$H_{air}=\frac{[M_w/M_{air}]\cdot P_{sat}}{[P-P_{sat}]} \tag{5-67}$$

式中　H_{air}——空气湿度，kg/kg；

M_w——水的分子量，kg/kmol；

M_{air}——空气的分子量，kg/kmol；

P_{sat}——水蒸气的饱和压力，Pa；

P——气体压力，Pa。

$$\lg P_{sat}=8.07-1730/[T-39.75] \tag{5-68}$$

按式(5－68)所得出的 P_{sat} 以 mmHg 为单位，使用时应换算成 Pa。

(3)C_l

溶液中的氧浓度以亨利定律计算

$$C_l = C_g \cdot He \tag{5-69}$$

式中　C_g——空气中的氧浓度，kg/m^3；

He——亨利定律常数

$$He = 21.312 + 0.784T - 0.00383T^2 \tag{5-70}$$

式中温度为℃。

由上述方程表示的数学模型可变换为一无量纲方程组，并用有限差分法进行离散化，得到一组非线性代数方程，该方程组可用逐次张弛迭代法在微机上求解。第一步，需要对气体密度的分布作假设，然后解方程式（5－53）和式（5－54）得到气流函数的估计以及通过矿床的空气流速。通过解方程式（5－55）和式（5－56）分别得到氧气的浓度和温度的分布图。最后，利用已解出的氧的浓度和温度值，获得气体密度值，接着再次解方程式（5－53）和式（5－54）得到气流函数和空气速度。反复重复以上过程，直至达到所希望的收敛性。求解各方程需要的参数值列入表5－3，所模拟的矿堆的条件列入表5－4。

表5－3　堆浸数学模型需要的参数值

符　号	参数名称	单　位	参数值
ρ_{air}	空气密度	kg/m^3	1.16
ρ_l	溶液密度	kg/m^3	1050
ρ_s	矿石密度	kg/m^3	2700
ρ_B	矿堆体积密度	kg/m^3	1800
$C_{p,g}$	空气平均热容	$kJ/(kg \cdot K)$	1.0
$C_{p,l}$	溶液平均热容	$kJ/(kg \cdot K)$	4.0
$C_{p,s}$	矿石平均热容	$kJ/(kg \cdot K)$	1.172
$C_{p,v}$	水蒸气平均热容	$kJ/(kg \cdot K)$	1.864
μ_g	气体黏度	$kg/(m \cdot s)$	1.85×10^{-5}
μ_l	溶液黏度	$kg/(m \cdot s)$	9×10^{-4}
ϕ	矿堆孔隙率	m^3/m^3	0.3
ΔH_{ch}	辉铜矿氧化反应热	kJ/kg	－6000

续表 5—3

符　号	参 数 名 称	单　位	参数值
ΔH_{PY}	黄铁矿氧化反应热	kJ/kg	−12600
D_g	氧的气相扩散系数	m^2/s	1.5×10^{-5}
λ	水的蒸发潜热	kJ/kg	583
S_{wr}	矿堆空穴残留水量	m^3/m^3	0.27
K_m	Michaelis 常数	kg/m^3	10^{-3}
K_B	矿堆导热系数	kJ/(m·K·s)	2.1×10^{-3}
ε_l	矿堆中液相所占体积比	m^3/m^3	0.12

表 5—4　模拟矿堆的条件

符　号	项 目 名 称	单　位	数　值
T	环境温度	K	298
P	大气压力	kPa	101
X	细菌密度	个/m^3	5×10^{13}
K	矿堆透气性	m^2	5×10^{-11}
G_{cu}	矿石中铜品位	%	0.063
FPY	被浸出的黄铁矿与辉铜矿之质量比		2.5
K_m	Michaelis 常数	kg/m^3	10^{-3}
T_l	溶液温度	℃	25
q_l	单位面积上液体的体积流速(喷淋强度)	$m^3/(m^2\cdot s)$	1.4×10^{-6}
O_{2g}	环境氧浓度	kg/m^3	0.26

在计算时若要考虑细菌分布与矿堆透气性的变化则前述公式中 X 与 K 值也是变量。由于矿堆各点温度、氧气浓度等不同，其细菌密度也不同。硫化铜矿工业堆浸时矿堆内细菌密度实测的最大值在 $10^9\sim5\times10^{10}$ 个/kg(约 $10^{12}\sim10^{14}$ 个/m^3)。Bhappu 等对实际铜矿堆的检测表明[44]，细菌在矿堆内的分布确实是不均匀的。密度最大的是在堆表面层，其深度不超过 2.4m。在这一层内

细菌密度为 4.5×10^{10} 个/kg 干矿重。数学模拟时可用下面的方法将细菌密度也作为一个变量来考虑。

$$X_{actual}=X_{optimum}\cdot F_{T}\cdot F_{OX} \tag{5-71}$$

式中 X_{actual}——矿堆内某一点的细菌密度，个/kg；

F_{T}——温度函数；

F_{OX}——氧浓度函数；

$X_{optimum}$——在最佳条件下，矿堆的细菌密度，个/kg（最佳条件为 $T=30$℃，氧浓度等于堆外大气中的氧浓度）。

F_{T} 与 F_{OX} 值可由图 5－13 与图 5－14 确定。

实际矿堆的透气性是不均匀的。堆底部的透气性比堆顶部高，这是由于在筑堆过程中大的矿块趋向于聚集在下部。因此矿堆透气性从堆顶至堆底自上而下连续上升。把透气性作为常量模拟时，透气性取值为 $5\times10^{-11}\,m^2$，矿堆底部透气性为此值的 3.3 倍，即 $1.65\times10^{-10}\,m^2$，而堆顶的透气性则为 $1.5\times10^{-11}\,m^2$。堆底透气性为堆顶透气性的 10.89 倍。

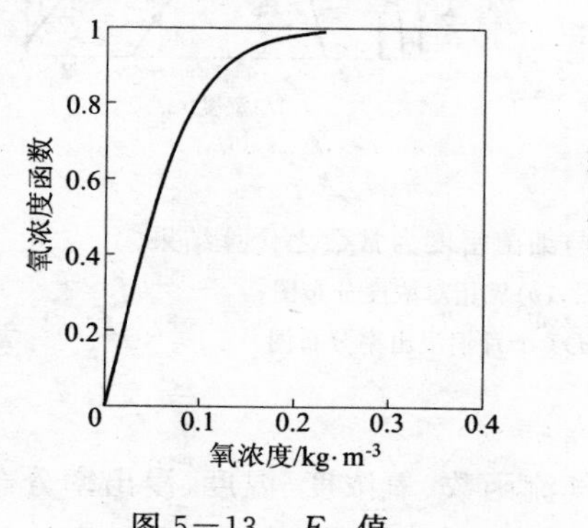

图 5－13　F_{OX} 值

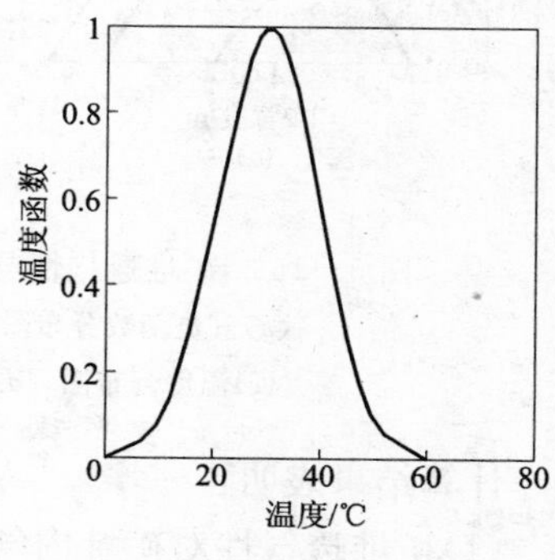

图 5－14　F_{T} 值

对于一个高度为 6m，顶部宽度为 6m，底部宽度为 18m 的矿堆数学模拟的结果示于图 5－15、图 5－16、图 5－17。图 5－15 为矿堆透气性为常数（$5\times10^{-11}\,m^2$）时的计算结果。图 5－16 为矿堆透气性为变量，堆底为 $3.3\times5\times10^{-11}\,m^2$，堆顶比 $5\times10^{-11}\,m^2$ 小

3.3 倍时的计算结果。而图 5－17 为细菌个数为变量的计算结果。

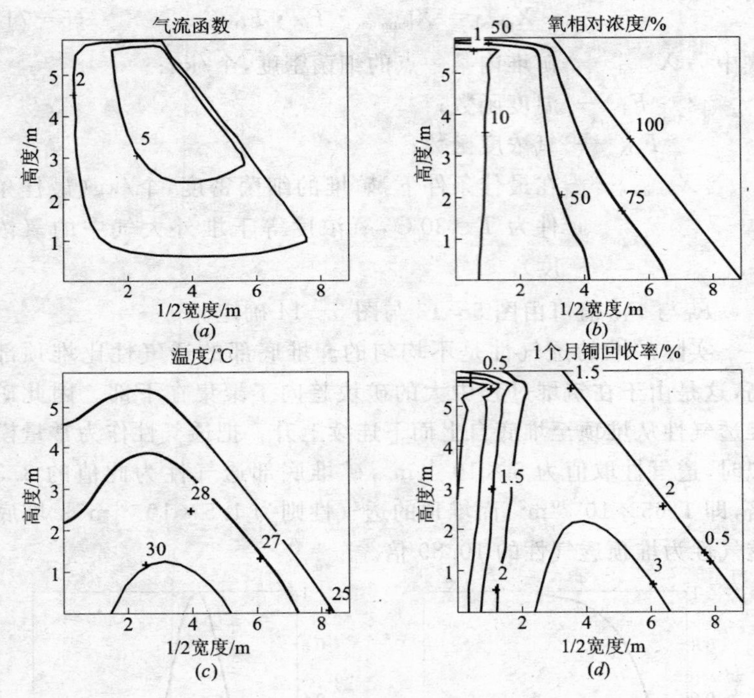

图 5－15　矿堆透气性与细菌密度为常数之计算结果

(a)气流函数分布图；(b)氧相对浓度分布图；

(c)温度分布图；(d)1 个月铜浸出率分布图

计算结果表明：

(1)矿堆透气性对矿堆内气流函数、氧浓度、温度、浸出率分布影响十分显著。用不变的矿堆透气性与可变的透气性两种方法计算，结果差别很大。底部透气性大于顶部的，矿堆其中心部分的浸出效果明显改善。

(2)在矿堆细菌总量一样的情况下，认为细菌均匀分布或不均匀分布模拟结果差别不大，细菌分布对浸出效果影响不大。

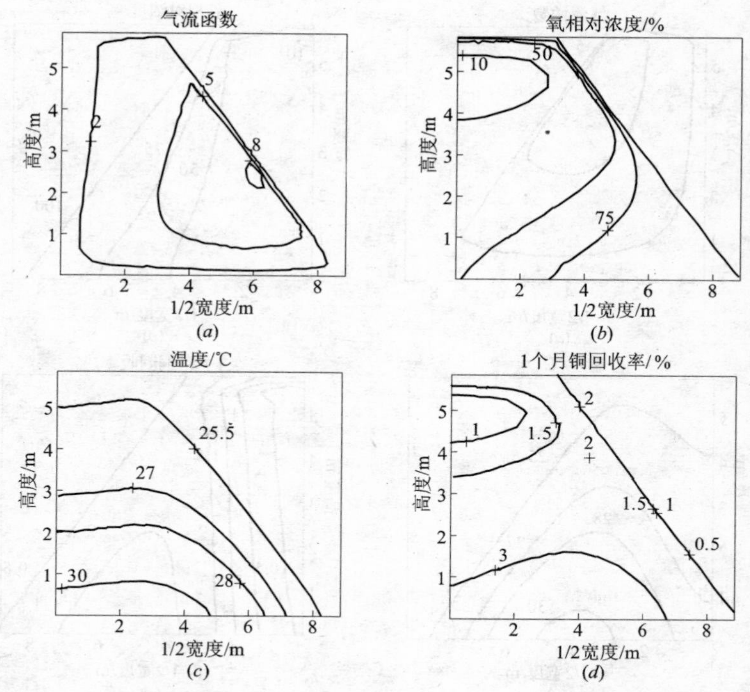

图 5－16 矿堆透气性为变量，细菌密度为常数时之计算结果

(a)气流函数分布图；(b)氧相对浓度分布图；

(c)温度分布图；(d)1 个月铜浸出率分布图

(3)矿堆内部温度由外及里逐步升高，温度最高的部分在靠近底部的中部，6m 高，底部宽 18m 的堆，最高温度可到 30℃，此部分也是浸出率最高的。

(4)氧浓度由外及里逐步降低，最低的区域在轴线四周靠近矿堆顶部。

(5)随矿堆宽度的增大高温区温度升高，高温区浸出率也升高，但同时低氧区(围绕轴线)与低浸出率区范围也明显增大以至全堆总浸出率反而降低。

R. Montealegre 等对高 6m，宽 20m 的工业浸铜矿堆的氧分

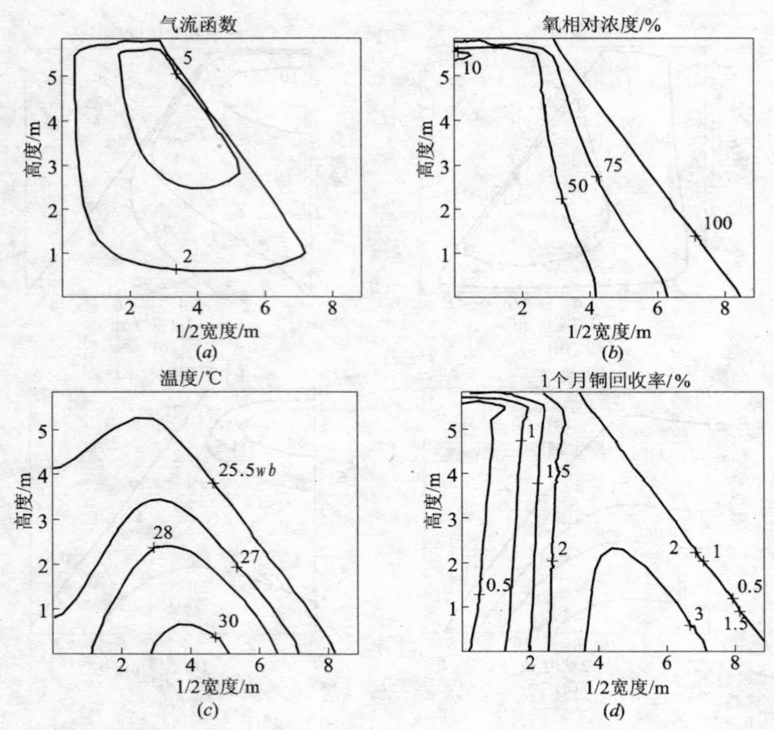

图 5－17　矿堆透气性为常量，细菌密度为变量时之计算结果

(*a*)气流函数分布图；(*b*)氧相对浓度分布图；

(*c*)温度分布图；(*d*)1 个月铜浸出率分布图

布研究表明，从堆顶部往下 2m 深度以下氧已全部耗尽，这同样证明对于大矿堆，对流传质只在靠近侧表面的区域进行，对整个浸出过程不能起主要作用。惟一主要供氧途径是从矿堆表面向堆内的扩散，在此种情况下浸出速率受堆内氧传输控制。

基于这样的认识，为取得好的浸出结果，矿堆高度不宜大于 6m，底宽不宜大于 20m，此时对流是主要的供氧方式。但是小矿堆需要大的底垫面积以及操作上的诸多问题。

改善大型矿堆供氧的重要措施是防止矿堆底层被溶液浸没。

底层浸没造成在矿堆底部形成一个连续的液池，大大妨碍气体的流通。

6m 高的硫化铜矿柱浸试验表明，排除底层浸没时的浸出率比有底层浸没高 25%，或者达到同样的浸出率的时间缩短 50%。

(6)灌淋强度对浸出效果影响显著，如图 5—18 所示。

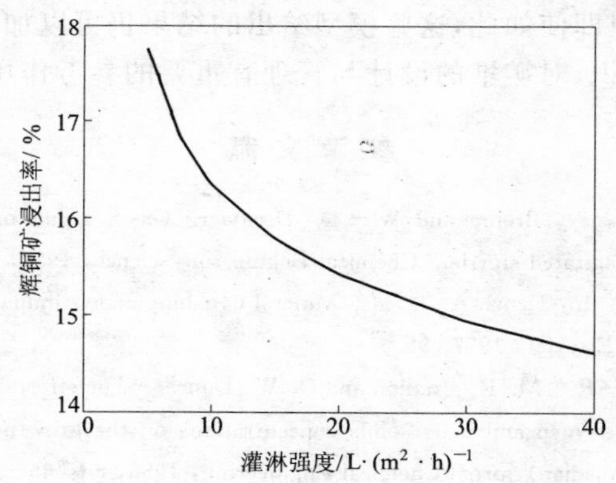

图 5—18　灌淋强度对铜年浸出率的影响

辉铜矿，含铜品位 0.5%，堆高 10m，底宽 30m，溶液温度 20℃，

浸出 1 年(其余条件列入表 5—4，仅 *FPY* 为 5)

随着灌淋强度增大(从 5 到 40L/(h·m^2))，单位时间内流出矿堆的液体量愈大，带走的热量愈多，降低矿堆内部温度，因而也降低了浸出率。

没有见到这些数学模型与实测结果对比的报道，但从所得的浸出率看，明显低于实际矿堆。事实上这些数学模型依然是建立在一系列假定上的，这些假定与实际情况不符，因而其计算结果与实际结果很难吻合。至少有以下几种情况与实际不符。

(1)矿石中很难只有一种含铜矿物，常常是多种含铜矿物共生，特别是一般硫化矿也常含氧化矿，而氧化矿的浸出机理与速率与硫化矿大相径庭。

(2)矿堆内的细菌也不可能是单一的氧化亚铁硫杆菌，而必然是多种细菌同时存在，很多研究与事实表明，多种菌的浸矿效果比单一菌种好。

(3)矿堆所处的环境不是静止的，风向与风力不可避免地对矿堆内的空气对流有影响。

凡此种种，不一而足，若要将这些因素全都考虑，建模工作是很困难的，但即使如此，这些模型给出的结果仍可以加深我们对浸出过程的认识，对矿堆的设计与管理有重要的参考作用。

参考文献

1 Oguz H., A. Brehm and W－D. Deckwer. Gas－liquid mass transfer in sparged, agitated slurrier. Chemical Engineering science, 1987, 42:1815－1822

2 Rao T. C. In: Lynch A. J. eds. Mineral Crushing and Grinding Circuits. Amsterdam: Elsevier, 1977. 98

3 Liu M. S. R., M. R. Branion and D. W. Duncan. The effects of ferrous iron, dissolved oxygen and inert solids concentrations on the growth of T. ferrooxidans. (Canadian) Jornal Chemical Engineering, 1988, 66:445－451

4 G. S. Hansford, A. D. Bailey. Oxygen transfer limitation of bio－oxidation. In: Torma AE, Wey JE, Laksmanan Ⅵ eds. Biohydrometallurgical Technologies, Vol. Ⅰ. Warrendate, Pensylvania: TMS Press, 1993. 469－478

5 邓敬石. 中等嗜热菌强化镍黄铁矿浸出的研究：博士论文，昆明理工大学，2002年6月

6 Tomas Vargas. Angel Sanhueza and Blanca Escobar. Study on the electrochemical mechanism of bacteral. In: Torma AE, Wey JE, Laksmanan VI eds. Biohydrometallurgical Technologies, Vol. Ⅰ. Warrendate, Pensylvania: TMS Press, 1993. 579－588

7 Gormely L. S., Duncan D. W. Can. J. Microbiol, 1974, 20:1453

8 Dispirito A. A., Dugan P. R. and Tuovinen O. H. Biotechnol. Bioeng., 1981, 23:2761

9 Rossi G. Biohydrometallurgy. McGrow－Hill, 1990, 200

10 Van Loosdrecht M. C. M, Zehnder A. J. B. Energetics of Bacterial adhesion. Experimenta., 1990, 46:817－822

11 Blake R. C. I. I., Shute E. A., Howard G. T. Solubilization of minerals by bacteria: Electrophoretic mobility of T. ferrooxidans in the presence of iron, pyrite and sulfur. Appl. Environ Microbiol, 1994, 60: 3349－3357

12 Solari JA. Huerta G. Escobar B, et al. Interfacial phenomena affecting the adhesion of T. ferrooxidans of sulfide mineral surface. Colloids and surface, 1992, 69: 159—166

13 Berry V. K. and Murr L. E. In: Bailey eds, 34th Ann. Proc. Electron Microscopy Miami Beach, Florida. 1976. 132

14 W. Sand, T. Gehrka, P—G. Jozsa and A. Schipper. Direct versus indirect bioleaching. In: R. Amils, A. Ballester eds. Biohydrometallurgy and the Environment Toward the Mining of the 21st Century, Part A. Amsterdam. Lausanne. New York. Oxford. Shannon. Singapore. Tokyo: Elsevier, 1999. 27—49

15 M. Rodriguezleiva and H. Arch. Microbiol., 1988, 149:401

16 Arrendondo R. Garcia A. Jerez CA. Partial removal of lipopolysaccharide from T. ferrooxidans relevant to adhesion on mineral surfaces. Appl. Environ. Microbiol., 1944, 60: 2848—2851

17 T. Gehrke, R. Hallmann, D. Thierry and W. Sand. Appl. Environ. Microbiol., 1998, 64:2743

18 Devasia P., Natarajan K. A., Sathyanarayan D. N. et al. Sulface chemistry of T. ferrooxidans relevant to adhesion on mineral sulfaces. Appl. Environ Microbiol., 1993, 59: 4051—4055

19 Ohmura N. Kitamura K. Saiki H. Selective adhesion of T. ferrooxidans to pyrite. Appl. Environ Microbiol., 1993, 59: 4044—4050

20 Miller D. M., Hansford D. G.. The use of the logistic equation for modeling the performance of a bio—oxidation pilot plant treating a gold—bearing arsenopyrite—pyrite concentrate. Minerals Eng., 1992, 5(7): 737—749

21 Hansford G. S., Chapman J. T. Bath and continuous bio—oxidation kinetics of refractory gold—bearing pyrite concentrate. Minerals Eng., 1992, 5: 597—612

22 Miller D. M., Hansford G. S.. Bath bio—oxidation of a gold—bearing pyrite—arsenopyrite concentrate. Mineral Eng., 1992, 5(6): 613—621

23 Nagpal S. Dahlstrom D. Oolman T. A.. Mathematical model for the bacterial oxidation of a sulfide ore concentrate. Biotechnol Bioeng., 1994, 43(5): 357—384

24 G. S. Hansford, T. Vargas. Chemical and electrochemical basis of bioleaching process. In: R. Amils, A. Ballester eds. Biohydrometallurgy and the Environment Toward the Mining of the 21st Century, Part A. Amsterdam. Lausanne. New York. Oxford. Shannon. Singapore. Tokyo: Elsevier, 1999. 13—25

25 Rawlings D. E. Biohydrometallurgical Processing. ed. by Vargas T., C. A.

Jerez J. V. Wiertz and H. Toledoe, Vol. Ⅰ. Santiago: University of Chile, 1995. 9

26 Battaglia－Brunet F., P. d'Hughes, T. Cabral, P. Cezac, J. L. Garcia and D. Morin. Minerals Engineering, 1998, (11):195

27 May N., D. E. Ralph and G. S. Hansford. Minerals Engineering, 1997, 10 (11):1279

28 Boon M., G. S. Hansford and J. J. Heinen. In: Vina del Mar, T. Vargas, C. A. Jerez and H. Toledo, eds. Biohydrometallurgical processing. Vol. I. Proceeding of International Biohydrometallurgy Symposium, Santiago: University of Chile, 1995. 153

29 Miller D. M. G. S. Hansford. Minerals Engineering, 1992, 5(6):613

30 Yasuhiro Konishi and Satoru Asai. A biochemical engineering approach to the bioleaching of pyrite batch continuous tank reactors. In: Torma AE, Wey JE, Laksmanan VI eds. Biohydrometallurgical Technologies, Vol. I. Warrendate, Pensylvania: TMS Press, 1993. 259－268

31 M. C. M. Van Loosdrecht, J. Lykleman, W. Norde, G. Schraa and A. J. B. Zehnder. Electrophoretic mobility and hydrophobicity as a measure to predict the initial steps of bacterial adhesion. Appl. Environ. Microbiology, 1987, 53:1898－1901

32 R. G. Reddy, S. Wang, A. E. Torma, A. Preliminary thermodynamic study of bacterial attachment on uranium contaminated soils from fernald. In: Torma AE, Wey JE, Laksmanan VI eds. Biohydrometallurgical Technologies, Vol. I. Warrendate, Pensylvania: TMS Press, 1993. 715－729

33 Ohmura N. Kitamura K. Saiki H. Selective adhesion of Thiobacillus ferrooxidans to pyrite. Appl. Environ. Microbiol., 1993, 59:4044－4050

34 Cathless L. M., Schlitt W. J. Leaching and recovery of copper from as mined materials. Las Vegas Symposium, Schlitt W. J. eds, AIME, 1980, 9

35 Nuburg H. J., J. A. Castillo, M. N. Herrera, J. V. Wiertz, T. Vargas and R. Badillaohlbaum. Int. J. Miner. Proc., 1991, 31: 247

36 Pantalis G., Ritchie A. I. M. Applied Mathematical Modeling, 1992, 16:553

37 Barlett R. W. Metallurgical and Materials Transactions B, 1997, 28B:529

38 Cathles L. M. ACS Symposium Series, USA. 1994, 550:123

39 Casas J. M., J. Martinez, L. Moreno and T. Vargas. Bioleaching model of a copper－sulfide ore bed in heap and dump configuration. Metallurgical and Materials Transactions, 1998, 29B:899

40 L. Moreno, J. Martinez, J. Casas. Modeling of bioleaching copper sulphide ores

in heap or dumps. In: R. Amils, A. Ballester eds. Biohydrometallurgy and the Environment Toward the Mining of the 21st Century, Part A. Amsterdam. Lausanne. New York. Oxford. Shannon. Singapore. Tokyo: Elsevier, 1999. 443—452

41 G. Rossi. Biohydrometallurgy, Hamburg: McGraw—Hill Boot Company GMBH, 1990

42 R. H. Perry, D. W. Green eds. Perry's Chemical Engineers' Handbook, 6th ed. Japan: McGraw—Hill Book Company, 1984

43 M. S. Liu, M. R. Branion. Can. J. Chem. Eng., 1988, 66: 445—451

44 R. B. Bhappu, P. H. Jchnson, J. A. Brierley and D. H. Reynolds. Trans. AIME, 1969, 244: 307—320

45 M. Boon, J. J. Heijnen. Chemical oxidation kinetics of pyrite in bioleaching process. Hydrometallurgy, 1988, 48:27—41

46 Toniazzo V., Mustin C., Benoit R. et al. Superficial compounds produced by Fe(Ⅲ) mineral oxidation as essential reactants for bio—oxidation of pyrite by T. ferrooxidans. In: R. Amils, A. Ballester eds. Biohydrometallurgy and the Environment Toward the Mining of the 21st Century, Part A. Amsterdam. Lausanne. New York. Oxford. Shannon. Singapore. Tokyo: Elsevier, 1999. 177—186

影响细菌浸出的因素

6.1 概 述

细菌浸出是一个复杂的过程，影响其效果的因素很多。这些因素列入表 6－1。在这诸多因素中细菌与矿物性质是内因，至关重要，其他因素是外部条件。本章分析若干重要因素的影响。

表 6－1 影响细菌浸出效果的主要因素

<table>
<tr><td>细菌和矿物的性质</td><td colspan="3">细菌性质（菌种、菌株与培养条件）
矿物特性
脉石性质
矿物粒度</td></tr>
<tr><td rowspan="4">条件</td><td colspan="3">温度</td></tr>
<tr><td rowspan="3">介质</td><td colspan="2">矿浆浓度
pH</td></tr>
<tr><td>溶液成分</td><td>电位
营养物浓度
金属离子种类及浓度
非金属离子种类及浓度</td></tr>
<tr><td colspan="2">细菌接种量
表面活性剂种类与浓度，催化剂</td></tr>
<tr><td>操作</td><td colspan="3">时间
浸出方式
搅拌方式与强度（对槽浸）；筑堆方式与喷淋强度（对堆浸）
充气方式和强度</td></tr>
</table>

6.2 细菌性质

细菌种类与性质对浸出效果的影响可归为三个“不一样”，即

（1）不同的细菌对同一矿物浸出效果不一样；

（2）同一种细菌的不同菌株对同一矿物的浸出效果不一样；

（3）同一种细菌的同一菌株经过不同条件的培养与驯化其浸出效果也不一样。

第一个不一样是显而易见的，实验结果也证实了这一点，如图6－1所示。

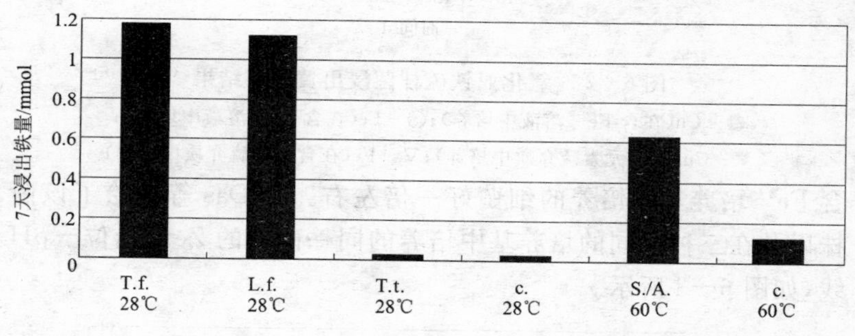

图 6－1　各种细菌浸出黄铁矿的比较[1]

T. f. —氧化亚铁硫杆菌；L. f. —氧化亚铁微螺菌；T. t. —氧化硫硫杆菌；

c. —无菌对照；S. /A. —Sulfolobus/Acidianus SP.

浸出条件：1g 黄铁矿，粒度 36～50μm，pH＝1.9，28℃下的试验，

细菌接种量 1×10^9，摇瓶速度 150rpm。60℃下试验，接种量为 2×10^8，不摇动

第二个不一样是经很多实验证实了的。D. L. Thompson 等研究了用氧化亚铁硫杆菌的 29 种菌株从硫化钴矿中浸出钴，发现其中有 5 种浸出效果较好，28 天从钴精矿中可浸出钴 20％以上，其中 Fe1 号菌株效果最好，28 天钴浸出率高达 95％以上。

A. Das 等[2]把一个氧化亚铁硫杆菌的菌株（取自 chitradurga 黄铁矿，印度），在两种不同介质中培养，一为含 Fe^{2+} 的培养基，另一为含固态元素硫的培养基，然后用这两种菌去浸出黄铜矿，浸出结果如图 6－2 所示[2]。

从图看出，在含固体能源基质中培养的细菌的浸出效果比在

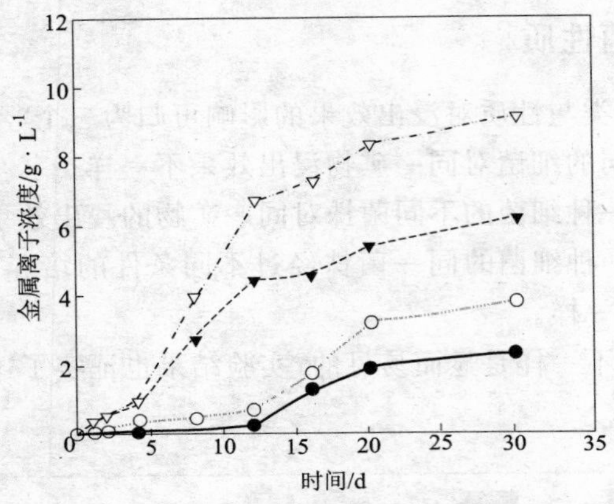

图 6－2　氧化亚铁硫杆菌浸出黄铜矿结果

●—Cu(在含 Fe^{2+} 溶液中培养)；○—Fe(在含 Fe^{2+} 溶液中培养)；

▼—Cu(在含元素硫介质中培养)；▽—Fe(在含元素硫介质中培养)

含 Fe^{2+} 培养基中培养的细菌好一倍左右。A. Das 等测绘了该菌株以及在三种不同的培养基中培养的同一菌株的 Zeta 电位－pH 线，如图 6－3 所示。

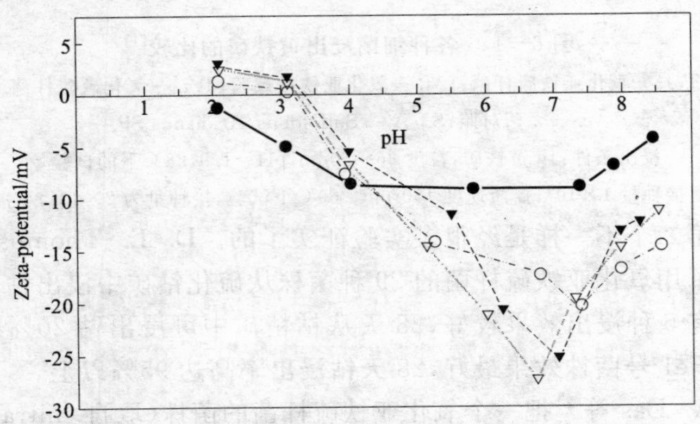

图 6－3　用不同能源基质培养的氧化亚铁硫杆菌的 Zeta 电位－pH 图

●—在含 Fe^{2+} 溶液中培养的细菌；○—在含元素硫介质中培养的细菌；

▼—在含黄铁矿介质中培养的细菌；▽—在含黄铜矿介质中培养的细菌

从图 6－3 看出，在只含 Fe^{2+} 的培养基中培养的细菌的等电点约为 pH＝2，在 pH＝4～7 区间内具有最大的 Zeta 负电位，约为－10mV。而在分别含有固态元素硫、黄铁矿、黄铜矿的介质中培养的细菌的等电点明显向右移至 pH＝3～3.5，最大 Zeta 负电位在 pH＝7 左右，其最大负值为－20～－30mV。在不同环境中培养出的同一菌株有不同的静电行为。

P. 德瓦西亚等[3]在分别含有元素硫、黄铁矿、黄铜矿、硫代硫酸盐与亚铁离子的介质中培养氧化亚铁硫杆菌（从印度乌兰基可汗铜矿分离而得）。试验发现，在上述不同介质中培养的细菌有如下的差别：

（1）电位等电点不同，在有亚铁离子与硫代硫酸根基质中培养的细胞具有相同的等电点，pH＝2，而在有固体硫基质中培养的细胞其等电点为 pH＝2～3.8，在黄铜矿与黄铁矿基质中培养的细胞其等电点为 pH＝3.8。

（2）在有硫化矿的基质中培养的细胞具有强烈的疏水性，在浸出硫化矿时紧紧吸附在硫化矿表面，而且更易于大量附着于硫化矿表面，不同于那些在不含硫化矿的基质中培养的细胞。

（3）FTIR 光谱检测表明，细胞生长期间，在硫化矿基质中培养的细菌细胞表面有 NH_3、NH_2、NH、CONH、CO、CH_3、CH_2、CH 和 COOH 等功能团存在。培养环境的不同迫使细菌细胞组织发生了某些变化，德瓦西亚设想，在元素硫与硫化矿的培养基质中细胞必须与固体表面接触，为了获得供其生存的能源，它被迫在其细胞壁上产生蛋白质细胞表面成分，靠这种蛋白质膜细胞附着在硫化矿表面，而在 Fe^{2+} 与硫代硫酸根的基质中细胞没有在固体表面附着而传递能量的需要，故而没有长出这种蛋白质膜。也正因为有无这种蛋白质膜的存在造成了细胞表面电荷的不同，自然同时导致等电点的不同。而通过 K 蛋白酶的处理去掉细胞表面的蛋白质膜，则在各不同基质中培养的细菌的电动行为趋于一致。这一现象有力地支持了上述设想。

通过上述情况至少可以得出一个结论：在不同条件下培养的

细菌细胞具有不同的表面结构，在浸矿时表现出不同的附着能力，从而具有不同的浸矿活性。因为附着于固体矿物表面对浸出是很重要的，这在第 3 章 3.1.3 已有说明。过去已有不少试验结果证明，经过驯化的细菌（在有硫化矿存在的基质中培养过）比未经驯化的细菌在硫化矿表面达到吸附平衡所需时间要短得多。

问题不仅仅限于前述表面变化，更深入的研究表明，在不同条件下获得的菌株或同一菌株在不同条件下培养，其 DNA 具有不同的结构特征。俄罗斯科学院微生物研究所的 T. F. Kondratyeva 等[4]给出了在不同环境中采集到的氧化亚铁硫杆菌的若干种不同菌株的脉冲场凝胶电泳呈像图，示于图 6－4。从图看出，不同菌株的 DNA 脉冲场凝胶电泳图均不相同。

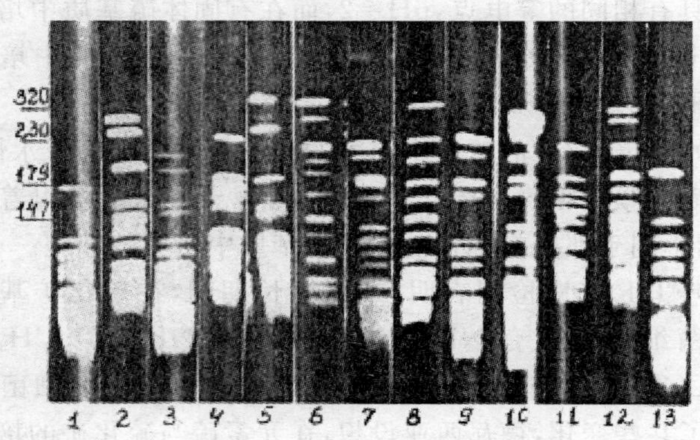

图 6－4　氧化亚铁硫杆菌的不同菌株的 DNA 脉冲场凝胶电泳图像（图下数字为不同菌株的编号）

1— TFD；2— VKM B－1160；3— TF 1292；4— TFG；5— TFN；6— TFBk；7— TFN；8— VKM B－158；9— ATCC19859；10— TFV－1；11— TFW；12— TF97；13— TFR2

不仅如此，同一菌株在不同条件下（pH，能源物质种类，温度，Fe^{2+}/Fe^{3+} 浓度等）培养，其 DNA 的脉冲场凝胶电泳图也有明显的差异。

综上所述，同一菌种的不同菌株，同一菌株经不同条件下培养，具有不同的表达差异（即不同的耐酸，耐重金属离子的能力，不同的浸矿速率等）应首先归因于其基因的区别，其次也有细胞壁上发生的某些变化。揭示细菌浸矿特性与其基因表达的内在规律为我们通过生物工程技术的手段来改造细菌使其具有浸矿所需要的优异性能提供了一个广阔的天地。

6.3 矿石的性质

细菌浸出的工作对象是矿石，矿石的性质当然会对浸出效果产生重大影响，也是细菌浸矿的内因。生产实践中很难有处理纯矿物的情况，只有在试验研究中，特别是基础理论的研究需要处理纯的矿物样品。

6.3.1 矿物的性质

Barrett 认为影响浸出速率的决定因素是矿物的性质[18]。矿物性质对细菌浸出的影响可归结于一句话：同一菌种的同一菌株去浸出不同的矿，浸出效果明显不一样。至今对各种矿物用各种细菌浸出的难易还缺乏系统的研究，也更无法按浸出的难易程度把矿物排出一个令人信服的顺序。对研究得比较多的氧化亚铁硫杆菌浸出有色金属硫化矿，有两个排队。

一是 A. E. Torma 等于 1978 年给出的[5]。他们在研究氧化亚铁硫杆菌氧化金属硫化物的动力学时发现，细菌浸出速率按下列顺序排列：

$$NiS > CoS > ZnS > CdS > CuS > Cu_2S$$

二是英国比利顿公司过程研究所研究了用 Mesophile 浸出赞比亚与智利含铜的浮选精矿时对精矿中各种铜矿物的浸出进行了跟踪检测，结果表明各种铜矿物的浸出速率由大到小按下列顺序排列[6]：

辉铜矿＞斑铜矿＞Cubanite（古巴矿，又称方黄铜矿 $CuFe_2S_3$）＞铜蓝＞黄铁矿＞Enargite（硫砷铜矿）＞Carrolite（硫铜钴矿，$Cu(Co \cdot Ni)_2S_4$）＞黄铜矿

以上排序还难说是确定的，也是经验的，缺乏坚实的理论基础，因此也很难把上述排序与哪一种矿物性质很好地关联。影响

浸出效果的矿物性质是多方面的，诸如：

矿物的化学成分；

晶型，晶格结构，晶格能；

表面离子化能（相当于一种金属的费米能级）；

电极电位；

导电类型；

溶解度；

杂质种类与含量，杂质的分布方式。

表6－2列出了一些主要的有色金属硫化矿的有关性质[28,29]。Jack Barrett 认为影响反应速率的主要因素可能是矿物表面的离子化能（相当于一种金属的费米能级）[18]。

表6－2 有色金属硫化矿的性质

矿物名称	分子式	晶型	导电类型	电阻率 /Ω·M	溶度积 $\lg K_{sp}$	标准电极电位 273K/V	在浸矿相近条件下平衡电位①/V	禁带宽度 Energy gap/erg
斑铜矿 (Bornite)	Cu_5FeS_4	正方晶系	P型	10^{-3}～10^{-6}	－160.5			
辉铜矿 (Chalcocite)	Cu_2S	斜方晶系	P型	4.2×10^{-2} ～8×10^{-5}	－47.64			1.1
黄铜矿 (Chalcopyrite)	$CuFeS_2$	正方晶系	N型	0.2×10^{-3} ～9×10^{-3}	－61.5	0.358	0.2392	
铜蓝 (Covellite)	CuS	六方晶系	P(类金属导电)	0.8×10^{-4} ～7×10^{-7}	－35.85	0.4043	0.2862	
方铅矿 (Galena)	PbS	立方晶系	N与P	1×10^{-5}～ 6.8×10^{-6}	－28.06			
辉钼矿 (Molybdenite)	MoS_2	六方晶系	N与P	(7.5～8) $\times10^{-3}$				
镍黄铁矿 (pentlandite)	$(Fe\cdot Ni)_9S_8$		N与P			0.146	0.1164	
黄铁矿 (pyrite)	FeS_2	立方晶系	N与P	3×10^{-2} ～1×10^{-3}	－26.27	0.351	0.220	0.9±0.1
闪锌矿 (sphalerite)	ZnS	立方晶系	非导体	2.7×10^{-3}～ 1.2×10^{-4}	－24.92	0.282	0.2524	3.67
	FeS		P			0.114	0.0844	很小

续表 6－2

矿物名称	分子式	晶　型	导电类型	电阻率 /Ω·M	溶度积 $\lg K_{sp}$	标准电极电位 273K/V	在浸矿相近条件下平衡电位①/V	禁带宽度 Energy gap/erg
	NiS		金属		－21.03	0.176	0.1464	
	CdS		N		－27.19			2.42
	Ag_2S		N		－49			～1
	HgS		N		－53			2
	SnS		P		－25			1.08

① $T=25℃$，pH＝2，[Me]＝[SO_4^{2-}]＝[HSO_4^-]＝0.1mol/L。

(1)矿物的电位。浸没在电解质溶液中的矿物组成了一个电极，其电极电位值列入表6－2，表中未列入的砷黄铁矿（$\varphi^{\ominus}=0.213V$）与磁黄铁矿（$\varphi^{\ominus}=0.27V$）。实测值与标准电极电位有明显的差别，这是合理的。事实上由于测定方法、条件、矿物成分、杂质含量以及溶液成分的不一，实测电位值有波动。根据前人的测定数据可以整理出各种矿物的电位顺序，如图 6－5。从热力学的角度看，矿物的电位愈小愈有利于浸出。首先是由于浸出过程真正的电子受体是溶解于浸矿液的氧。矿物的电位愈小，与氧的电位差愈大，其氧化的热力学趋势也愈大。第二是电位不同的两个矿粒紧密接触并浸没在同一溶液中组成了一对原电池。电位小的是阳极，发生阳极溶解（氧化），电位大的是阴极，在其上发生 O_2 与 Fe^{3+} 的还原，如图 3－5 所示。上面的电位顺序表明，黄铁矿与其他矿物伴生都能起阴极的作用，促进这些矿物的氧化。因此，黄铁矿的细菌浸出较之其他硫化矿难。对难处理金矿的生物浸出研究表明，含砷高的（毒砂含量高的）金矿容易进行氧化处理，高硫低砷的金矿（黄铁矿含量高的）则难以氧化处理。

(2)矿物的导电性质。硫化矿的导电性质不同，硫化锌是非导体，CuS 和 Cu_2S 是半导体，而 NiS 具有金属的导电性。氧化亚铁硫杆菌能催化所有上述硫化矿的氧化。黄铁矿或砷黄铁矿有 N 型导电与 P 型导电两类。N 型导电比 P 型导电易于氧化，N 型导体具有高能级的电子，易于在氧化过程中失去。反之，P 型导体氧化时电子从低能级上释放出。因此，半导体的导电类型是导致硫

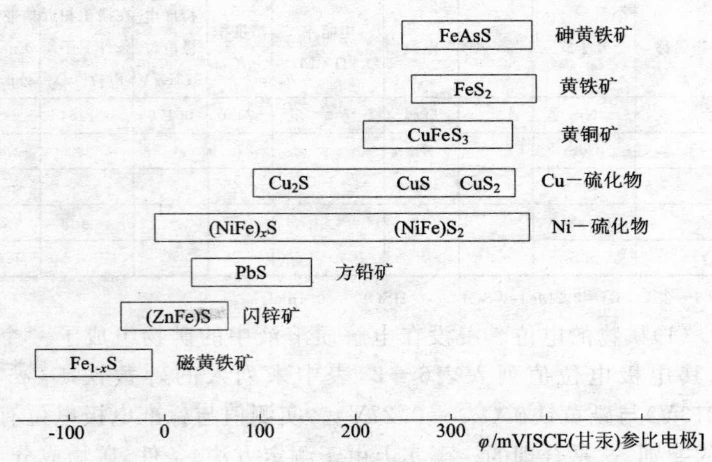

图 6—5 矿物的实测电位顺序[32]

化物氧化速率不同的原因之一，但不是决定性的原因。非导体的ZnS与金属导电的NiS的氧化速率比黄铁矿和砷黄铁矿快得多。非导体的雄黄和雌黄则难以氧化。

(3)矿石的化学成分。同一种矿物在相同的条件下浸出，因矿石成分的差异，表现出不同的动力学特征。如前所述矿石中是否伴生有黄铁矿及其含量均会影响矿石的浸出效果。M. Monroy等的研究表明[28]，难处理金矿的生物氧化速率与其砷黄铁矿与黄铁矿的含量比有关。含量比小于0.5时，氧化速率慢；含量比大于0.5时，氧化速率快。同样是砷黄铁矿，其砷硫含量的差异(是富硫还是富砷)也是呈现出不同的氧化动力学特征。

(4)硫化物的溶度积。A. E. Torma[5]等研究氧化亚铁硫杆菌氧化金属硫化物的动力学时，发现细菌浸出速率按下列顺序排列：$NiS>CoS>ZnS>CdS>CuS>Cu_2S$，此顺序与其溶度积的大小顺序基本相符(见表6—2各矿物的溶度积数据)。

H. Tributsh[26,29]对比了在无铁介质中用氧化亚铁硫杆菌浸出16种不同的人工合成硫化物时在相同时间内单位体积溶液中细菌的个数。在无铁介质中氧化亚铁硫杆菌以硫化物作为能源基质，细菌生长愈快，需要的能量愈多，作为能源基质的硫化物分解的速率也愈快。所以单位体积溶液中细胞的个数可以反映硫化物的分解速率，或细菌对该硫化物的氧化活性。Tributsh 把细胞个数与硫化物的溶度积的对数相关联，如图 6－6，二者之间有近似的线性关系，与前述的 Torma 结论一致。Cu_2S 有明显的偏离，H. Tributsh 对此的解释[29]是 Cu_2S 属 P 型半导体具有高的空穴浓度。

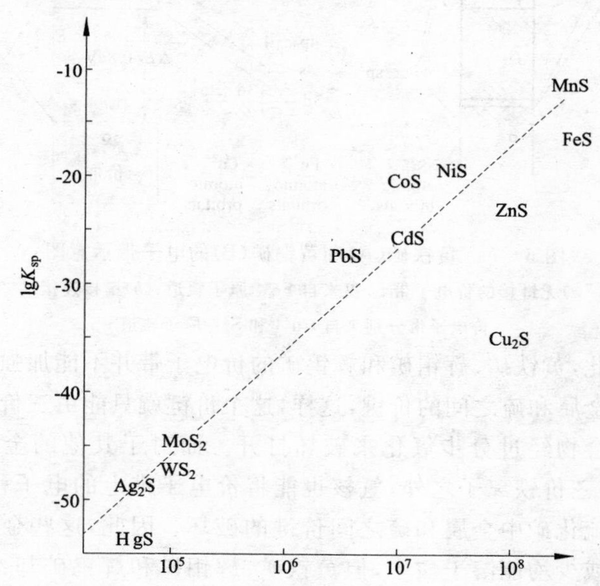

图 6－6　硫化物 $\lg K_{sp}$ 与细胞个数的关系图

单位体积（cm^3）中氧化亚铁硫杆菌细胞个数

（反映细菌对作为能源基质的硫化物的活性）

金属硫化物的可溶性与其电子结构有关[7]。大部分金属硫化矿都是半导体。金属原子和硫原子被束缚在晶格内部。根据分子轨道和价键理论，单个原子或分子的轨道组成不同能级的电子带。仍充满电子的高能级电子带称为价电子带。对于黄铁矿、辉钼矿和辉钨矿来说，价电子带仅由金属原子的轨道给出，而其他金属硫化矿的价电子带则是由金属原子轨道与硫原子轨道共同给出。这种区别可从分别以黄铁矿和黄铜矿为例的示意图 6－7 中看出。

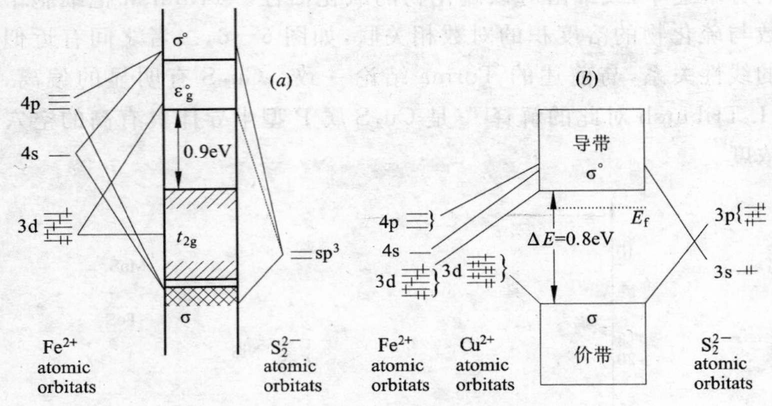

图 6－7 黄铁矿(A)和黄铜矿(B)的电子带示意图

(*a*)无键接的价电子带 t_{2g} 仅来自 Fe^{2+} 原子轨道；(*b*)键接连接的价电子带分别来自 Cu^{2+} 和 S_2^{2-} 原子轨道

因此，黄铁矿、辉钼矿和辉钨矿的价电子带并不能加强金属硫化矿中金属和硫之间的价键，这样，这个价键就只能由三价铁离子的六水合物经过分步氧化来破坏打开。而对于其他的金属硫化矿，除了三价铁离子之外，氢核也能将价电子带上的电子移开，从而造成硫化矿中金属和硫之间价键的破坏。因此，这些金属硫化矿或多或少均能溶于酸中，但黄铁矿、辉钼矿和辉钨矿却不可溶。这一点可由图 6－8 对黄铁矿和闪锌矿的对比看出。由图看出，ZnS 随 pH 的降低而明显溶解，而 FeS_2 则不受 pH 影响，在酸中几乎不溶，以上这些情况不仅导致 ZnS 与 FeS_2 浸出速率不同，浸出机理也不同(见第 3 章)。

(5)矿物中杂质含量与类型。矿物中杂质种类、含量以及其赋存状态均对硫化矿的浸出有影响。在研究闪锌矿的细菌浸出时发现，杂质溶解于闪锌矿的精矿最好浸出，主要由闪锌矿与黄铁矿组成的精矿第二易浸，含闪锌矿、方铅矿与黄铁矿者最难浸出。这些

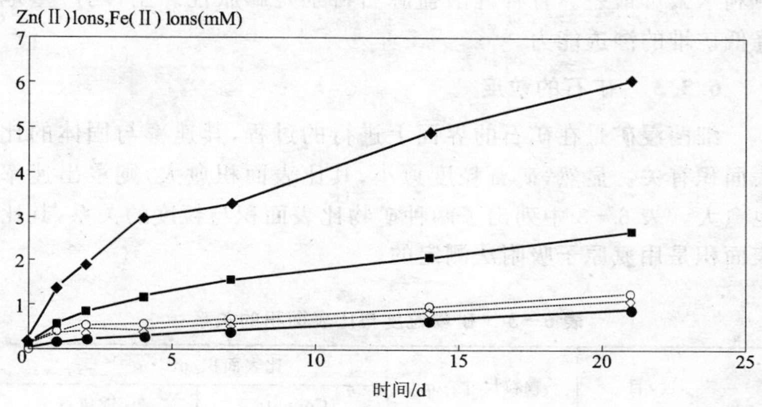

图 6－8　黄铁矿和闪锌矿在酸中的溶解情况

◆—Zn(Ⅱ)，pH 1.5～1.6；■—Zn(Ⅱ)，pH 1.9～2.1；●—Zn(Ⅱ)，pH 2.5～3.2；

◇—Fe(Ⅱ)，pH 1.5～1.6；○—Fe(Ⅱ)，pH 2.3～2.5

（每种矿 1 克，粒度 36～50μm，加入稀 H_2SO_4 50mL，

pH 分别为 1.5，1.9 与 2.5，震荡。测定 Zn^{2+} 与 Fe^{2+}）

现象至少部分可用原电池效应来解释。Ballester[31] 等提出，Fe^{2+} 溶解于 ZnS 中提高了 ZnS 的导电性与化学可浸性。

6.3.2　脉石性质

与矿物伴生的脉石性质对浸出也会有影响：

（1）碱性脉石（钙、镁的碳酸盐等）易溶于酸，由于细菌浸出多在稀酸介质中进行（pH＝1～2），这些物质同时溶解从而大为增加了过程的耗酸量，提高了运作成本。不仅如此，过多的碳酸钙会导致浸矿液中 $CaSO_4$ 达到饱和浓度而呈固体析出并沉积于矿块表面，从而阻碍进一步的浸出。

（2）在进行块矿堆浸时，由于有用矿物多嵌布在脉石中，因此，脉石的可渗透性对于浸出的有效进行便十分重要。脉石最好是多孔，渗透性好的。

（3）不同的硅酸盐脉石对水的吸附能力不同，由于吸水能力不同堆浸时产生不同的效果。皂土吸附水的能力最强，高岭石次之，

伊利水云母最差。各种硅酸盐脉石特别是膨胀性黏土，均严重地降低矿堆的渗透能力。

6.3.3　矿石的粒度

细菌浸矿是在矿石的界面上进行的过程，其速率与固体的比表面积有关。显然，矿石粒度愈小，其比表面积愈大，则浸出速率也愈大。表6－3中列出了两种矿物比表面积与粒度的关系，其比表面积是用氮原子吸附法测定的。

表6－3　矿物粒度与比表面积的关系

粒　度/目	颗粒尺寸/μm	比表面积/$m^2 \cdot g^{-1}$	
		Cobalite	β－锂辉石
－150	<105	0.18±0.08	
－100＋150	154～105		0.645
－150＋200	105～74	0.29±0.02	0.869
－200＋250	74～63	0.46±0.03	
－200＋270	74～53		1.333
－250＋270	63～53	0.79±0.03	
－270＋325	53～44	0.95±0.06	1.6
－325＋400	44～38	1.76±0.09	2.5
－400	<38	2.34±0.12	5.00
文　献		[10]	[9]

E. Ilgar等研究从锂辉石中浸出锂时发现，浸出初始速率与矿物比表面积之间呈下述关系[9]：

$$\upsilon=\upsilon_m \exp(-k/s) \text{ 或 } \ln\upsilon=\ln\upsilon_m-k/s \qquad (6-1)$$

式中　υ——初始浸出速率，g/(L·s)或kg/(m³·s)；

υ_m——所能达到的最大初始理论浸出速率，g/(L·s)；

s——比表面积，m^2/g；

k——比例常数。

以$\ln\upsilon$对$1/s$作图为一直线，从其截距可求出υ_m，斜率可求出

k，所得试验结果如图 6－9 所示，并求出 $\upsilon_m = 0.32 \times 10^{-3}\,kg/(m^3 \cdot s)$，$k = 0.275 g/m^2$。

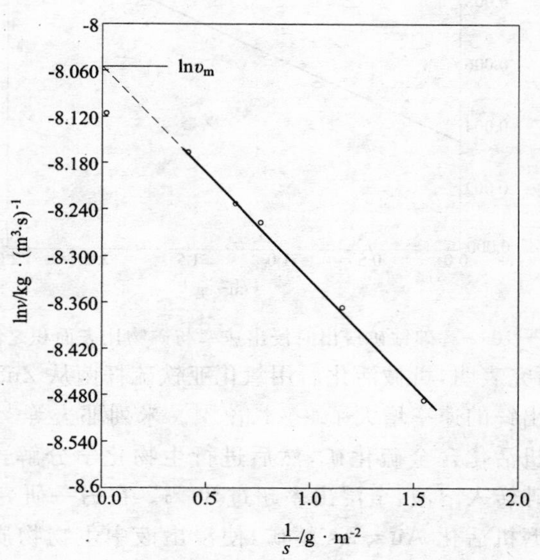

图 6－9　锂辉石浸出速率与其比表面积的关系

D. L. Thompson 等研究用 T. ferrooxidans 浸出辉砷钴矿（cobaltite）中的钴时发现[10]，初始浸出速率与矿物比表面积之间符合 Monod 方程：

$$s/\upsilon = k/\upsilon_m + s/\upsilon_m \qquad (6-2)$$

式中　υ——初始浸出速率，g/(L·s) 或 kg/(m³·s)；

υ_m——所能达到的最大理论初始速率，g/(L·s) 或 kg/(m³·s)；

k——比例常数。

s/υ 与 s 之间呈直线关系，其斜率可求出 υ_m，其截距可求出 k，并求出得 $\upsilon_m = 0.376 g/(L \cdot h)$，$k = 1.27 m^2/g$，所得结果示于图 6－10。

除此以外，对矿石的细磨还可以起到机械活化的作用。P.

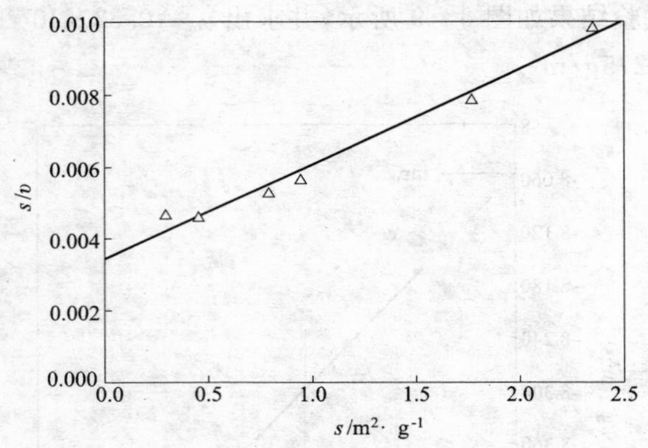

图 6－10　辉砷钴矿浸出时浸出速率与矿物比表面积之关系

Balaz 的研究表明，机械活化后用氧化亚铁硫杆菌从 ZnS－FeS_2 混合矿中浸出锌的速率增大了 3～4 倍[11]。米列耶夫等[12、13]使用行星式球磨机活化含金硫化矿，然后进行生物化学分解，可使 70%～75%的砷转入溶液，金浸出率超过 80%。在另一研究中也使用行星式球磨机活化 Au－As 精矿，使浸出液中生物物质浓度由 1 g/L 增至 10 g/L，精矿浸出时间从 72 h 降至 22 h。Balaz 研究了氧化亚铁硫杆菌与机械活化过的黄铁矿的反应。他发现机械活化改变了黄铁矿的结晶程度，进而影响了细菌浸出[14]。

Edvardsson 将细菌浸出过程与轻度的研磨过程结合，使含金硫化矿的浸出速率大为增加[15]。

综合考虑反应动力学的一般要求与机械活化作用可得出如下结论：

(1)对于堆浸必须考虑矿层渗透性，矿块应有一合适的粒度范围；

(2)对于槽浸，不仅要考虑矿石的细度，还要注意磨矿的方式及增强机械活化的效果；

(3)细磨对槽浸是有好处的，但磨矿也是耗能作业，应把提高浸出速率与降低能耗和作业成本综合起来考虑，选择一最佳的物料粒度范围，物料并非愈细愈好；

(4)为使机械活化后的物料不失去活性，磨细后的物料的搁置时间不要超过 50 h，最好是磨好后即投入浸出。

6.4 环境条件

浸出的环境条件包括多方面的因素，均对浸出有影响。

6.4.1 温度

与一般化学反应不同的是，微生物浸出所能选择的温度首先受到微生物生长的制约，只能在适宜微生物生长的温度范围内进行。而一般的化学反应则可根据动力学的需要采用各种温度，包括在加压条件下的高温(>100℃)。第 2 章表 2－1 已列出了各种主要浸矿微生物生长的适宜温度范围与最佳温度。浸出最好在最佳浸矿温度下进行。最佳浸矿温度不一定就是微生物最佳生长温度，而是微生物的氧化能力最强的温度。图 6－11 示出了温度对某些微生物氧化 Fe^{2+} 能力的影响规律[16]。有试验表明，从最佳温度每下降 6℃，浸出速率减半。在实际的浸矿作业中温度并不都能控制在最佳温度上。

氧化亚铁硫杆菌的活性与温度的关系如第 5 章公式 5－51 所示，实验测得的与计算所得出的氧化亚铁硫杆菌活性与温度的关系示于第 5 章图 5－12。

6.4.2 矿浆浓度

矿浆浓度指单位体积矿浆中固体物质(矿粒)的质量含量，一般以百分数表示(W/V)。

E. Ilgar 等[9]研究用氧化亚铁硫杆菌浸出 β－锂辉石时发现，浸出速率与矿浆浓度之间遵守 Monod 方程：

$$1/\upsilon = k/(\upsilon_m \cdot c_s) + 1/\upsilon_m \qquad (6-3)$$

式中 υ——初始浸出速率，g/(L·s) 或 kg/(m^3·s)；

υ_m——所能达到的最大初始速率，g/(L·s) 或 kg/(m^3·s)；

c_s——矿浆中固体物浓度，%；

k——比例常数。

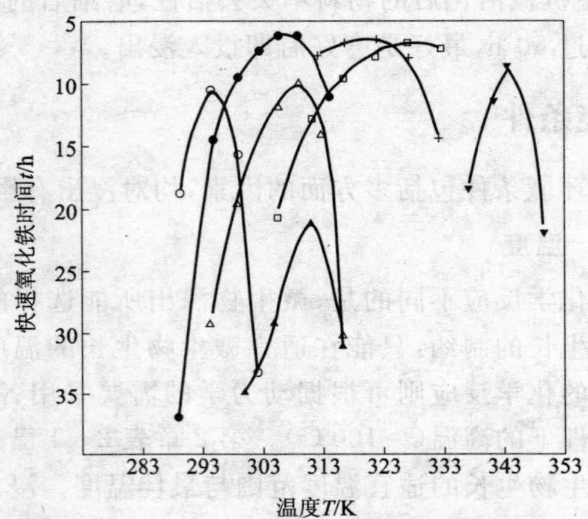

图 6－11　在一定条件下温度对某些嗜酸细菌氧化能力的影响

○—氧化亚铁硫杆菌(Hardanger)；●—氧化亚铁硫杆菌 DSM583；

△—氧化亚铁微螺菌 DSM2706；□—中等嗜热细菌(BC_1)；

▲—微螺菌(BC 菌株)；+—中度嗜热细菌 ALV；▼—硫化叶菌 LM 菌株

以 $1/v$ 对 $1/c_s$ 作图为一直线，如图 6－12。

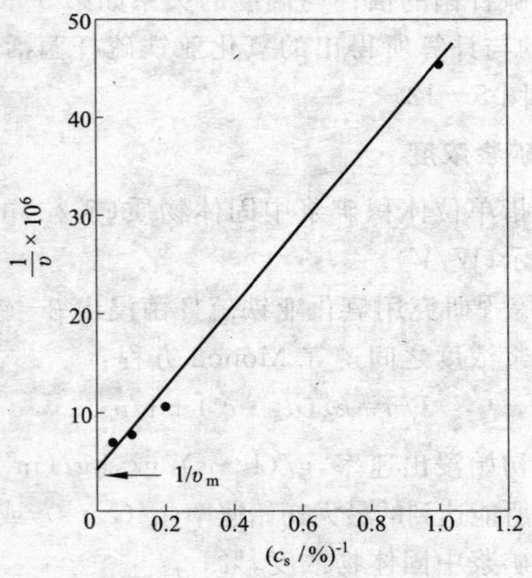

图 6－12　浸出速率与矿浆浓度关系图

由图 6－12 的截距可求出 $\upsilon_m = 3.01 \times 10^{-7}\ kg/(m^3 \cdot s)$，由斜率与 υ_m 可求出 $k = 12.47\%$。

由方程 6－3 与图 6－12 看出，浸出速率随矿浆浓度增大而增大，并最终有一个理论上可能达到的最大速率。图 6－11 表明，这最大速率是矿浆浓度的倒数为 0 时的速率，即矿浆浓度为∞时。事实上这一最大速率往往在矿浆浓度为 15%～20%时即出现。图 6－13 示出了硫化锌矿和砷黄铁矿细菌浸出时的典型结果[17、18]。矿浆浓度为 15%时，氧化速率达到最大值；到 15%～20%，变化不大；超过 20%，氧化速率下降。难处理金矿生物预氧化大规模工业试验表明[19]，黄铁矿和砷黄铁矿含硫量分别为 20%和 28%时，矿浆浓度为 18%～20%，氧化速率达到最大值。精矿含硫量为 6.2%及含硫很低的等外矿，当矿浆浓度分别为 43%和 55%时，尚能达到中等的浸出速率。在一般槽浸作业中，采用的矿浆浓度为 18%～20%。

制约矿浆浓度的因素有：1）氧气传输的限制（见 5.1 部分内容）；2）随矿浆浓度升高，矿粒互相摩擦的机会增多，细菌生存条件恶化。所以有一些互相独立的研究表明[20、21]，提高矿浆浓度对浸出速率产生不利的影响。

6.4.3 介质 pH 值

介质 pH 从几个方面影响浸出。

(1)细菌繁殖速率；

(2)细菌的氧化活性；

(3)固体产物的生成。

每一种细菌均有其适宜的 pH 生长范围，与最佳生长 pH 值（见第 2 章表 2－1）。I. Kim[23] 研究了介质 pH 对氧化亚铁硫杆菌生长速率与其氧化活性的影响，其结果表示如图 6－14。图中曲线 1 表示细菌生长速率，更准确地说是代表细菌数目的增长速率，但是以 Fe^{2+} 氧化速率表征的。曲线 2 则代表在不同 pH 值下培养已长成的细菌的氧化活性。曲线 2 各点的测定在 60min 内完

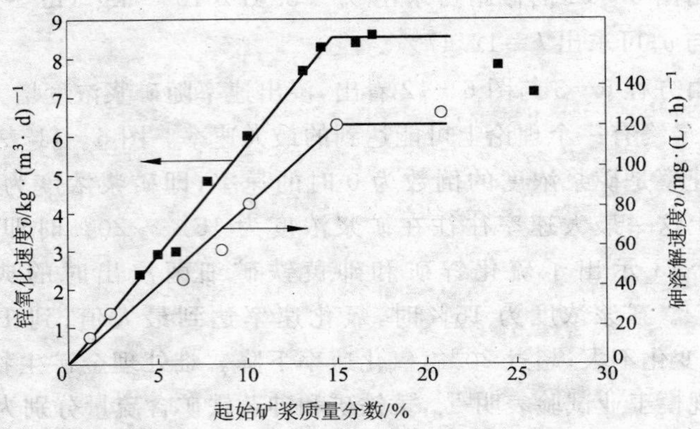

图 6－13　硫化锌和砷黄铁矿生物氧化速率与矿浆浓度的关系
■—硫化锌矿；○—砷黄铁矿

成，介质中不加入细菌生长所必需的营养物，只含 Fe^{2+} 0.001M。在这样的条件下可以认为在曲线 2 各点的测定过程中细菌个数保护恒定，测定时的 pH 值约为 2。

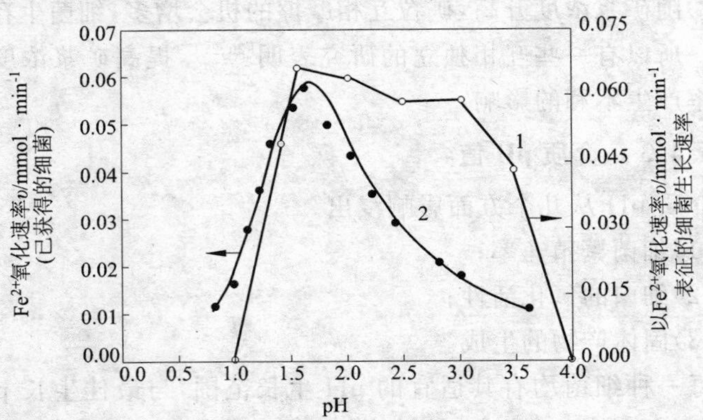

图 6－14　pH 对 T. ferrooxidance 细菌繁殖率（曲线 1）和氧化活性（曲线 2）的影响

从图 6－14 看出，无论是对氧化亚铁硫杆菌的生长速率还是其氧化活性 pH 均有十分显著的影响。pH＝1.5 时细菌的生长速率最大，在这一 pH 值下培养出的细菌其氧化活性也接近最高，因此在用氧化亚铁硫杆菌浸矿时选择 pH＝1.5 应该是最好的。但是在浸矿实践中要严格保持某一 pH 值是困难的。在初期，由于物料中含有酸可溶物质（钙、镁碳酸盐等），其溶解耗酸，Fe^{2+} 的氧化也是耗酸反应，pH 会升高，此时需加酸调整介质的 pH，随着矿物中低价硫氧化为硫酸根（产酸反应）介质 pH 又会下降。

6.4.4 介质的电位

第 3 章在阐述异养微生物氧化硫化矿机理时已经论及，介质的电位对浸出至关重要。对这一点过去往往重视不够。

Tomas Vargas 等[22]作的一组试验颇能说明问题。将表面抛光的黄铁矿做成一电极（阳极）与另一电极（阴极）分别放置入不同成分的溶液中组成一电解槽。

（1）将电极置入有细菌（氧化亚铁硫杆菌）的介质中并使两电极形成开路。经过 24 天之后电极表面未发现任何蚀变，铁也仅有少量溶解（仅达百万分之几），但电极表面吸附了很多细菌。在此种条件下黄铁矿电极的开路电位为＋0.4V（对饱和 Ag/AgCl 电极）。

（2）对电极施加外电压，使黄铁矿电极电位保持在＋0.6V（对饱和 Ag/AgCl 电极），在同样长的期限内抛光黄铁矿表面发生了明显的三维蚀刻，其形状与尺寸与氧化亚铁硫杆菌相似。

（3）将抛光黄铁矿电极置于无菌介质中，同时施加外电压使其电位保持在＋0.6V（对饱和 Ag/AgCl 电极），则经过 17 天未发现电极表面有何蚀变。

用磨细了的黄铁矿做试验进一步证实了在上述块状电极实验中所发现的倾向。在有菌条件下，介质电位保持＋0.8V（SHE）经 72 小时铁的溶解比有菌但介质电位为＋0.6V（SHE），无菌但介质电位为＋0.8V（SHE）高出 3 倍。

以上情况说明，即使在有细菌的条件下，也要介质的电位足够高时硫化矿的氧化方能有效进行。

根据伦斯特方程，介质电位取决于溶液中 Fe^{3+} 的浓度，$T=25℃$ 时有：

$$\varphi_{Fe^{3+}/Fe^{2+}} = 0.78 + 0.0591\lg\frac{[Fe^{3+}]}{[Fe^{2+}]} \tag{6-4}$$

式中　$[Fe^{3+}]$——溶液中 Fe^{3+} 浓度，mol/L；

$[Fe^{2+}]$——溶液中 Fe^{2+} 浓度，mol/L。

为了保持浸矿介质有足够高的电位，浸出开始时介质中就必须有充足的 Fe^{3+}。实验结果表明当 $[Fe^{3+}]<0.2$g/L 时，黄铁矿的氧化速率几乎可以忽略不计，一直到 $[Fe^{3+}]$ 增加到大于等于 0.2g/L 时（通过 Fe^{2+} 的氧化或外加）。图 6－15 为加入 0.5g/L Fe^{3+} 与未加入 Fe^{3+} 的用氧化亚铁硫杆菌浸出黄铁矿的结果对比[7]。从图可以看出，未加 Fe^{3+} 时浸出有7天缓慢期，而加入0.5g/L Fe^{3+} 时黄铁矿的浸出立即开始并无缓慢期。对于堆浸，由于总周期长，7 天缓慢期也许问题不大，而对于槽浸，减少 7 天缓慢期便很有意义了。浸出过程从始至终对溶液电位实行有效的监测和调控，对于缩短浸出周期，提高劳动生产率是很有意义的。

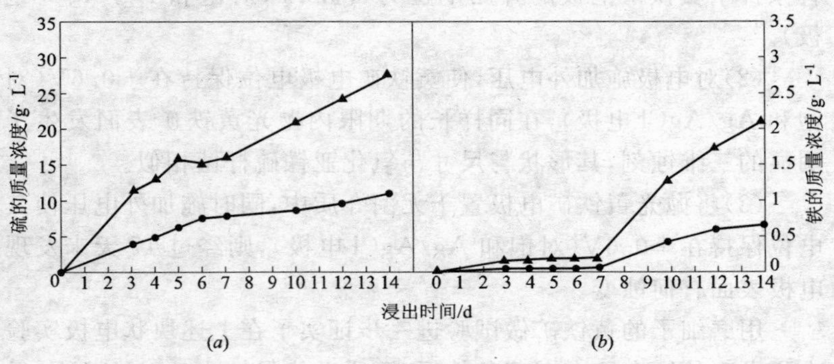

图 6－15　氧化亚铁硫杆菌浸出黄铁矿时 Fe^{3+} 的作用

(*a*) 浸出开始时 Fe^{3+} 浓度为 0.5g/L；(*b*) 未加入 Fe^{3+}

起始细胞浓度为 10^9/mL

●—总铁浓度；▲—硫浓度

6.4.5　介质中其他物质

(1)无机盐。为提高浸出效果可向浸矿介质中加入一定的

$(NH_4)_2SO_4$和磷酸盐，其加入量由实验确定。磷酸盐离子是细菌生长所需的基本要素之一。

(2)金属离子与阴离子。细菌对各种金属离子与阴离子的抗性已在第 2 章第 3 节中详细论及，此处不再赘述。

(3)表面活性剂。表面活性剂对细菌浸出有促进作用。在使用表面活性剂时，有一最佳浓度值，在此浓度下能显著提高矿物的浸出效果，例如用细菌浸出黄铜矿时加入吐温－20，其最佳浓度为 0.603%，在此浓度下浸出速率由 20mg/(L·h)(不加时)提高到 500 mg/(L·h)。

(4)催化剂。硫化物溶度积很小的金属的阳离子如 Ag^+、Bi^{3+}、Co^{3+}、Hg^{2+}等对金属硫化物的细菌浸出有催化作用，例如用氧化亚铁硫杆菌浸出闪锌矿时，不加催化剂，最大浸出率只能达到 50%，加入 Ag^+、Bi^{3+}(浓度 0.1g/L)浸出率可达 80%左右。Cu^{2+}浓度 1.27g/L 时的 300h 浸出率比不加 Cu^{2+} 时提高 30%以上。Ag^+ 和 Hg^{2+} 对复杂金属硫化精矿细菌浸出的催化作用也很明显，不加时 300h 铜浸出率仅为 25%，加入 Hg^{2+}、Ag^+ 后浸出率分别达到 80%和 90%。一些研究者认为，上述金属阳离子的催化机理是它们从硫化矿的晶格中取代出 Fe^{2+}，Fe^{2+} 进入溶液后又在细菌参与下氧化为 Fe^{3+}，例如浸出 $CuFeS_2$时加 Ag 作催化剂的反应为：

$$CuFeS_2+4Ag^+ \longrightarrow 2Ag_2S+Fe^{2+}+Cu^{2+} \qquad (6-5)$$

$$Ag_2S+2Fe^{3+} \longrightarrow 2Ag^++2Fe^{2+}+S \qquad (6-6)$$

所生成的 Ag^+ 又继续取代矿物晶格中的 Fe^{2+}，如此周而复始，6.4.5 节已述及 Ag^+ 催化作用的另一种解释，即 Ag_2S 电位较其他金属硫化物高得多，加入的 Ag^+ 按式(6－5)生成 Ag_2S 与其他金属硫化物形成原电池而促进其浸出。

M. L. Blázquez[27] 的实验很好地说明了用氧化亚铁硫杆菌浸出黄铜矿时 Ag^+ 的催化作用。在 35℃下浸出时，加入 Ag^+ (≥0.3gAg/kg·黄铜矿)，12 天铜浸出率为 80%，而不加 Ag^+ 或加入量不够时 12 天浸出率为 25%。而用高温细菌(Sulfolobus BC)在 68℃下浸出则 Ag^+ 没有显出催化作用,不加 Ag^+ 时浸出率为 60%与加 Ag^+ 时的 55%接近。对黄铜矿表面成分进行分析发现,35℃下与 68℃下的浸出属于截然不同的两种机理。在 35℃下浸出时,黄铜矿表面有 Ag_2S 生成,因而 Ag^+ 的催化作用可按反应式(6—5)、式(6—6)反复不断进行,而在 68℃下浸出时黄铜矿表面生成了一薄层金属银。在细菌浸出的条件下溶液的电位不足以使金属银氧化溶解,因而不可能按式(6—5)、式(6—6)产生催化作用。

(5)浮选药剂的影响。精矿中残存的有机浮选药剂对细菌的氧化速率有影响。研究表明,浮选药剂对细菌生长抑制顺序为:乙基黄药(10mg/L)≥丁基胺黑药>丁基黄药>2 号油。Soumitro Nagpal 等研究了异丙基黄原酸钠对黄铁矿与砷黄铁矿生物氧化的影响情况[24]。从图 6—16 看出,未经洗涤的精矿氧化速率比用 pH 为 1.25 的酸性水洗涤过的氧化速率慢。

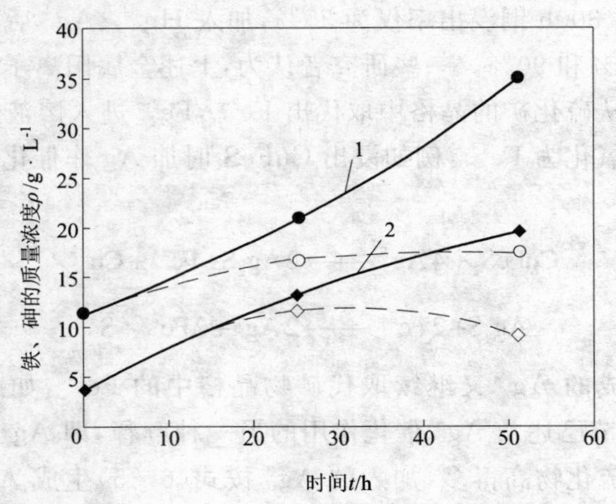

图 6—16 经洗涤(实线)和未经洗涤(虚线)的精矿氧化速率对比

1—铁溶出速率;2—砷溶出速率

他们认为，在酸性介质(pH≈1.5)发生下面的分解反应：

$$(CH_3)_2-CH-O-CS_2-Na+0.5H_2SO_4 \longrightarrow$$

(异丙基黄原酸钠)

$$(CH_3)_2-CH-OH+0.5Na_2SO_4+CS_2 \qquad (6-7)$$

(异丙醇)

分解产物 CS_2 是引起速率减慢的原因。

(6)充气方式和强度。充气方式和强度必须保证溶液中有足够的溶解氧，使氧化过程不受氧传递的控制。第5章5.1节已对此作了分析。

由于 CO_2 是自养菌的碳来源，向溶液中充气时，向空气中添加0.1%～10%CO_2可使细菌氧化过程大为强化。A. E. Torma 等的研究表明，在细菌浸出硫化锌矿时，气相中 CO_2 含量为1.0%时金属的浸出速率达到1150mg/(L·h)，而在空气的条件下浸出速率仅为360 mg/(L·h)[25]。

参考文献

1 A. Schipper and W. Sand. In：A. Ziegler，K. H. Van Heew，J. Klein，W. Wanzl eds. Proceeding of the 9th International Conference on Coal Science，Vol. 3. Hamburg，Germany：Deutsche wisseschaftliche Gesellshaft für Erdö Erdgas und kohle e. v. (DGMK)，1997. 1643

2 A. Das，K. Hanumanth RaO，P. Sharma，K. A. Natarajan，K. S. E. Forssberg. surface chemical and adsorption studies using T. ferrooxidans with reference to bacterial adhesion to sulfide minerals. In：R. Amils，A. Ballester eds. Biohydrometallurgy and the Environment Toward the Mining of the 21st Century，Part A. Amsterdam. Lausanne. New York. Oxford. Shannon. Singapore. Tokyo：Elsevier，1999. 697－707

3 P. 德瓦西亚. 细菌生长条件和细菌吸附在氧化硫杆菌生物浸出黄铜矿中的作用.(中译文，陈谦译)，国外金属矿选矿，1999，(2)：28－30

4 T. F. Kondratyeva，T. A. Pivovarova，L. N. Muntyan and G. I. Karavaiko. Strain Diversity of Thiobacillus ferrooxidans and its significance in biohydrometallurgy. In：R. Amils，A. Ballester eds. Biohydrometallurgy and the Environment Toward the Mining of the 21st Century，Part B. Amsterdam. Lausanne. New York. Oxford. Shannon. Singapore. Tokyo：Elsevier，1999. 89－96

5 A. E. Torma, H. Sakaguchi. Relation between the solubility product and the rate of metal sulfide oxidation by T. ferrooxidans. J. of Fermentation Technology, 1978, 56:173－178

6 D. W. Dew, R. Muhlbauer and C. Van Buuren. Bioleaching of copper sulfide concentrates with mesophiles and thermopiles. Presented at Alta copper 99, Brisbane, September 1999

7 W. Sand, T. Gehrke, P. －G. Joza and A. Schippers. Direct versus indirect bioleaching. In: R. Amils, A. Ballester eds. Biohydrometallurgy and the Environment Toward the Mining of the 21st Century, Part A. Amsterdam. Lausanne. New York. Oxford. Shannon. Singapore. Tokyo: Elsevier, 1999. 27－49

8 Ballester A, BI Zquez ML, Gonzaler F. et al. The Influence of Different Variables on The Bioleaching of Sphalerte. Biorecovery, 1989, (1):127－144

9 E. Ilgar, R. Guay, A. E. Toema. Kinetics of Lithium Extraction From Spodumene by Organic Acid Produced by Aspergillus Niger. In: Torma AE, Wey JE, Laksmanan Ⅵ eds. Biohydrometallurgical Technologies, Vol. I. Warrendate, Pensylvania: TMS Press, 1993. 293－301

10 D. L. Thompson, K. S. Naah, P. L. Wichlacz, A. E. Torma. Bioextraction of cobalt from complex metal sulfides. In: Torma AE, Wey JE, Laksmanan Ⅵ eds. Biohydrometallurgical Technologies, Vol. I. Warrendate, Pensylvania: TMS Press, 1993. 653－664

11 Balaz P. International J. of Mineral Processing, 1991, 40:273

12 Минеев Г. Г. И другие. Цветные Металлы, 1997, (6):

13 Пею А. В. Цветные Металлы, 1985, (4):96

14 Balaz P. Chemical Absteact, 115:260271d

15 Edvardsson U. Biorecovery, 1988, (1):43

16 Ehrlich Henry L. et al. Microbial Mineral Recovery. McGraw－Hill Publishing Company, 1992

17 Torma A. E. , C. C. Walden, D. W. Duncan and R. M. R. Branion. Microbiological leaching of zinc sulphide concentrte. Biotechnology and Bioengineering, 1970, (12):501－517

18 Jack Barrett, M. N. Hughes, G. L. Karavaiko and P. A. Spencer. Metal Extraction by Bacterial Oxidation of Minerals. New York. London. Toronto. Sydney. Tokyo. Singapore: Ellis Horwood, 1993. 115

19 Van Aswegen P. C. M. W. Godfrey, D. M. Miller and A. K. Haines. Development and innovations in bacterial oxidation of refractory ores. Minerals Engineering, 1991, (8):191－199

20 Komnitsas C. and F. D. Pooley. Bacterial oxidation of an arsenical gold sulphide concentrate from Olympians. Greece, Minerals Engineering, 1990, (3):295－306

21 Komitsas C. and F. D. Pooley. Optimisation of the bacterial oxidation of an arsenical gold sulphide concentrate from Olympians. Greece, Minerals Engineering, 1991, (4):1297－1303

22 Tomas Vargas, Angel Sanhueza and Blanca Escobar. Studies of the electrochemical mechanism of bacterial catalysis in pyrite dissolution. In: Torma AE, Wey JE, Laksmanan Ⅵ eds. Biohydrometallurgical Technologies, Vol. Ⅰ. Warrendate, Pensylvania: TMS Press, 1993. 653－664

23 Batric Peric, Redo potential technique to study the factors of importance during reaction of T. ferrooxidans with Fe^{2+}. In: Torma AE, Wey JE, Laksmanan Ⅵ eds. Biohydrometallurgical Technologies, Vol. Ⅰ. Warrendate, Pensylvania: TMS Press, 1993. 545－560

24 Soumitro Nagpal, Donald A. Dahlstrom, Michael L. Free and Timothy Oolman. Effect of sodium isopropyl xanthate on the bioleaching of a pyrite－arsenopyrite ore concentrate. In: Torma AE, Wey JE, Laksmanan Ⅵ eds. Biohydrometallurgical Technologies, Vol. Ⅰ. Warrendate, Pensylvania: TMS Press, 1993. 449－458

25 Torma A. E. et al. Biotechnology and Bioengineering, 1970, 4(12):501

26 Tributsh H.. Direct versus indirect bioleaching. In: R. Amils, A. Ballester eds. Biohydrometallurgy and the Environment Toward the Mining of the 21st Century, Part A. Amsterdam Lausanne New York. Oxford. Shannon. Singapore. Tokyo: Elsevier, 1999. 51－60

27 M. L. Blázquez, A. Á lvarez, A. Ballester, F. González and J. A. Mu ñoz. Bioleaching behaviors of chalcopyrite in the presence of silver at 35℃ and 68℃. In: R. Amils, A. Ballester eds. Biohydrometallurgy and the Environment Toward the Mining of the 21st Century, Part A. Amsterdam. Lausanne. New York. Oxford. Shannon. Singapore. Tokyo: Elsevier, 1999. 137－147

28 Monroy M, P. Marion, J. Berthelin, G. Videau. Heap－bioleaching of simulated refractory sulfide gold ores by Thiobacillus ferrooxidans: A laboratory approach on the influence of mineralogy. In: Torma AE, Wey JE, Laksmanan Ⅵ eds. Biohydrometallurgical Technologies, Vol. Ⅰ. Warrendate, Pensylvania: TMS Press, 1993. 489－498

29 Tributsch H. and Bennett J. C., J. Chem. Biotechnology and Bioengineering, 1981, 31:627－635

30 F. K. Crundwell. The influence of the electronic structure of solids on the anodic dissolution and leaching of semiconducting sulfide minerals. Hydrometallurgy, 1988, 21:155—190

31 Ballester A. BI Zquez ML, Gonzalez F. et al. The influence of different variables on the bioleaching of sphalerite. Biorecovery, 1989, (1): 127—144

32 Marja Riekkola—Vanhanen and Seppo Heimala. Electrochemical control in the biological leaching of sulfidic ores. In: Torma AE, Wey JE, Laksmanan VI eds. Biohydrometallurgical Technologies, Vol I. Warrendate, Pensylvania: TMS Press, 1993. 561—570

硫化铜矿的细菌浸出

微生物湿法冶金第一个进入产业化且规模最大的是硫化铜矿的细菌浸出。本章对这一问题进行系统而详细的介绍。

7.1 硫化铜矿的种类与可浸性比较

自然界中含铜矿物至少有 360 种，这些铜矿物又可分为硫化铜矿物和氧化铜矿物。我国的铜矿物以硫化矿为主，在已探明的储量中，硫化矿占 87%，氧化矿占 10%，混合矿只占 3%。硫化铜矿物主要有辉铜矿、黄铜矿、斑铜矿、黝铜矿和铜蓝，氧化铜矿物主要有孔雀石、蓝铜矿、硅孔雀石、水晶矾、氯铜矿。常见的硫化铜矿列于表 7—1。

表 7—1 主要的硫化铜矿一览表

矿物名称		分子式	含 Cu(%)	晶型
中文	英文			
黄铜矿	Chalcopyrite	$CuFeS_2$	34.5	正方
辉铜矿	Chalcocite	Cu_2S	78.9	斜方
斑铜矿	Bornite	Cu_5FeS_4	63.3	正方
铜蓝	Covellite	CuS	66.4	六方
黝铜矿	Tetrahedrite	$(Cu,Fe)_{12}Sb_4S_{13}$	52.1	等轴
砷黝铜矿	Tennantite	$4Cu_2S \cdot As_2S_3$	57.7	等轴
银黝铜矿	Freibergite	$(Ag,Cu,Fe)_{12}(Sb,As)_4S_{13}$	—	等轴
方铜矿(古巴矿)	Cubanite	$CuFe_2S_3$	23.3	斜方

续表 7－1

矿物名称		分子式	含 Cu(%)	晶型
中文	英文			
硫砷铜矿	Enargite	Cu_3AsS_4	48.3	斜方
硫铜钴矿	Carrolite	$Cu(Co,Ni)_2S_4$	—	等轴

对细菌浸出时各种硫化铜矿浸出的难易程度的判断至今也没有什么理论依据，但大量的实验研究与工业实践为我们提供了一些很有价值的认识。一个比较系统的研究是英国比利顿公司过程研究所作的[1]，用中温细菌（主要是氧化亚铁微螺菌、氧化硫硫杆菌与 T. Caldus）在 40℃温度下浸出赞比亚与智利的浮选精矿，分别跟踪分析了精矿所含的各种硫化铜矿的浸出情况，得出各硫化铜矿浸出率随时间的关系如图 7－1 与图 7－2。

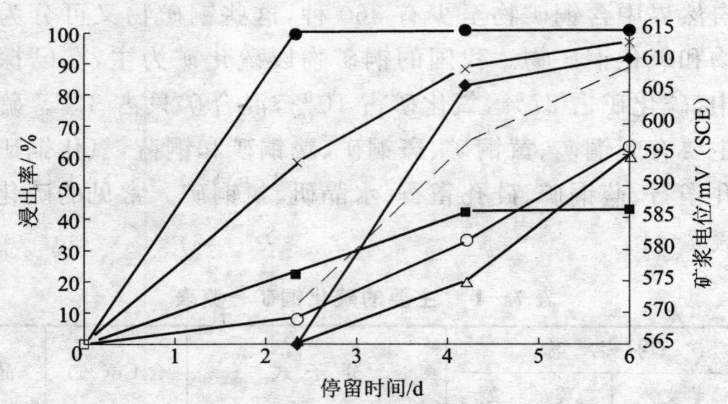

图 7－1　赞比亚铜精矿细菌浸出结果（$T=40$℃）

●—辉铜矿；×—斑铜矿；◆—铜蓝；△—硫铜钴矿；

■—黄铜矿；○—黄铁矿；---—矿浆电位

图 7－1、图 7－2 表明，中温细菌浸出时，各种硫化铜矿的浸出效果由大到小可排序如下：

辉铜矿 > 斑铜矿 > 古巴矿 > 铜蓝 > 黄铁矿 > 硫砷铜矿 > 硫铜钴矿 > 黄铜矿

辉铜矿最易浸出，黄铜矿最难浸出。难怪世界上建成的铜矿细菌堆浸厂基本上是以辉铜矿为主的（见表 7－2）。黄铜矿堆浸效果不佳，笔者的试验也证明了这一点（图 7－3）。图中的民乐铜矿的铜以辉铜矿为主，大红山铜矿与中甸上江乡铜矿的含铜矿物

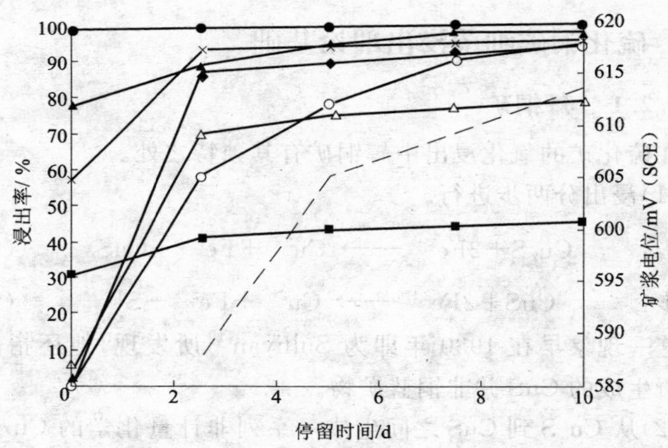

图 7—2 智利铜精矿细菌浸出结果

(T=40℃,时间 0 为细菌浸出的起点,矿样事先经酸浸预处理)

●—辉铜矿;×—斑铜矿;◆—铜蓝;▲—古巴矿;

△—硫砷铜矿;■—黄铜矿;○—黄铁矿;----矿浆电位

以黄铜矿为主。

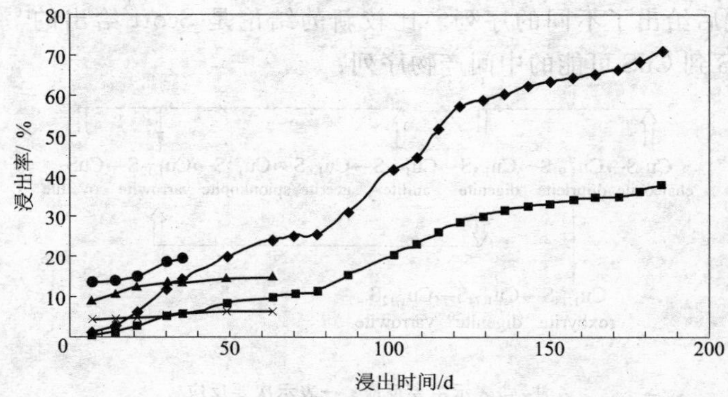

图 7—3 不同的含铜原料细菌浸出结果比较

◆—民乐 3 号(−10~+5mm);■—民乐 4 号(−20~+10mm);

▲—大红山(−10~+5mm);×—大红山(+20mm);

●—中甸(−5mm)

7.2 硫化铜矿细菌浸出理论基础

7.2.1 辉铜矿

在硫化矿的氧化浸出中辉铜矿有其独特之处。

(1)浸出分两步进行。

第一步： $Cu_2S+2Fe^{3+} \longrightarrow Cu^{2+}+Fe^{2+}+CuS$ (7－1)

第二步： $CuS+2Fe^{3+} \longrightarrow Cu^{2+}+Fe^{2+}+S^0$ (7－2)

这一现象早在 1930 年即为 Sullivan[2] 所发现，他还指出，第一步所生成的 CuS 并非铜蓝矿物。

(2)从 Cu_2S 到 CuS 之间生成一系列非计量化学的 Cu－S 固溶体的中间产物。Koch 等[3] 测绘了用 Cu_2S 薄膜做成的电极的开路电位与 Cu_2S－CuS 之间铜含量的关系线，示于图 7－4。线上的平台对应一两相区间，而电位急剧上升则标志成分的变化。由曲线上可以认定的中间产物为 $Cu_{1.95}S$－$Cu_{1.91}S$，$Cu_{1.86}S$－$Cu_{1.8}S$，$Cu_{1.68}S$－$Cu_{1.65}S$，$Cu_{1.4}S$－$Cu_{1.36}S$。Goble 等[4,5] 其他一些研究者也先后给出了不同的序列。比较新的结论是 Scott 给出的[6,7] 从 Cu_2S 到 CuS 可能的中间产物序列：

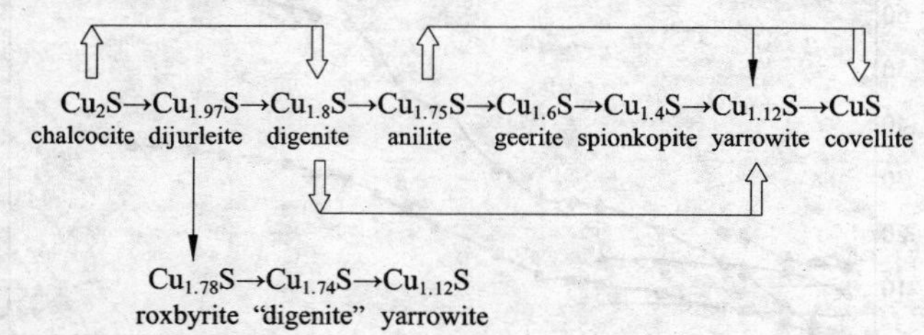

注：⇨表示主要反应；→表示次要反应

(3)Cu_2S 以及从 Cu_2S 到 CuS 之间各种中间产物为 P 型半导体，其禁带约为 1.8eV[8]。辉铜矿的导带由铜的 4s 轨道演化而来，而其价带则来自 s 的 3p 轨道。辉铜矿的离子模型为 $(Cu^+)_2S^{2-}$，缺铜的辉铜矿 $Cu_{2-x}S$ 的离子模型为 $(Cu^+)_{2-2x}(Cu^{2+})_xS^{2-}$。在能

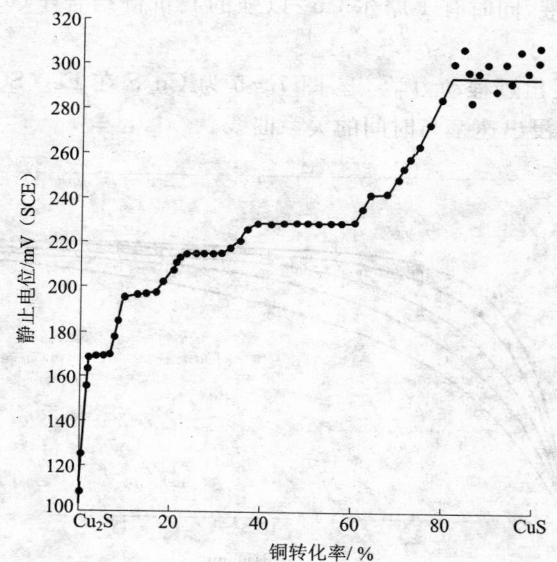

图 7－4　Cu_2S 电极的开路电位与铜含量的关系[3]

带模型中每失去一个 Cu^+ 就产生一个空穴，其淌度为 2～10cm/V·s，如此高的淌度归因于 Cu^+ 的高淌度。高淌度有利于 Cu^+ 由 Cu_2S 内部向界面处移动并在界面处被氧化而溶于溶液。Marcantonio[9] 在研究用 $Fe_2(SO_4)_3$ 溶液浸出 Cu_2S 时发现，中间产物 $Cu_{1.8}S$ 生成很快，在 30℃下，－48＋65 目的 Cu_2S，在浓度为 0.033M 的 Fe^{3+} 溶液中仅 3.5min 即完全转化为 $Cu_{1.8}S$，这证实了 Cu^+ 在 Cu_2S 晶格中有很高的迁移速度。

Marcantonio 提出了第一阶段的浸出机理为[9]：

$$Cu^+(\text{晶格中的}) - e \longrightarrow Cu^{2+}(aq)$$

$$S^{2-}(\text{晶格中的}) - e \longrightarrow \frac{1}{2}S_2^{2-}(\text{晶格中的})$$

$$Cu^+(\text{晶格中的}) + \frac{1}{2}S_2^{2-}(\text{晶格中的}) \longrightarrow \frac{1}{2}(Cu^+)_2S_2^{2-}(\text{晶格中的})$$

每两摩尔 Fe^{3+} 离子还原为 Fe^{2+} 则有 1 摩尔的 Cu^+ 被氧化为 Cu^{2+}

而进入溶液，同时有1摩尔 Cu^{+} 以强的共价键结合于 $(Cu^{+})_2S_2^{2-}$ 中。

(4)浸出过程动力学[9]。图7—5为 Cu_2S 在 $Fe_2(SO_4)_3$ 溶液中30℃下浸出速率与时间的关系曲线。

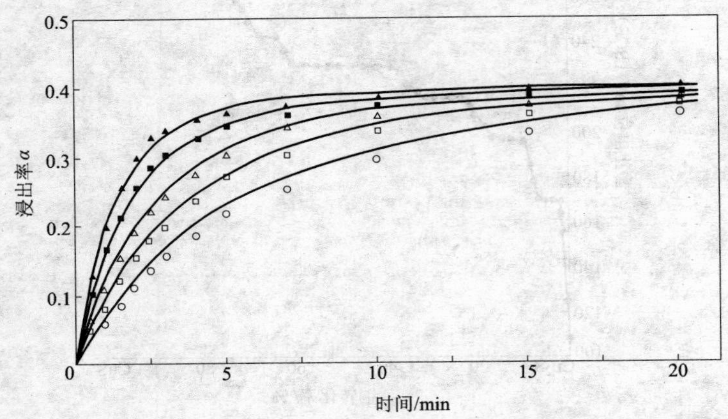

图7—5 Cu_2S 第一阶段浸出与时间关系曲线

$T=30℃$，$[Fe^{3+}]_0=0.06M$，$Fe^{3+}:Cu=1:1$

矿粒大小/目：▲——200～+270；■——150～+200；

△——100～+150；□——65～+100；○——48～+65

由图看出，从 Cu_2S 到 $Cu_{1.2}S$ 的转化速率很快，到Cu浸出率 α 约等于0.27前（相当于转化为 $Cu_{1.46}S$），浸出过程动力学为Fe(Ⅲ)的一级反应。$\alpha < 0.27$，按边界层传质控制模型计算的浸出速率与实测值相吻合，求出其相应活化能为11.76kJ/mol。$\alpha > 0.27$ 后，速率迅速减少至 $\alpha=0.4$。在 $0.27 < \alpha < 0.4$ 区间，速率与Fe(Ⅲ)浓度与 $Cu_{1+x}S$ 晶格中可迁移的 Cu^{+} 浓度 $[Cu_1^{+}]$ 成正比。推导出第一阶段浸出反应的速率方程为：

$$\frac{d\alpha}{dt}=\frac{K'}{\gamma_0}\frac{\gamma\pm[Fe^{3+}][Cu_1^{+}]}{\left([Cu_1^{+}]+\frac{D}{\delta K_s}\right)} \qquad (7-3)$$

式中 α——铜浸出率；

$K'=(3W_0fD)/(2\rho_c n_0\delta)$

W_0——Cu_2S 初始重量，g；

f——几何形状系数；

D——Fe^{3+} 的平均扩散系数；

ρ_c——Cu_2S 的密度，g/cm^3；

n_0——Cu 的初始摩尔数；

δ——扩散边界层厚度，cm；

γ_0——矿粒的初始直径，cm；

K_s——表面速率常数；

$[Fe^{3+}]$——Fe^{3+} 的溶液本体浓度，mol/L；

$[Cu_l^+]$——可迁移的 Cu^+ 在 $Cu_{1+x}S$ 晶格中的浓度。

在浸出过程中$[Fe^{3+}]$与$[Cu_l^+]$均是变量，随 α 的增大而变化。

$$[Fe^{3+}]=[Fe^{3+}]_0(1-b\alpha) \tag{7—4}$$

$$[Cu_l^+]=\frac{2\rho_c}{M_c}\left(1-\frac{\alpha}{\alpha_0}\right) \tag{7—5}$$

式中 $[Fe^{3+}]_0$——Fe^{3+} 的起始本体浓度，mol/L；

b——$2/\phi$；

ϕ——Fe^{3+} 与 Cu 的摩尔比；

M_c——Cu_2S 的分子量；

α_0——0.4 为第一阶段的最大浸出率。

将式(7—4)，式(7—5)代入式(7—3)并用数值积分法求解，可得出图 7—5 中的各曲线，与实验数据(以符号点表示)吻合甚好。

式(7—3)是用 $Fe_2(SO_4)_3$ 溶液浸出磨细的辉铜矿，浸出第一阶段的动力学方程，对细菌浸出也应该是适用的，因为第一阶段的时间很短，对－200～＋270 目的辉铜矿，第一阶段的时间不到 10 分钟，－48～＋65 目的物料也只有 20 分钟，在这样短的时间内细菌的作用是很小的，主要还是 Fe^{3+} 所起的作用。

从 $\alpha=0.4$ 起继续浸出，$\alpha>0.4$，则浸出进入了第二阶段。图 7－6 是不同粒度的辉铜矿在 75℃下第二阶段浸出的 $\alpha-t$ 曲线，符号点为实验数据，曲线为计算结果。从图 7－6 看出，浸出率与辉铜矿粒度无关。这是因为第一阶段浸出的产物为多孔的、一致的柱状晶体，在其中的扩散不是速率决定环节。

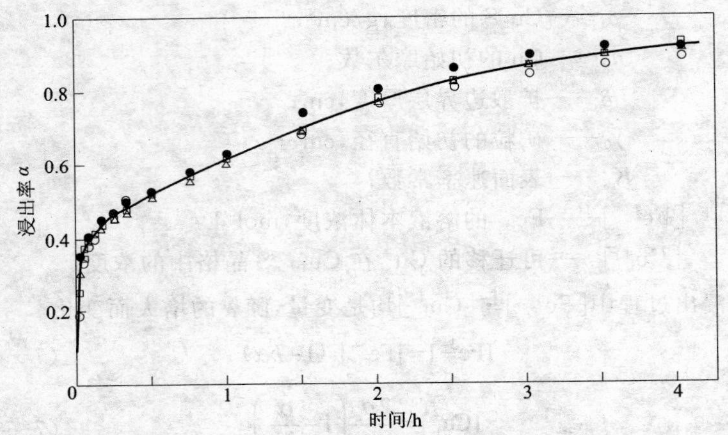

图 7－6 Cu_2S 第二阶段 $\alpha-t$ 关系曲线

$T=75℃$，$[Fe^{3+}]_0=0.12M$，$Fe^{3+}:Cu=3:1$

矿粒大小/目：●——150～+200；△——100～+150；

□——65～+100；○——48～+65

第二阶段的浸出速率比第一阶段明显得低，与 Fe^{3+} 浓度呈 0.5 级关系，求得的活化能为 75.6±4.2kJ/mol，图 7－7 表示 Fe^{3+} 浓度对浸出速率的影响。Marcantonio[9] 推导出了第二阶段浸出的动力学方程如式（7－6）。计算结果与实测值吻合，（如图 7－7 所示）。

$$\frac{d\alpha}{dt}=\frac{KK_0A_0}{n_0}\left[\frac{K'_c\gamma\pm[Fe^{3+}]_0}{2K_a}\right]^m\left(\frac{1-\alpha}{1-\alpha_0}\right)^{\frac{1}{2}}(1-b\alpha)^m \quad (7-6)$$

式中 K——包含晶体密度与几何因素的常数；

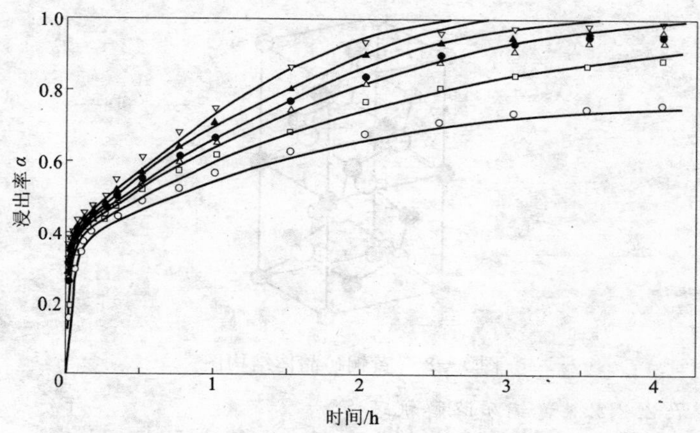

图 7—7 Fe 浓度对第二阶段浸出速率的影响

温度：75℃，粒度：—48～＋65 目

Fe^{3+}/Cu ：▽—10/1；▲—6/1；●—4/1；△—3/1；□—2/1；○—1.5/1

[Fe^{3+}]/ $mol \cdot L^{-1}$ ：▽—0.612；▲—0.367；

●—0.245；△—0.183；□—0.122；○—0.092

K_0——K 的初始值；

A_0——第二阶段开始时晶体的表面积；

$$m=\beta_a/(1+\beta_a-\beta_c)$$

β_a，β_c 为阴极反应与阳极反应的“传递系数”，$\beta_a=\beta_c=0.5$ 时，$m=0.5$，其他符号同式(7—3)、式(7—4)、式(7—5)。

7.2.2 黄铜矿的浸出[8]

7.2.2.1 黄铜矿的晶体结构

黄铜矿属 N 型半导体，电阻率为 $10^{-3}\ \Omega \cdot m$，禁带为 0.6eV，其离子模型为 $Cu^{+}Fe^{3+}(S^{2-})_2$，其晶体结构如图 7—8 所示。黄铜矿的价电子带由金属原子轨道与硫原子轨道共同给出，其晶体结构如图 6—7 所示。

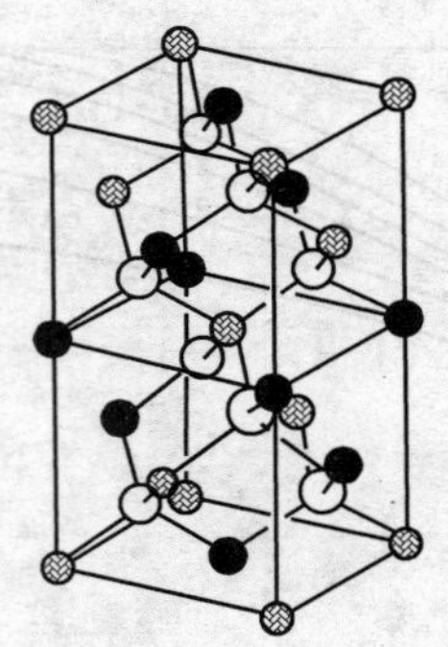

图 7—8 黄铜矿晶体结构图

7.2.2.2 黄铜矿溶解机理

黄铜矿的阳极溶解靠的是价带的空穴与导带电子的转移，溶解的开始阶段是空穴的填充。黄铜矿晶格中的 Fe^{3+} 与导带相联结，而 Cu^{+} 则与价带联结。带正电荷的 Fe^{3+} 释放入溶液，而 Cu^{+} 在溶解的最初阶段继续留在晶格中。最初是空穴转移，接着是电子转移，溶解分两步进行。

第一步靠空穴转移实现 Fe—S 链的断裂

$$CuFeS_2 + 3h^{+} \quad\quad Fe^{3+} + \cdot CuS_2$$

第二步接着是空穴的转移或电子转移实现 Cu—S 链的断裂

$$\cdot CuS_2 + 2h^{+} \quad\quad Cu^{2+} + 2S$$

$$\cdot CuS_2 \quad\quad Cu^{2+} + 2S + 2e$$

上述反应步骤与观察到的试验现象一致，即在溶解初期溶液中的 Fe/Cu 比大于 1。

$\cdot CuS_2$ 是不稳定的中间产物，能分解产出 CuS

$$\cdot CuS_2 \quad\quad CuS + S$$

7.2.2.3 表面固态产物膜

在各种硫化矿中黄铜矿属于较难浸出的，其原因归结于在黄铜矿的表面随反应的进行生成了固态产物层覆盖于矿粒表面从而阻碍了反应的进一步进行。但这一固态产物层是何物则有三种不同的观点。

一是铁矾层观点。在浸出液中发现了大量 SO_4^{2-} 与 Fe^{3+} 这一事实支持这一观点，但 GeoBiotics 的 A. J. Parker 等人[25]的试验表明，在低的 SO_4^{2-} 与低 pH 下(铁矾不生成)，中温菌浸出黄铜矿依旧很缓慢，这一事实与该观点相抵触。

二是元素硫层观点。根据第 3 章关于硫化矿的浸出机理，黄铜矿的浸出属于多硫化物机理，在反应过程中应有元素硫生成。Schippers 与 Sand[10] 研究了包括黄铜矿在内的多种硫化矿用 Fe^{3+} 浸出时硫的产物，试验表明，黄铜矿在浸出 24 小时后，其硫的产物分别为(%)：S_8 92.2，SO_4^{2-} 7.3，$S_4O_6^{2-}$ 0.3，$S_5O_6^{2-}$ 0.2。可见，产物主要是元素硫。P. B. Munoz 等用电子显微镜观察到在矿粒表面确有元素硫覆盖[11]，Munoz 等认为，在硫酸介质中，黄铜矿溶解过程动力学受经过表面固体元素硫产物层扩散控制，他们把这归因于决定过程速率的经过表面元素硫层的电子传输过程的高活化能，并用 Wagner 理论来释明过程的动力学。但是所生成的元素硫层是疏松多孔的。Parker 等[12]用 CS_2 清除掉黄铜矿表面的元素硫层后并未能发现对过程速率有何影响。此外，用高温菌在 70℃温度下处理黄铜矿，虽然也有元素硫生成，但 Cu 的浸出率却能高达 90%以上(见 7.8 节)。因此还不能确定地断言，反应产物元素硫在黄铜矿表面形成了阻碍反应进一步进行的"保护层"。

三是铜蓝层观点。McMillan 等[13]发现黄铜矿阳极电流随时间而衰减，在 0.2～0.6V(SCE)有若干电位峰值并在电极表面有蓝色薄膜出现，他认为这种蓝色物质是富铜的硫化物。他们将其试验结果解释为在黄铜矿表面生成了这种硫化物的保护层，离子经过这以保护层的扩散是整个过程速率控制步骤。随后，这种蓝色表面膜相继为其他一些研究者发现，并被认定为铜蓝。Bieger 与 Horne[8]证实了厚度约 3nm 的 CuS 薄膜的生成。在硫酸介质中这种 CuS 膜明显地降低浸出速率(在氯盐介质中则不会)。这些中间产物在高温下会分解，这与上面提到的高温菌浸出黄铜矿可达到高的浸出率这一事实相吻合(见 7.8 节)。

7.2.2.4　黄铜矿细菌浸出的一些规律

M. Boon 与 J. J. Heijnen[14]分析总结了 1970～1992 年间发表的关于黄铜矿细菌浸出的 24 篇文献，提出了关于黄铜矿浸出的以下结论：

(1)在排除扩散控制的条件下，黄铜矿细菌浸出的速率常数明显地大于化学浸出的速率常数，前者为后者的 5～10 倍。

(2)在生成铁矾的情况下，细菌浸出与化学浸出的速率相同，明显地低于无铁矾生成时的细菌浸出速率。

(3)细菌浸出速率随矿石粒度下降而上升。

(4)在黄铜矿的细菌浸出实践中因操作上的失误可能会导致氧与二氧化碳供应不足而限制过程的进行。

(5)在细菌浸出实践前必须对细菌进行驯化。

(6)在黄铜矿细菌浸出过程中由于原电池效应，黄铁矿的存在，浸出速率增大。

(7)低品位黄铜矿细菌浸出速率比精矿浸出速率大 10 倍，这同样可能是因为黄铁矿的存在，当然也不排除若干其他因素的作用。

(8)用氧化亚铁硫杆菌浸出黄铜矿(在 35℃下)，加 Ag^+ 作催化剂，12 天铜浸出率为 80%，而不加 Ag^+ 时仅为 25%。用高温细菌在 68℃下浸出 Ag^+ 没有明显的催化作用。这两种温度下有两种不同的作用机理，35℃下的浸出，在黄铜矿表面生成了 Ag_2S，而在 68℃下浸出时在黄铜矿表面生成了金属银的薄膜[15]。

7.3　产业化进展

自从 1955 年 S. R. Zimmerley 等申请了首例铜矿细菌堆浸专利后到 20 世纪 80 年代中期的近 30 年间是微生物湿法冶金的“摇篮时期”。在这一时期科技界继续不断地探索，而产业界则更多的是观望与徘徊。微生物湿法冶金的优越性还没有被产业界充分认识，投资的可能风险使企业领导举棋不定难下决心。但到了 80 年代中期，细菌浸出的产业化终于取得了突破性进展，推动这一进程的有两个原因。一是由于多种原因，用传统方法生产铜使很多矿山处于亏损；二是从低浓度的铜溶液中提取铜的萃取—电积(SX—EW)技术的出现并趋于成熟，使得从浸矿液中可获得市场适销对路的电铜，而不是像过去那样用铁屑置换而得到市场不需要的铜粉。从那以后湿法炼铜迅速发展，在铜总产量中湿法炼铜所占份额节节上升。表7—2列出了80年代以来世界上投产的细菌浸铜厂矿[16~18]，从表7—2看出，多数厂矿是20世纪90年代投产的，绝大多数处理的是次生硫化铜矿。

表7—2　细菌浸铜厂矿一览表

厂矿名称	国别	原料特点	规模(t/d矿石)	服务时间
Lo Aguirre	智利	辉铜矿，含Cu1.4%(堆浸)	3500(14000～15000t/a Cu)	1980～1996
Gnndpowder, Mammoth	澳大利亚	辉铜矿与斑铜矿，含Cu2.2%(原位浸出)	设计能力为13000t/a Cu	1991至今
Leyshon	澳大利亚	含金辉铜矿，含Cu1750g/t，含金1.739g/t	1370	1992～1997
Cerro Colorado	智利	辉铜矿，含Cu0.25%(堆浸)	16000(60000t/a Cu)	1993至今
Girilambone	澳大利亚	辉铜矿，含Cu 2.5%(堆浸)	2000(14000t/a Cu)	1993至今
Ivan—Zar	澳大利亚	辉铜矿，含Cu 2.5%(堆浸)	1500(10000～12000t/a Cu)	1994至今
Queered Blanca	智利	辉铜矿，含Cu 1.3%(堆浸)	17300(75000t/a Cu)	1994至今
Sulfuros Bajalay	智利	原生硫化铜矿，含Cu0.35%	14000～15000	1994—
Toquepala	秘鲁	次生与原生，含Cu 0.17%	60000～120000	1995—
Mt Cuthbert	澳大利亚	次生硫化铜矿	16000	1996—
Andacollo	智利	辉铜矿	10000	1996—
Dos Amigos	智利	辉铜矿	3000	1996—
Zaldivar	智利	次生硫化铜矿，含Cu 1.4%	约20000	1998—
德兴铜矿	中国(江西)	含铜废石堆浸，原生硫化铜矿，含Cu 0.09%	设计年产电铜2000t	1997—
紫金山铜矿	中国(福建)	矿含铜0.6%，辉铜矿占60%	设计年产电铜10000t	预计2004年

续表 7—2

厂矿名称	国　别	原 料 特 点	规模(t/d 矿石)	服务时间
官房铜矿	中国(云南)	矿含铜 0.9%,含 Ag50g/t,原生硫化铜矿占 20%,次生硫化铜矿占 70%	年产 2000t 电铜	2003
Chuqicamata	智　利	硫化铜浮选精矿	年产 20000t 电铜	2003

细菌浸铜的大规模工业生产目前采用的有三种方式:

一 是堆浸,视原料的不同又区分为原矿堆浸(Heap leaching)与废石堆浸(Dump leaching)。Heap leaching 处理的是品位较低的硫化铜矿,由于品位较低,常规的磨矿—选矿—冶炼技术路子在经济上不可行,将全部矿石破碎到一定程度后在准备好的底垫上筑成堆进行浸出。Dump leaching 则处理的是采矿产出的品位低于边界品位的废石,这种废石不再破碎,而以采矿所形成的块度入堆。废石堆浸可以有两种情况,一种是过去留下的废矿堆,另一种是配合矿山建设开发,依事先的设计有计划有步骤进行的堆浸。

将矿石在原有位置上浸出叫原位浸出(leaching in situ),这种浸出在矿体中直接进行,在矿体上按设计好的位置钻孔,将浸矿液注入孔中,在一定位置上设置集液孔(井)汇集浸矿液并从中将浸矿液泵到地面进行后续处理。

将废石不运出矿坑,在矿坑中浸出叫就地浸出(leaching in place)。

二是铜矿的浮选精矿进行槽浸,现在还在研发阶段,是今后产业化的方向之一。

三是浮选精矿的堆浸 Geobiotics 工艺。

7.4 硫化铜矿堆浸操作要领

7.4.1 矿体选择

不是任何硫化铜矿都适用于细菌浸出。次生硫化铜矿,特别是辉铜矿最容易浸出,故世界上已投产的大规模堆浸厂几乎都处理的是含辉铜矿的矿石。在硫化铜矿中黄铜矿最难浸,废石堆浸也有处理黄铜矿的,但浸出率低。一些矿山进行含黄铜矿的废石堆浸,浸淋 4～6 年,铜回收率仅为 15%。

此外,矿石中碱性脉石($CaCO_3$,$MgCO_3$)含量不宜高。这些碱性脉石在浸出时要消耗硫酸,增加作业成本,而且使浸矿液中$CaSO_4$达到饱和,在矿块表面沉积析出,从而妨碍浸矿的进一步进行。

7.4.2 矿块的粒度

从动力学的角度,矿块愈小浸出效果愈好。试验表明,在氧化亚铁硫杆菌参与下浸出黄铜矿、闪锌矿与黄铁矿时,矿块直径在50mm以上,铜锌浸出极少。50mm时,铜的每周浸出率仅为0.015%,只有块矿直径到 19mm 以下时,浸出率才显著上升。但碎矿要发生成本,粒度愈小,碎矿成本愈高。所以废石堆浸不对矿石进行破碎,以采矿所形成的块状入堆,这主要是从经济角度考虑。过粉碎将或多或少产生－100 目的粉料,这样浸出时矿堆内部将产生严重偏析,导致矿堆的渗透性降低,影响浸矿效果。铜矿堆浸,块矿粒度一般在 10～50mm,智利的 Quebrada Blanca 堆浸矿石粒度为－10mm。合理的粒度选择取决于对综合经济效益的考虑。国外有的堆浸厂在矿石破碎后加入一定量的硫酸与反萃液在制团机中搅混,使细粒矿都附着在粗颗粒的矿石上。若矿石中含耗酸脉石则加浓硫酸与水或反萃液,若不含耗酸脉石则只加入反萃液即可,反萃液中含有细菌,使制团作业附带进行了细菌接种。

7.4.3 堆浸场地的选择

浸出场地应符合下列要求:

(1)尽量靠近矿石或废石产出点以缩短运距、降低作业成本;

(2)场地范围内没有断层和溶洞;

(3)要有足够大的面积,若因地形限制,找不到所需要的整块场地,可以分成若干个堆场,场地面积的大小取决于生产规模、矿堆高度、浸出速率以及一年能工作的时间,由设计决定;

(4)尽量不占或少占农田,可用山谷,干涸的河沟,一个或数个坡度小的山坡。

7.4.4 底垫构筑

矿堆应堆筑在预先做好的底垫上以防止浸矿液渗漏。浸矿液渗漏不仅造成有价金属的损失,而且会污染环境。底垫有永久性使用、一次性使用与重复使用三种。永久性使用底垫,在其上铺设一层矿进行浸出,待浸到一定程度,移开布液管道系统,在其上又铺一层新矿再进行浸出,如此不断进行,年深日久,堆愈来愈高,堆内矿量可达亿吨以上。一次性使用底垫只在其上铺一层矿,浸出到一定程度即终止,浸过的矿石不移走,也不再其上继续堆矿,这种底垫多用于储量小,服务年限短的小矿体。重复使用底垫则在其上铺一层矿,待浸出到要求的程度后即停止,并将浸过的矿移走,另堆它处,而在底垫上重堆新矿石继而浸出,如此周而复始,多次进行。要比较永久性使用底垫与重复使用底垫的有效性,涉及到大量的物理与经济因素,包括矿石性质、生产率、劳动力和维修成本、浸出底垫的大小和需要的地基平整与夯实工作量、提升高度、溶液泵送成本等。Hanson[19]认为,一般而言,重复使用底垫比永久性底垫小,但需要另设弃矿堆存区与弃矿堆矿系统。不过大功率低成本的移动式堆矿/卸矿系统的应用可以弥补重复使用底垫时两次堆卸浸出物料的作业成本。底垫重复使用时其他因素,如溶液泵送成本,试剂耗用量、溶液控制等方面的费用均较永久性底垫低,从而进一步减少了由于被浸矿石的两次堆卸所增加的成本。

在铺设底垫前,应首先清除堆浸场地植被,对地面进行平整与压实。堆浸场地面应向集液坑倾斜一定的坡度。坡度过大易造成液体对不渗水底垫的冲刷腐蚀,坡度过小易造成矿堆内积水,影响堆内空气的传输。坡度一般在2%～5%。在堆浸场外围应设排水沟把矿堆围住以免山坡上的雨水汇集而流入矿堆。在矿堆的下三面(左、右、下)应设排液沟将堆内流出的浸矿液导到堆浸场的下角处,由此再流入集液池中。

在准备好的地基上铺设底垫，底垫要不渗漏、强度好，不仅能承受矿堆的压力，还要能承受筑堆车辆的碾压。可用沥青、混凝土、塑料薄膜加油毡或聚氯乙烯(PVC)塑料软板，氯碳酰化聚氯乙烯合成橡胶和聚烯烃的塑料。热压沥青是最好的重复使用底垫材料。PVC 软板虽然一次性投资较高，但因可多次使用，且不易渗漏，是较好的底垫材料。一次性使用底垫则尽可能采用价廉的材料制作。铺设底垫由集液沟处开始，由低向高处逐步铺设，接缝处可采用焊接或上压下的搭边。在底垫上铺 30～50cm 厚的可渗性好的不与酸作用的砂或石英质卵石做保护层。

7.4.5 筑堆

筑堆方法可参阅有关书籍与文献[20,21]。为降低成本，国外大规模堆浸场采用劳动生产率高的大型机械化布料装置，包括自行履带式移动堆矿机，可沿着堆矿机将新鲜矿石卸到某一点的移动式卸料装置，二者配合形成两个平面坐标方向上的移动，可将矿石卸到任意一点的位置上。重复使用底垫时还设置有矿渣桥式输送机与从矿堆上挖卸矿渣并将其供给矿渣输送机的斗轮式挖掘机。

国外铜的堆浸一般采用多层堆置，每堆好一层，在浸出前都要将表层翻松，深度不少于 1m，以保持矿堆的渗透性。矿堆高度与宽度受氧传输的制约不宜过大，多层堆大多堆成梯田形式，每层不宜太高，一般为 6～10m。堆层边坡做成斜坡形，安息角≤45°

7.4.6 矿堆供氧[22]

细菌浸出过程中氧是最终的电子受体，是浸出过程的重要参加者，因此向矿堆中输送氧气是保持浸出顺利进行的重要条件。对于矿堆供氧来说，矿堆透气性是十分重要的因素。矿堆透气性取决于矿块粒度，矿石密度与孔隙度，矿堆结构，承重与压实程度，矿石中粉状物料量不宜过大，为保证矿堆的透气性，粉状物料量最好不要超过 10%，预先的制粒可大大改善矿堆的透气性。矿堆供气主要靠由矿堆四周向堆内的扩散，由下而上的对流，由下而上的强制通风等。对透气性很差的矿堆其供气主要靠扩散,此时浸出过程受供氧控制,因而浸出速率很慢。有关矿堆中细菌生长的理论认为,细菌生长的主要区域在矿堆顶部的1.5m。对不从底部充气的矿堆的测量表明,在矿堆顶部1.5m以下氧量随矿堆高度减小而降低。R. Montealegre等对高6m,宽20m的工业浸铜矿堆的氧分布研究表明,从堆顶部往下2m深度以下氧全部耗尽。废矿浸出由于矿块较大,矿堆透气性好,利用烟囱效应使空气可以从矿堆底部进入并向上穿过矿堆。图5-15、图5-16中有用数学模拟方法计算的矿堆中氧的分布。

在原矿堆浸中矿石经过破碎,粒度较小,破碎时有粉料产生,矿堆透气性差。为改善矿堆的供氧,可增加喷淋强度,通过浸矿液把更多的溶解氧带入矿堆。另一方法是在矿堆底垫或稍上一些位置沿矿堆周边指向矿堆内部设置有孔的塑料管道,用低压鼓风机向矿堆内鼓入空气,这样当然会增加基建投资与作业成本,但可由铜回收的加快而弥补。

7.4.7 温度[22]

氧化亚铁硫杆菌与氧化硫硫杆菌生长的最佳温度是28~35℃,据McCready R. G.报导,温度每降低6℃,T. f的生长速率减半[23]。因此热量是细菌堆浸一个至关重要的因素,在矿堆设计中必须认真考虑。虽然硫化矿的氧化是一放热过程,但也只有在较短时间内氧化高品位硫化矿时反应放出的热才值得考虑。影响矿堆温度的因素很多,诸如:气候(气温、日照、风力)、蒸发热损失、反应热、地表温度、布液方式及溶液温度、布液速率等。溶液蒸发是一重要因素,但往往注意不够。蒸发是一吸热过程,会导致矿堆温度下降。布液方式对蒸发量有直接的影响,喷淋布液时蒸发量较高,热损失大,采用滴淋可减少蒸发所造成的热损失,在经常结冰的地区,可以把滴液装置埋入矿堆内部。智利的Queered Blanca年平均温度仅5℃,最低温度为-15℃,能成功实施细菌堆浸并取得好的指标,在矿堆保温上采取了一系列行之有效的措施,诸如:采用滴淋布液,浸矿液用动力车间的废热加热,原矿在制粒前先加热，制粒时加入接近沸腾的水，矿堆用一层可渗透的布覆盖以降低蒸发造成的散热。由于采取了这些措施，矿堆可整年保持20℃以上的温度。随着喷淋强度的增大，单位时间内流出矿堆的液体量增大，带走的热量也越多，矿堆内部温度降低，浸出率也随之受到影响，从图5—18看出，喷淋强度以5 L/(h · m^2)为好。

7.4.8 酸度

从纯化学浸出的角度讲，当然是高酸度有利于浸出，但细菌浸出时还必须顾及到细菌生长的需要，只能采用适宜的pH值，适宜的pH值为1.8～2.2。在堆浸时从矿堆顶部到底部pH是变化的(pH逐步升高)，这就给pH的控制带来困难，同时也限制了矿堆的高度。由于矿石中不可避免地含有耗酸的碱性脉石、氧化铜矿等，一个新的矿堆开始浸出时，酸的消耗是很明显的。一般采用两段作业法，在开始浸出的一段时期浸矿液取较高的酸度，相当于氧化矿的堆浸。

7.4.9 营养物

细菌的生长与繁殖需要一些无机盐作为营养物质，如$(NH_4)_2SO_4$、KH_2PO_4或H_3PO_4。浸矿时这些营养物质的用量为：NH_4^+ 10～20mg/L，PO_4^{3-} 30～40mg/L。在添加铵时应该小心，因为有可能使铁矾生成量增加而影响到矿堆的渗透性，要使这种负面影响减少，溶液pH必须控制在2以下。同时要分析矿石与溶液以测定营养物的浓度并防止有害离子的存在。通常在实践中磷酸的含量是足够的，只需加入铵离子即可。

7.4.10 细菌接种

一般硫化矿的矿体中就有氧化亚铁硫杆菌等这类浸矿细菌存在，所以一些浸矿实践并不专门接种细菌，只要创造细菌生长的有利条件，细菌会自行繁殖而起到浸矿的作用。也有的浸矿实践另行接种从合成培养介质中培养的细菌，但这种细菌对矿堆还有一个适应过程。Henry A. Schnell指出[22]，没有报道表明细菌的接种对铜的细菌堆浸效果有所提高。

7.4.11 铁浓度

在前面的6.4.4节中已论及溶液中 Fe^{3+} 的浓度与溶液电位对浸出的重要意义，浸矿液中必须有一定浓度的铁离子。在工业实践中铁浓度在10g/L以上或2g/L以下都有成功例子，有的额外加入铁，有的不加，仅凭矿石中所含的铁逐渐溶入而自然积累。这些都是由工业生产的前期研究来确定的。

7.4.12 水平衡

浸矿系统面临蒸发带来的水损失与雨水造成的水增加，二者最好能达到或接近平衡，但实践中常常遇到两种极端情况。

在干燥的沙漠地区，蒸发量大，雨水量小，系统的水量呈明显的负增长，此时宜采取措施减少蒸发。用滴淋代替喷淋，在浸矿液中加入某种可抑制蒸发而又对细菌浸矿无副作用的添加剂等措施均能减少水的蒸发。即使这样，若仍不足以弥补水的蒸发与降雨的差距，补充水是必要的。

在南方多雨地区则相反，雨水量可能大于蒸发量，若矿堆设置在平缓的场地上，上三方均有排水沟，矿堆只靠其面积承接雨水，在一般情况下(除了暴雨时节)问题不大。但像江西德兴那样的废石堆浸，废石量大，以一个山谷堆矿，矿堆面积大，除矿堆表面承接雨水外四周山坡上的雨水也汇集到堆中，自然会造成水量过大的情况。德兴铜矿从实践中认识到，在这种情况下，集液库中铜的浓度并不是均匀的，而是从上到下由小而大呈现明显的梯度，这样，通过在一定深度上取液送萃取，仍可维持后续工序的正常运作。在这种情况下与其他地形而遇上暴雨时节，水量猛增，有从集液池(库)溢出的可能，在设计时应考虑到这种可能，设置溢流收集池以避免溢流污染环境。

7.4.13 浸出时间与浸出率

按常理，浸出率总是愈高愈好。但从7.2节所阐明的辉铜矿浸出速率与时间的关系来看(见图7－5)，辉铜矿浸出的第一阶段(由 Cu_2S 到 CuS)浸出很快，第二阶段则较慢，而且越往后越慢，浸出率达到80%所需时间与浸出率由80%增加到90%所需时间几乎一样长。显然,从经济的角度看,一味追求太高浸出率并不是合理的,一般浸出率到75%~85%即可,国外处理次生硫化铜矿的典型浸矿厂达到这一浸出率的时间在200天左右[24]。

7.5 硫化铜矿堆浸的数学模拟

(见第5章5.6.6节)

7.6 产业化实例[22]

7.6.1 Quebrada Blanca 的原矿堆浸

Quebrada Blanca 矿山位于智利北部的 Alti Plano 沙漠,海拔4400m,是一个表生斑岩矿床。该矿铜的平均品位为1.41%,含铜矿物为辉铜矿占73.1%,铜蓝占13.1%,黄铜矿占13.5%(柱浸试料成分)。当地气温-15~20℃,年平均温度5℃。该矿用传统工艺处理在经济上不合算,决定采用堆浸-萃取-电积技术,1988年该矿被纳入国际合作计划,由S.A.的SMP Technologia公司进行扩大试验研究,做出可行性研究之后,于1991年工程启动,1994年1月开始运作,1994年8月产出第一批阴极铜。该矿山每天处理硫化矿17300t,生产符合伦敦金属交易市场标准的铜206t。

矿井中开采出来的硫化矿经3级破碎至全部小于9mm,然后送入振荡器,振荡器中装备一个气固热交换器以提高矿石温度。然后将矿石与硫酸混合,混合比为每吨矿5~7kg硫酸,同时加入85℃的热水以保证制粒后的矿石中含10%的水分,最后送入旋转圆盘制粒机中制粒。从制粒机中出来的矿石温度大约在22~24℃,由皮带运输机运至一系列的可移动式运输机,由这些运输机将矿石送至履带式传输堆矿机,堆矿机将矿石均匀分布于矿堆。

矿堆底垫为60mm厚的聚乙烯薄膜。在最底层矿堆好之后,在底垫或底层矿石上每隔2m放置直径4cm的排液管形成网状结构。矿堆高度为6~6.5m,矿堆堆好之后,立即在矿堆顶部安装两个滴淋布液系统，一个在矿堆表面，另一个在表面以下 20cm 处。滴淋速率为每平方米每分钟 0.1～0.14L，浸矿液为萃取车间的萃余液，含硫酸 7.0g/L。萃余液在进入浸出之前，要通过一系列热交换器加热至 28℃，一部分萃余液也用冷却发电厂发电机所得的热量来加热。

从输液管中所得到的负载液含铜 3.5g/L，溶液温度为 23℃，流入集液装置中。矿堆下安装有一系列的输气管道并通过低压鼓风机向矿堆底部鼓入空气。往浸出液中加入营养物质以保证细菌活动所必须的铵和磷酸浓度，分别为 10～20mg/L 与 30～40mg/L。矿堆顶部用深色布遮盖以减少蒸发。操作过程中还监测热量、氧气、固体和液体变化以保证正常的浸出。这个监测系统也包括现场细菌监测装置。对浸出渣的分析结果表明，铜的总回收率在 80%以上。

每小时有 3000m^3温度为 20℃的负载液送往萃取车间，负载液含铜 3.0～3.5g/L。萃取车间有三个并行的处理车间，均采用二级萃取，一级反萃，二级萃取率为 93%。所用溶剂含 13.5%的 LIX984 及一种少量的低芳烃含量煤油(SX12)。负载有机相汇集至负载溶剂槽中，萃余液返回浸出流程。负载有机相以含铜 35%的贫铜废电解液二级反萃，使铜进入水溶液。反萃后的有机溶剂返回用于萃取。从反萃车间出来含铜 49g/L 的富铜液通过石榴石和无烟煤组成的加压渗滤器，以除去夹带的有机溶剂。

电积车间有 264 个钢筋混凝土制的电解槽，每个电解槽有 60 个不锈钢阴极板和 61 个 Pb－Sn－Ca 合金的阳极。电流密度 260A/m^2，阴极循环时间 7 天。有六分之一的阴极每天用 WENMEC 自动化剥离机剥离极板，然后重新放入电解槽。每个阴极板表面涂有一层蜡。溶液中加入 Guar 以防止结瘤，加入 100ppm 的硫酸钴以减少阳极腐蚀。电积车间所用的水经过离子交换车间净化以降低氯离子浓度。从极板上剥离下来重 45～50kg 的阴极铜质量达到伦敦金属交易市场标准。

该矿山基建投资 3 亿 6 千万美元，生产高质量符合伦敦金属交易市场A级标准的铜，平均成本为0.50美元/磅。这一实践是恶劣气候条件下铜生物浸出大规模工业化的一大成就。

7.6.2 Baja Ley的废石堆浸

大部分的废石堆浸实践都是用于浸出已有的废石堆以处理低品位矿石，同时设计了几家浸出低品位表外矿堆。智利Codelco地区Chuquicamata Division的Baia Ley矿山就是一个浸出专门设计的矿堆而非处理既成废矿堆的很好的例子。

对这一工艺的首次研究开始于1970年，方案设计和基本的工程设计开始于1983年。1991年开始建设厂房。矿山设计生产能力为从铜品位为0.35%的表外矿中生产15000t阴极铜，计划总投资为4000万美元。

原矿用矿车堆入150m宽、35m高的矿堆。浸出布液系统为70m×35m，矿堆顶部采用滴淋的布液方式。耗时78个星期的浸出流程包括矿石的预处理、浸出、休闲、进一步处理等过程。所用的浸出液来自流程中的萃取－电积车间。每公斤铜耗酸量为9.5kg。负载液收集于谷底一个容积为34000m^3的蓄液池，送至萃取—电积车间，该车间采用不锈钢阴极和半自动阴极剥离机。

该矿山共有27个工人，铜的生产成本为每磅0.40美元。总回收率估计将在20%左右。该矿山是低品位表外矿废石堆浸、低成本产铜设计的成功典范。

7.6.3 San Manuel的原位浸出

原位浸出是指在无采矿意义也未开采的矿体上进行浸出。能够证明细菌在原位浸出中起作用的证据很少，但另一方面次生硫化矿则是在漫长的岁月中细菌作用的结果。BHP铜业公司的San Manuel矿山位于美国西南部亚历桑那州，在Tucson东北60km处。该矿山从1955年就开始开采地下的硫化矿，留下了表层富矿。1985年Magma铜业公司又进行露天开采并用酸浸－萃取—电积工艺回收氧化矿中的铜。由于矿区的地理特征、采矿经济分析和剩余露天矿区的不规则分布，考虑用原位浸出—溶剂萃取一电积工艺回收剩余矿中的铜。

最初的原位浸出始于 1988 年，是通过一组列阵式的矿井向矿体内部注入酸化的浸出液，浸矿液渗透过矿体后聚集于废弃的地下巷道内并被泵送 725m 至地表。1989 年发展了一系列各井相连的原位浸出方案，用泵送井收集浸出液。至 1995 年露天开采停止后，靠原位浸出每年产 2 万 t 阴极铜。

先钻孔来确定铜品位的分布，确定适合实施原位浸出的地点，并设计泵液系统。所采用的基本矿井结构为一组 7 孔矿井，6 个注液井以扁六角形分布在一个中央集液井周围，相邻二注液井之间距离为 12m，井的深度和横截面积由地表下矿石品位和结构决定。注液井内径为 3.8cm，中央集液井内径 15.25cm。矿井深度为 100～150m，内壁衬下部打有孔的 PVC 管，井中安置了下开口潜水泵用于抽液。注液井和中央集液井中的流体流速每小时记录一次，系统的溶液损失率为 13.5%。

浸出液是由原矿堆浸和原位浸出流程的萃余液混合而成。在第一年，注入液的酸浓度为 26g/L，产出的负载液铜浓度由开始的 2g/L 后来在两年时间内稳定在 1.1g/L。对于铜品位＜0.2%矿石的浸出过程金属总回收率几乎为零，但浸出品位为 1.5%以上的矿石时，金属总回收率大于 80%。工业试验中平均回收率为 60%。金属的回收率取决于氧化矿与硫化矿的比例，脉石矿化程度以及酸可溶物的含量。后者导致石膏与铁矾的生成而影响铜的回收。

这种原位浸出实践的目的就在于从本来已经废弃的低品位矿石中生产阴极铜。由于是运用现成的设备，且操作成本较低，因此仍能取得经济效益。将来原位浸出将在对环境造成最低污染的前提下，用于浸出新的低品位矿床。

7.7 浮选精矿槽浸[1]

比利顿公司过程研究所于 20 世纪 90 年代末期开展了铜的浮选精矿细菌槽浸的研究，选用了两类细菌：一类是中温菌，包含有

L. ferrooxidans、T. thiooxidans 与 T. caldus。操作温度为 40～45℃，在这样的温度下，L. ferrooxidans 不占主导地位；另一类是高温菌，Sulfolobus－line archace（类似硫化叶菌的古细菌），其中一种操作温度为 65～70℃，被称为 68℃菌株，很可能是 Sulfolobus metallics，另一种的操作温度为 75～85℃，称之为 78℃菌株，其特征还未完全弄清。

7.7.1 中温菌浸出

试验所用浮选精矿分别来自赞比亚与智利，其矿相组成见表 7－3。

表 7－3 赞比亚与智利浮选精矿的矿相组成

矿物名称	含量/%	
	赞比亚精矿	智利精矿
铜	18	35
辉铜矿	12.4	20.3
斑铜矿	2.6	1.9
古巴矿	0.4	—
铜蓝	4.6	10.2
硫铜钴矿	0.5	—
黄铜矿	7.4	3.1
黄铁矿	4.9	36

图 7－1 与图 7－2 是两种精矿用中温菌连续扩大浸出试验的结果，在处理智利矿时在细菌浸出前先用 Fe^{3+} 的硫酸溶液进行预处理。如图 7－2 所示（时间为 0 时），预处理已经浸出了 98％的辉铜矿，78％古巴矿，57％的斑铜矿，30％的黄铜矿与 4％的硫砷铜矿。赞比亚精矿的连续浸出试验表明，硫铜钴矿在介质电位达到 580mV(SCE)后，其浸出率迅速上升，停留时间 6 天铜总浸出率达 88％，浸出渣主要含黄铜矿，其浸出率只有 43％。

连续浸出时，矿粒停留时间 2～3 天，智利精矿铜总浸出率达到 93％，所有次生硫化铜矿均有很高的浸出率，而原生硫化铜矿浸出率仅达到45%，硫砷铜矿浸出率达到79%。在两种精矿的浸出过程中，辉铜矿的浸出均导致铜蓝的生成，这一情况使得赞比亚精矿细菌浸出的头2天，智利铜矿 Fe^{3+} 溶液预处理阶段，铜蓝的浸出率几乎为0，(因为不断地有铜蓝生成)只有所有辉铜矿均转化为铜蓝后，(赞比亚精矿在浸出的2天后，智利铜矿则在预处理阶段后)，铜蓝的浸出率才随时间而逐步上升。

为使硫砷铜矿浸出，介质必须保持高的电位，溶液电位取决于溶液中[Fe^{3+}]/[Fe^{2+}]之值([ ]表示浓度)。在反应初期，由于辉铜矿等次生硫化矿的化学氧化

$$Cu_2S + Fe^{3+} \longrightarrow Fe^{2+} + CuS$$

这一过程消耗 Fe^{3+} 的速率大于细菌氧化 Fe^{2+} 为 Fe^{3+} 的速率，使得溶液中[Fe^{3+}]/[Fe^{2+}]以及溶液电位处于较低水平。

浸出渣中的铜主要以黄铜矿形式存在，可以通过浮选回收。智利精矿的浸出渣含 Cu 9.3%，经浮选可得含 Cu 15.9%的铜精矿，铜的选矿回收率为94%。

看来，中温细菌浸出以次生硫化铜矿为主的铜精矿在工业上是可行的，由比利顿设计并在智利丘基卡玛塔(Chuqicamata)建了一座示范性生产厂，日处理铜精矿22.5t，建有两条细菌浸出回路，反应时间为4.5天，操作温度为40～80℃，2000年第一季度完成项目施工，第二季度完成项目建设。

7.7.2 高温菌浸出(BIOCOP™技术)

硫化铜精矿用68℃菌与78℃菌间歇式槽浸的结果列于表7－4。

表7－4 硫化铜精矿高温菌间歇式槽浸结果

精矿来源	黄铜矿含量/%	次生硫化铜矿/%	细菌	浸出时间/d	铜浸出率/%
智利1	4.3	14.2	68	30	96
智利1	23	41	78	33	97
赞比亚2	11	30	68	42	95
澳大利亚55	—	68	68	23	96

扩大的连续浸出试验在总容积为 1040L 的系列浸出槽中进行,系列由 2 个 240L 槽与 4 个 140L 槽串联而成,扩大试验厂于 1997 年 11 月投入运行。近年来该试验厂采用 78℃菌浸出智利铜精矿(含黄铜矿 85%,含铜 31%),矿浆固体物质量浓度为 10%,浸出结果表明,停留时间 14 天,铜浸出率为 95%,其中前 5 天浸出 66%,这一结果比中温菌要好得多。达到同一浸出率连续浸出所需时间大大低于间歇式浸出。1997 年 9 月至 1999 年 10 月,建在智利丘基卡玛塔(Chuqicamata)的 BIOCOP™ 半工业试验厂处理硫化铜矿精矿的成功经验(铜回收率达 99%)验证了 BIOCOP™ 工艺技术上商业上的可行性。由 Codelco 与 BHP Bringfon 两家公司共同投资,在智利 Chuqicamata 建设一座年产电铜 20000t 的湿法提铜厂于 2003 年投产。该厂用 BIOCOP™ 技术处理浮选硫化铜精矿,用高温菌,操作温度为 70℃。

7.8 Geobiotics 工艺浸铜(浮选精矿堆浸)

Geobiotics 工艺是 GeoBiotics 开发的,是一种浮选精矿的堆浸工艺。把细粉状的浮选精矿包覆在块状支撑材料表面,然后进行堆浸。关于这一工艺的详细情况在 8.7 节中有介绍。C. Johansson 等[26] 进行了 Geobiotics 工艺浸出黄铜矿精矿的柱浸试验。柱子直径 8cm,以玻璃制作,外用电阻丝加热以保持柱内温度。试验了两种精矿,成分列入表 7－5。进行了 5 种不同条件的试验,其条件分别列入表 7－6。

表 7－5　试验用黄铜矿精矿成分

精矿名称	产　地	Cu/%	Fe/%
A	澳大利亚	22.40	32.50
B	美国亚利桑那州	28.50	27.50
低品位原矿	美国亚利桑那州	0.54	2.38

表 7—6 柱浸试验条件

柱子号	原料	支撑材料	介质成分	细菌种类	温度/℃
M1	A	石英岩(6.4～13)①	M1	混合中温菌	35～45
M2	A	石英岩(6.4～13)	M2	混合中温菌	35～45
M3	A	石英岩(6.4～13)	M3	混合中温菌	35～45
M4	B	石英岩(6.4～13)	M4	混合中温菌	35～45
T1	B	低品位铜矿②	T1	混合高温菌	60～70

① ( )内数字为支撑材料粒度,mm;
② 低品位铜矿粒度为 3.2～6.4mm 与 6.4～12.7mm 各占一半。

M1—M4 柱的装料量为精矿 500g,支撑材料 3.5kg,T1 柱的装料量为精矿 486.8g,支撑材料(低品位铜矿)5kg,在柱子顶部另加入精矿 100g 形成 5cm 厚的保护层以减少热损失。5 根柱子的浸出介质列入表 7—7。

表 7—7 浸出介质成分/$g \cdot L^{-1}$

柱子号	$(NH_4)_2SO_4$	$MgSO_4 \cdot 7H_2O$	K_2HPO_4	KCl	NH_4Cl	铁	$MgCl_2 \cdot 6H_2O$	Ag
M1	1	0.17	0.02	0.03		2①		
M2			0.02	0.03	0.8	2②	0.14	
M3	1	0.17	0.02	0.03				共 0.45g③
M4	1	0.17	0.02	0.03		2①		
T1			0.1	0.1	0.16		0.33	

① 铁以 $Fe_2(SO_4)_3$形式加入;
② 铁以 $FeCl_3$形式加入;
③ 银以 Ag_2SO_4形式,在精矿包覆时加入,共加入银量 0.45g。

M1—M4 柱溶液流量为每日约 1L,用酸性水调整 pH,起初 pH 保持在 1.5～2.3,随着浸出的进行,pH 逐步下降至 1.1～1.5 以避免铁的沉出。不断通入空气以保证氧的供给。M1—M4 为中温浸出,采用中温混合菌,由 T. ferrooxidans,T. thiooxidans 与类似 L. ferrooxidans 的微生物组成。向每根柱中接种含有中温混合菌的菌液,菌液细菌浓度为 10^8 个/mL。

T1 柱为高温浸出,温度为 60～70℃,溶液流量为 5L/d,pH

维持在 1.1～1.3，采用高温混合菌，主要有 Acidianus brierleyi (DSM＃1651 与 6334)，Acidianus infernus(DSM＃3191)，Sulfolobus acidocaldarius(ATCC＃49426)与 Sulfolobus metallicus (DSM＃6482)。这些混合菌保持在 DSMZ 88 介质中[27]，温度为 70～75℃。浸出结果示于图 7－9 与图 7－10。

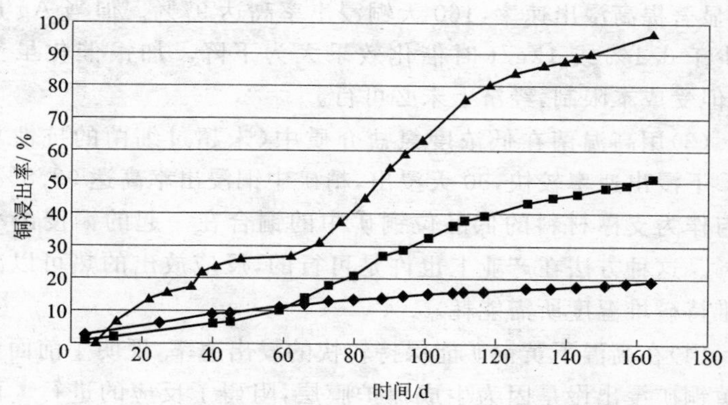

图 7－9　中温菌浸出黄铜矿浸出率与时间之关系

◆—M1；■—M2；▲—M3(加银催化)

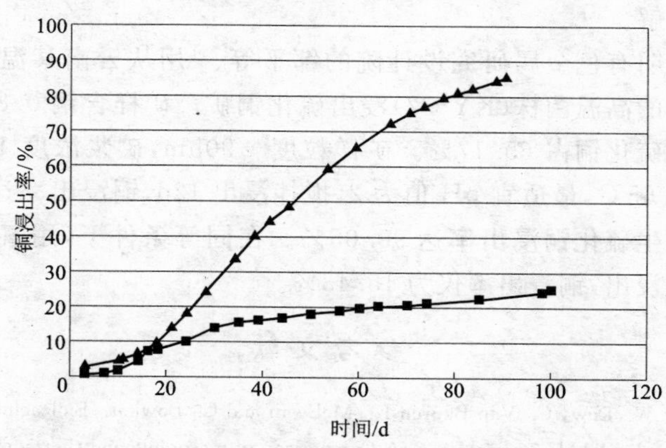

图 7－10　铜浸出率与时间之关系

▲—T1；■—M4

由图 7—9 与图 7—10 可得出如下结论：

(1)中温菌浸出黄铜矿精矿，浸出速率缓慢，在硫酸盐介质中浸出 160 天，铜浸出率仅 19.2%，在氯盐介质中稍快，160 天铜浸出率为 51.5%。

(2)在硫酸盐介质中用中温菌浸出时，加入 Ag_2SO_4 做催化剂，显著提高浸出速率，160 天铜浸出率高达 97%。但当 Ag 加入量少于 0.1% 或 1kg/t 时催化效果大为下降。加银催化虽然有效，但受成本限制，经济上未必可行。

(3)用高温菌在低浓度氯盐介质中（未超过细菌的抗性），在 70℃下浸出速率较快，90 天浸出，精矿中铜浸出率高达 93.8%，精矿与作为支撑材料的低品位铜矿中的铜合在一起的铜浸出率为 86%。这种方法在产业上也许是可行的，反应放出的热可以减少为维持矿堆温度所需能耗。

(4)在高温下黄铜矿能保持较快的浸出速率，证明了前面论及的黄铜矿浸出慢是因为生成保护膜层，阻碍了反应的进行。而起阻碍作用的保护膜不是铁矾，也不是元素硫（因为它们在高温下都不会分解而依然存在），而是中间硫化物，这种中间硫化物在高温下会分解。

昆明有色金属研究设计院的邹平等[28]用从云南某温泉水中采集到的高温菌株（KY—2）浸出硫化铜矿。矿样含铜 0.89%，其中原生硫化铜占 65.17%。矿样粒度 −90μm，矿浆浓度 10%，浸出温度 65℃，最适宜 pH 值为 2，搅拌浸出 12d，铜浸出率达 90%，其中原生硫化铜浸出率达 90.05%。在同等条件下，用氧化亚铁硫杆菌浸出，铜浸出率仅为 15.43%。

参 考 文 献

1 D. W. Dew, C. Van Buuren K. McEwan and C. Bowker. Bioleaching of base metal sulphide concentrates: A Comparison of mesophile and thermophile bacterial cultures. In: R. Amils, A. Ballester eds. Biohydrometallurgy and the Environment Toward the Mining of the 21st Century, Part A. Amsterdam. Lausanne. New York. Oxford. Shannon. Singapore. Tokyo: Elsevier, 1999. 229—

238

2 Sullivan J. D. Chemistry of leaching chalcocite, TP－473. U. S. Bureau of Mines. 1930

3 Koch D. F. , McIntyre R. J. J. Electroanal. Chem. , 1976, 71: 285

4 Goble R. J. Copper sulfides from Alberta: Yarrowite Cu_9S_8 and Spionkopite $Cu_{39}S_{28}$. Canadian Mineralogist, 1980, 18:511－518

5 Whiteside L. S. , Goble R. J. Structural and compositional changes in copper sulfides during leaching and dissolution. Canadian Mineralogist, 1986, 24

6 Scott D. J. The mineralogy of copper leaching: concentrates and heaps. Copper '91, Copper Hydrometallurgy Short Course, Ottawa, June 1991

7 Scott D. J. The mineralogy of copper leaching: concentrates and heaps, Copper '95, Copper Hydrometallurgy Short Course, Santiago, November 1995

8 F. K. Crundwell. The Influence of the electronic structure of solids on the anodic dissolution and leaching of semi conducting sulfide minerals. Hydrometallurgy, 1988, 21:155－190

9 Milton E. Wadsworth. Physical chemistry of hydrometallurgy electrochemical processes in leaching. In: R. Amils, A. Ballester eds. Biohydrometallurgy and the Environment Toward the Mining of the 21st Century, Part A. Amsterdam. Lausanne. New York. Oxford. Shannon. Singapore. Tokyo: Elsevier, 1999. 179－207

10 A. Schipper and W. Sand. Appl. Environ. Microbiol. , 1999, 65:319

11 Munoz P. B. , Miller J. D. and Wadsworth M. E. Metall. Trans. , 1979, 10B: 149

12 Parker A. J. J. Electroanal. Chem. , 1981, 118:305

13 McMillan R. S. , Mackinnon D. J. and Dutrizac J. E. J. Appl. Electrochem. , 1982, (12):743

14 M. Boon and J. J. Heijnen. Mechanisms and rate limiting steps in bioleaching of sphalerite, chalcopyrite and pyrite with Thiobacillus ferrooxidans. In: Torma AE, Wey JE, Laksmanan Ⅵ eds. Biohydrometallurgical Technologies, Vol. Ⅰ. Warrendale, Pensylvania: TMS Press, 1993. 217－235

15 M. L. Blázquez, A. Álvarez, A. Ballester, F. Gonzalez and J. A. Muñoz, Bioleaching behaviors of chalcopyrite in the presence of silver at 35℃ and 68℃. In: R. Amils, A. Ballester eds. Biohydrometallurgy and the Environment Toward the Mining of the 21st Century, Part A. Amsterdam. Lausanne. New York. Oxford. Shannon. Singapore. Tokyo: Elsevier, 1999. 137－147

16 J. A. Brierley, C. L. Brierley. Present and future commercial application of bio-

hydrometallurgy. In：R. Amils，A. Ballester eds. Biohydrometallurgy and the Environment Toward the Mining of the 21st Century，Part A. Amsterdam Lausanne New York. Oxford. Shannon. Singapore. Tokyo：Elsevier，1999. 81－89

17 M. L. Nicol Fellow，Hydrometallurgy into next millennium. The AusIMM Proceedings，2001，(1)：65－69

18 Corale L. Brierley. Mining biothechnology：research to commercial development and beyond. In：Douglas E. Rawling eds. Biomining：Theory，Microbes and Industrial Processes. Springer－Verlarg and Landes Bioscience，1997. 3－17

19 Russell A. Carter. Copper hydromet enters the mainstream，E&MJ. 1997，September：26－30

20 黄孔宣. 黄金，1985，(5)：31－32

21 林国琪，赵洪克. 堆浸法提金工艺与设计. 沈阳：东北大学出版社，1993

22 Henry A. Schnell. Bioleaching of Copper. In：Douglas E. Rawling eds. Biomining：Theory，Microbes and Industrial Processes. Springer－Verlarg and Landes Bioscience，1997. 21－43

23 McCready R. G. Progress in the bacterial leaching of metals in Canada. In：Norris P. R.，Kelly D. P. eds. Biohydrometallurgy. Kew Surrey：Science Technology letters，1988. 177－195

24 C. L. Brierley. Bacterial succession in bioheap leaching. In：R. Amils，A. Ballester eds. Biohydrometallurgy and the Environment Toward the Mining of the 21st Century，Part A. Amsterdam. Lausanne. New York. Oxford. Shannon. Singapore. Tokyo：Elsevier，1999. 93

25 A. J. Parker，R. Paul，G. Power. Aust. J. Chem.，1981，34：13

26 C. Johansson，V. Shrader，J. Suissa，K. Adutwum and W. Kohr. Use of the GEOCOAT™ process for the recovery of copper from chalcopyrite. In：R. Amils，A. Ballester eds. Biohydrometallurgy and the Environment Toward the Mining of the 21st Century，Part A. Amsterdam. Lausanne. New York. Oxford. Shannon. Singapore. Tokyo：Elsevier，1999. 569－576

27 T. D. Brock，et al. Arch. Microbiol.，1972，84：54

28 邹平. 杨家明. 周兴龙. 赵有才，嗜热嗜酸菌生物浸出低品位原生硫化铜矿. 有色金属(季刊)，2003，55(2)：21－24

难处理金矿的细菌氧化预处理

8.1 概　述

黄金矿藏资源有约1/3属于难处理金矿。所谓"难处理"是指用传统的氰化浸出不能有效地提取其中的金。按难处理原因将其分为三种类型:第一类为含金硫化矿:常见的有高含金硫化矿,其中黄铁矿FeS_2和砷黄铁矿FeAsS(毒砂)是常见的载金矿物,金常以固溶体或次显微形态被包裹在其中,直接氰化浸出时浸出剂的水溶物种无法直接与金粒接触。第二类为含碳型金矿:由于碳有吸附溶液中金的能力,氰化时被浸入溶液的金又被吸附在碳上重新进入浸出渣。第三类为黏土型。为了有效地从难处理金矿(第一类)中回收金,必须对其进行预处理。预处理的实质是使载金矿体发生某种变化,使包裹在其中的金解离出来,为下一步的氰化浸出创造条件。一般是使硫化矿氧化,采用的方法有下列几种。

(1)氧化焙烧　这是一种传统的成熟工艺,但有明显的缺点。经氧化焙烧后的矿进行氰化浸出时,金的浸出率不高(80%~85%);焙烧时放出大量的含As_2O_3的SO_2气体,不便直接制酸,直接排放又严重污染环境而限制了它的应用,它适合用于某些含碲和含碳型的难处理金矿。

为了克服氧化焙烧的缺点,国内外正在研究开发一种固硫的氧化焙烧工艺[1,2]。焙烧时在物料中加入CaO,在矿石和石灰比为2∶1.8和650~700℃温度下焙烧可使硫、砷以硫酸钙和砷酸钙的形式固留于焙砂中,从而避免了对环境的污染。焙砂中的金氰化浸出率可达90%以上,美国已在Cortez金矿建起了世界上第一家固硫砷焙烧厂[3]。

(2)加压氧浸法　由加拿大 Sherrit Gordon 公司发展的酸法加压氧浸已成功地实现了上百种难浸金矿的氧化预处理,因而是一种有效的预氧化方法。其主要缺点是基建投资大,生产成本及设备维修费用均较高,操作不易掌握。

(3)化学氧化法　所用氧化剂有氧气(在水介质中进行)、硝酸、高锰酸钾、高氯酸盐、三价铁离子等。化学氧化法的缺点是试剂单耗高,经济上不一定可行,设备防腐较难解决。

(4)生物氧化法　生物氧化法也被较长时间与较多的工业实践证明是一种有效的方法,并具有明显的优越性:

1)基建投资少;

2)操作成本较低;

3)对环境的污染比焙烧法少而且易于控制,因而一般被认为是一种绿色冶金技术;

4)由于第 3)条,项目在立项时比较容易获得批准,加之基建周期短,因而使矿山开发的前期工作时间缩短;

5)在实现氧化预处理的同时能把原料中的铜、镍、钴、锌等金属浸除,这些金属在氰化浸出时消耗昂贵的试剂并使氰化浸出液成分复杂化,影响产品金的纯度。基于此,细菌氧化特别适合于处理含金黄铜矿;

6)所使用的设备与控制系统不复杂,适合于缺乏高水平维修力量的落后地区;

7)细菌氧化技术具有一定的柔性,可适用于不同工艺矿物学特征与氧化率的含金硫化矿;

8)能接受品位较低的金精矿,因而可降低对选矿作业精矿品位的要求,从而可提高金的选矿回收率,全流程金总回收率也得以提高。

基于上述众多的优越性,从 20 世纪 80 年代具有代表意义的 BIOX® 工艺开发成功以来,难处理金矿的生物氧化在产业化方面取得了很大的进展并形成了 BIOX®、BacTech、Newmont 与 Geobiotics 四大工艺。表 8－1 列出了已产业化的工厂。我国在这一领域经过了从 20 世纪 60 年代以来众多研究者的长期努力，终于在 21 世纪初取得了大规模产业化的重大进展。

表 8－1 难处理金矿细菌氧化预处理工厂一览表[4,5]

厂家名称	国 别	原料性质	处理能力/$t \cdot d^{-1}$	采用工艺	投产时间
Faiview	南 非	精矿	55	BIOX®	1988
Sao Bento	巴 西	精矿	150	BIOX®	1990
Youanmi	澳大利亚	精矿	60	BacTech	已关闭
Harbour Lights	澳大利亚	精矿	40	BIOX®	1991 现已关闭
Wiluna	澳大利亚	精矿	158	BIOX®	1993
Ashanti	加 纳	精矿	960	BIOX®	1994
Nemont－Carlin	美国(内华达州)	原矿块矿(含铜金矿)	10000	Nemont	1995
Tamboraque	秘 鲁	精矿	60	BIOX®	1998
Beaconsfield	澳大利亚	精矿	60		1998
Amantaytau	乌兹别克斯坦	精矿	>100		2000 年以后
Olypias	希 腊	精矿	>200		2000 年以后
Fosterville	澳大利亚	精矿	120		2000 年以后
烟台黄金冶炼厂	中 国	精矿	80	BIOX®	2000 年 9 月
山东天承金业股份有限公司(莱州)	中 国	精矿	100①	BacTech	2001 年 5 月

① 设计处理能力为 100t/d，实际达产能力为 140t/d，投资 6300 万元，技术为国外引进，设备由国外制作。

8.2 黄铁矿的氧化

在难处理金矿中，金以细微颗粒嵌布于某种硫化矿中，这种硫化矿称为载金矿。常见的载金矿为黄铁矿与砷黄铁矿。难处理金矿的氧化预处理实质上是载金矿的氧化，使其晶格破坏，使包裹于其中的金微粒解离出来以利于下一步的氰化浸出。

黄铁矿，FeS_2，离子模型为 $Fe^{2+}(S_2)^{2-}$，钴、镍可为类质同象混入物代替铁，还有As、Sb、Cu、Au及Ag等混入物。黄铁矿属等轴晶系 $a_0=5.4176$Å，z=4。晶体常呈立方体，如图8－1所示。集合体常呈致密状、散染粒状。硬度6～6.5，显微硬度913～2056kg/mm^2，比重5.02。

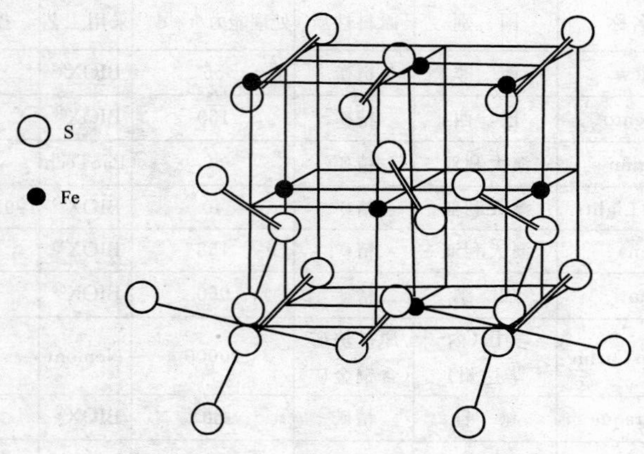

图8－1 黄铁矿晶体结构图

黄铁矿为半导体，既可为N型，亦可为P型，N型的电阻率为 $1\times10^{-3}\Omega\cdot m$，P型的电阻率为 $3\times10^{-2}\Omega\cdot m$，禁带宽度为0.9±0.1eV，其电子能级图表示如图8－2。未约束价带 t_{2g} 电子仅由Fe原子的3d轨道提供。黄铁矿的溶解度很小，25℃下的溶度积为 $\lg K_{sp}=-26.27$，标准电极电位分别为0.458V与0.368V。

$$Fe^{2+}+2S^0+2e \longrightarrow FeS_2 \quad (8-1)$$

$$Fe^{2+}+2SO_4^{2-}+16H^++14e \longrightarrow FeS_2+8H_2O \quad (8-2)$$

Luther根据分子轨道理论解释，在低的pH下，三价铁离子先在黄铁矿表面上反应，水合三价铁离子通过σ链与黄铁矿表面结合，这些σ链使黄铁矿中硫化的电子更易于转移到三价铁离子上来。另一方面，根据价键理论，电子来自铁原子形成的 t_{2g} 价电子带，而并非来自硫的价电子带。F. K. Crundwell[6] 提出黄铁矿氧化机理：氧化剂（如三价铁离子）首先将空穴注入 t_{2g} 价带，这些

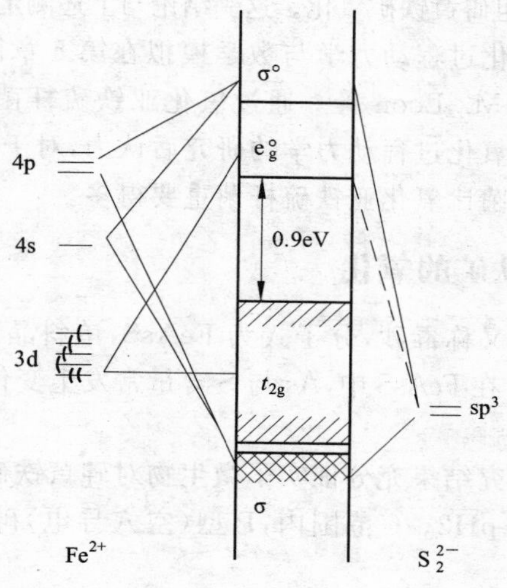

图 8－2　黄铁矿电子能级图[6]

空穴能分解水

$$H_2O + h^+(\text{空穴}) \longrightarrow H^+ + \cdot OH \qquad (8-3)$$

式中·OH 为中间产物羟基。Memming 曾测得·OH/OH^- 的电位为 2.7V(SCE)，故而·OH 为强氧化剂，直接与 S 的价带作用而使 S 氧化。

关于黄铁矿细菌氧化机理，在 3.1.1 节中已有详细的讨论。3.1.2 节中已阐述黄铁矿氧化时硫的反应途径属于生成硫代硫酸盐类型。

$$FeS_2 + 6Fe^{3+} + 3H_2O \longrightarrow S_2O_3^{2-} + 7Fe^{2+} + 6H^+ \qquad (8-4)$$

$$S_2O_3^{2-} + 8Fe^{3+} + 5H_2O \longrightarrow 2SO_4^{2-} + 8Fe^{2+} + 10H^+ \qquad (8-5)$$

A. Schippers 与 W. Sand[7] 测定了各种硫化物氧化过程中硫的产物形态。氧化剂为 10mmol/L 的 $FeCl_3$，pH＝1.9；28℃，反应 24 小时后黄铁矿的产物中 SO_4^{2-} 占 81.7％，$S_4O_6^{2-}$ 占 1.3％，S_8 占 16.1％，$S_5O_6^{2-}$ 占 0.9％。M. Boon 指出[6]，未见有文献报导因生

成元素硫层而阻碍黄铁矿氧化。这一结论与上述测定结果是吻合的。

黄铁矿氧化过程动力学与数学模拟在第 5 章已有详细论述。应该注意的是 M. Boon 等[8]通过氧化亚铁硫杆菌与氧化亚铁微螺菌对黄铁矿氧化过程动力学的研究后认为，对于黄铁矿的氧化，氧化亚铁微螺菌比氧化亚铁硫杆菌重要得多。

8.3 砷黄铁矿的氧化

砷黄铁矿又称毒砂，分子式为 FeAsS，单斜晶系，离子模型为 $Fe^{2+}(AsS)^{2-}$。在 FeAsS 中，As 与 S 含量常发生变化，由 $FeAs_{0.9}S_{1.1}$ 变至 $FeAs_{1.1}S_{0.9}$。

众多的研究结果充分证实了微生物对砷黄铁矿（毒砂）的氧化作用。在溶液 pH2～6 范围内，P 型（空穴导电）砷黄铁矿按下式被氧化：

$$4FeAsS+12.75O_2+6.5H_2O \xrightarrow{\text{细菌}} 3Fe^{3+}+Fe^{2+}+2H_3AsO_4 +2H_2AsO_4^-+H_2SO_4+3SO_4^{2-}+H^++4e \quad (8-6)$$

在同样的 pH 范围内，N 型（电子导电）砷黄铁矿则按下式被氧化：

$$2FeAsS+4.5O_2+5H_2O \xrightarrow{\text{细菌}} 2Fe^{2+}+SO_4^{2-}+HAsO_2 +H_3AsO_4+HSO_4^-+5H^++6e \quad (8-7)$$

砷黄铁矿也能与三价铁起反应：

$$FeAsS+Fe^{3+} \longrightarrow 2Fe^{2+}+As^{3+}+S^0 \quad (8-8)$$

随后，三价砷因其两性特点而被水解：

$$As^{3+}+3H_2O \longrightarrow H_3AsO_3+3H^+ \quad (8-9)$$

水解反应产生的亚砷酸按下式被氧氧化为砷酸：

$$H_3AsO_3+0.5O_2 \longrightarrow H_3AsO_4 \quad (8-10)$$

砷酸在高铁离子存在下，能生成不溶性砷酸铁：

$$H_3AsO_4+Fe^{3+} \longrightarrow FeAsO_4+3H^+ \quad (8-11)$$

式(8－7)和式(8－8)中的亚铁离子和式(8－8)中的元素硫会被分别氧化为高铁离子和硫酸。

实际的难处理金矿很少有单一毒砂型，大多数是既含黄铁矿又含毒砂的黄铁矿－砷黄铁矿型。不同矿点的难处理矿由于矿物多方面的差别，生物氧化行为各异。对具体的矿需作具体的研究。国内外对黄铁矿－砷黄铁矿生物氧化研究进行了大量的工作。

Anthony Pinches 研究了黄铁矿－毒砂金矿的细菌浸出。矿样从加拿大的含金石英矿用泡沫浮选法制得，含金 48.6g/t，铁 36.2%，砷 9.3%，铜 1.4%，锌 0.3%。主要矿物是黄铁矿、毒砂和石英。浸出用的氧化亚铁硫杆菌是从卡马森州废弃的奥弋福(Ogofau)金矿的矿坑水中用一种稀释富集技术在硫酸亚铁－无机盐培养基中分离出来的。试验研究表明，细菌在精矿上的生长开始于初始 pH1.5～4.4 范围内，在毒砂上开始于初始 pH1.5～4.5 范围内，在黄铁矿上开始于 pH1.8～4.0 范围内。图 8－3 所示的研究结果表明，在初始 pH1.8、3.0、4.0 三种条件下进行浸出，砷均全部浸出；而初始 pH 偏高时，在浸出过程中会生成砷酸铁，一部分砷又转入沉淀，可溶砷的量减少。在初始 pH＝4 时，仅有少量黄铁矿浸出，发生了毒砂的选择性浸出，黄铁矿的存在有助于从毒砂中浸砷。在浸出单一毒砂矿物时于各种 pH 值下均会发生砷酸铁的沉淀，从而使砷的溶解减少；而在浸出黄铁矿—毒砂精矿时在较低的初始 pH 值条件下，可使砷全部溶解。

张永柱[9]考察了温度对毒砂阳极溶解 Tafel 曲线的影响并计算出无菌时反应活化能为 71.5kJ/mol，有菌时则为 5.0kJ/mol。毒砂在酸性介质中(pH＝2.0)的浸出反应动力学受扩散控制，这是由于矿粒表面为沉淀物所包裹，沉淀物经 X 衍射分析为 $FeAsO_4 \cdot xH_2O$。细菌存在时，毒砂的浸出电化学反应交换电流密度大大高于无菌氧化时的电流密度。由于细菌吸附在毒砂表面，增加了电子传导速率，降低了电极表面极化阻抗，从而降低了活化能。

D. M. Miller 和 G. S. Hansford 研究了含金黄铁矿－砷黄铁

矿生物槽浸过程的动力学[10,11]，发现砷优先于硫和铁被脱除，金的解露程度大体上与砷的氧化同步，这表明金主要是与砷黄铁矿结合。窄粒级料的生物氧化速率与物料的表面积呈线性关系。对所有粒级与溶液本体浓度，氧化过程动力学符合 Hansford 逻辑方程(见 5.6.2 节)。

先后有若干研究者，通过对毒砂抛光表面在细菌氧化过程中变化的观察与检测研究了毒砂氧化机理。

K. J. Edwards 等[38]的研究表明，毒砂氧化时没有发现像黄铁矿氧化那样生成尺寸与外形与细胞相近的刻蚀坑，其表面浸蚀先是较为均一，后来出现了线状溶出的特点。在浸出后期毒砂表面形成了多孔的表面构造。

杨洪英等[37]的试验表明，氧化从矿物表面开始，新鲜的毒砂抛光表面迅速氧化，导致抛光表面金属光泽消失。氧化中期毒砂表面形成黄色的氧化膜(经 XRD 分析是黄钾铁矾与砷华)，抑制了毒砂快速的面状氧化，进一步的氧化则以沿微裂隙的线状氧化为主，氧化作用不断地沿毒砂晶体的解理、裂隙向内部深入。在经氧化后的样品中 As 从表层向内部表现出不同的价态。表层为 As(Ⅴ)，此处毒砂晶格已破坏，As 进一步氧化为 As(Ⅴ)；深处为 As(Ⅲ)，此处毒砂晶体已被氧化；更深处则 As 以 $(AsS)^{2-}$ 形态存在，为毒砂中砷的初始状态。R. Claassen 等[12]的研究表明 FeAsS 的化学成分(砷硫比)对浸出速率有明显的影响。

张永柱研究了半壁山与包古图含砷金精矿的生物氧化规律，这两种矿的成分见表 8－2。所用菌株为氧化亚铁硫杆菌 T－3。

张永柱得出半壁山和包古图砷金矿砷氧化率与金氰化浸出率的线性关系，这种线性关系与地质研究结果均表明金和砷的矿物相互共存，这与前面米勒等的结论是一致的。金浸出率和砷氧化率的关系可回归为

$$\alpha_{Au} = \alpha_{Au}^{0} + \beta\alpha_{As} \pm \varepsilon \qquad (8-12)$$

式中 α_{Au}——金浸出率，%；

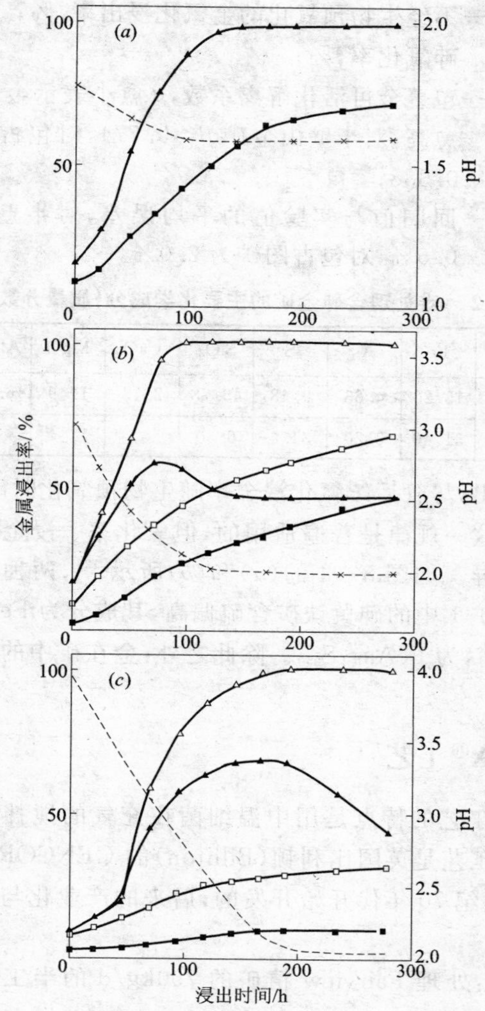

图 8—3 初始 pH 值对黄铁矿—毒砂浸出的影响

（矿浆密度：1.5%；温度：35℃）

(*a*)初始 pH 1.8；(*b*)初始 pH 3.0；(*c*)初始 pH 4.0

△—“总”砷；▲—可溶砷；□—“总”铁；■—可溶铁；×—pH

α_{Au}^{0}——不经生物预氧化的金氰化浸出率,%;

α_{As}——砷氧化率,%;

β——包裹金可活化解离系数,β愈小表示金包裹致密度愈高,对半壁山金矿 $\beta=0.774$,对包古图金矿 $\beta=0.388$;

ε——回归值与实验值的平均误差,对半壁山金矿为0.5%,对包古图矿为2.0%。

表 8—2 难处理含砷金矿的主要化学成分(质量分数)/%

化学成分	Fe	As	S	SiO_2	CaO	MgO	Al_2O_3	方解石
半壁山砷金矿	15.20	4.63	9.48	49.78	2.15	1.49	6.39	
包古图砷金矿	31.40	3.20	31.6	6.50				3.50

必须指出,尽管后续氰化浸金率随生物预氧化时砷、硫氧化率上升而增大这一规律是普遍适用的,但氧化率—浸金率曲线的形状则因矿而异。如图 8—4 的(*a*)和(*b*)所示[12],两种矿均属砷黄铁矿为主。矿 1 中的砷黄铁矿含硫偏高,其成分为 $FeAs_{0.9}S_{1.1}$,矿 2 则含砷偏高,为 $FeAs_{1.1}S_{0.9}$。除此之外,金在矿中的分布规律也不同。

8.4 BIOX® 工艺

BIOX® 工艺的特点是用中温细菌在充气的搅拌槽内处理细磨矿。这一工艺是英国比利顿(Billiton)的 GENCOR S. A. 有限公司于 20 世纪 70 年代开始开发的,后来的产业化与推广应用进程如下:

1984 年:处理 Fairview 精矿的 750kg/d 的半工业试验厂的 GPR 建成;

1986 年:10t/d 的示范工厂在 Fairview 建成(南非);

1988 年:注册了国际工艺专利;

1991 年:Fairview 的示范工厂处理规模扩大到 35t/d;

1991 年:580m³ 的单个 BIOX® 反应器在巴西的 Sao Bento(桑

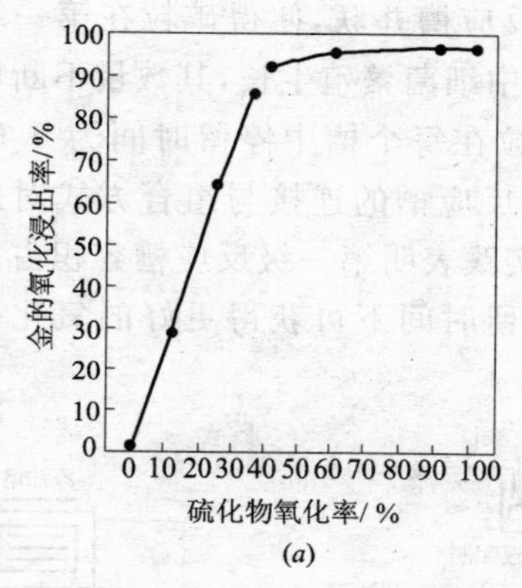

(*a*)

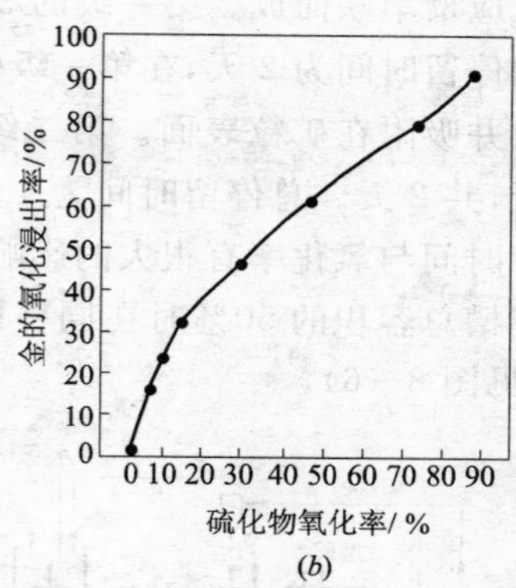

(*b*)

图 8—4 预氧化率与氰化浸出率的关系

(*a*)矿 1;(*b*)矿 2

本托)使用;

1992 年:40t/d BIOX® 工厂在 Harbour Lights(西澳大利亚)建成;

1993 年:115t/d BIOX® 工厂在 Wiluna(西澳大利亚)建成;

1994 年:第二座 580m³ 的 BIOX® 反应器在 Sao Bento(桑本托)使用;

1994 年:720t/d 的 BIOX® 工厂在 Ashanti(加纳)建成;

1995 年:第四家 BIOX® 在 Ashanti(加纳)建成,规模为 960t/d;

1996 年:Wiluna 工厂的处理量增加至 158t/d(增加了 2(3)个反应器);

1998 年:60t/d 的工厂在 Tamboraque(秘鲁)试车投产;

1999 年:Fairview 的工厂规模扩至 43t/d(增加一座 350m³ 反应器)。

8.4.1 工艺流程

图 8—5 是 BIOX® 工艺的典型的设备流程图[13]。氧化过程分为两级进行。第一级由 3 个反应槽并联而成,第二级则由 3 个

反应槽串联而成。第一级的3个反应槽并联,使得矿粒在第一级的停留时间为2天,在第一级处理中细菌繁殖生长,其数量不断增长并吸附在矿粒表面。第二级矿粒在每个槽中停留时间为0.67天,共2天。总停留时间为4天。反应槽的连接与组合方式对停留时间与氧化率有很大的影响。实践表明第一级反应槽容积占反应槽总容积的50%时在同样的停留时间下可获得更好的氧化率(见图8—6)。

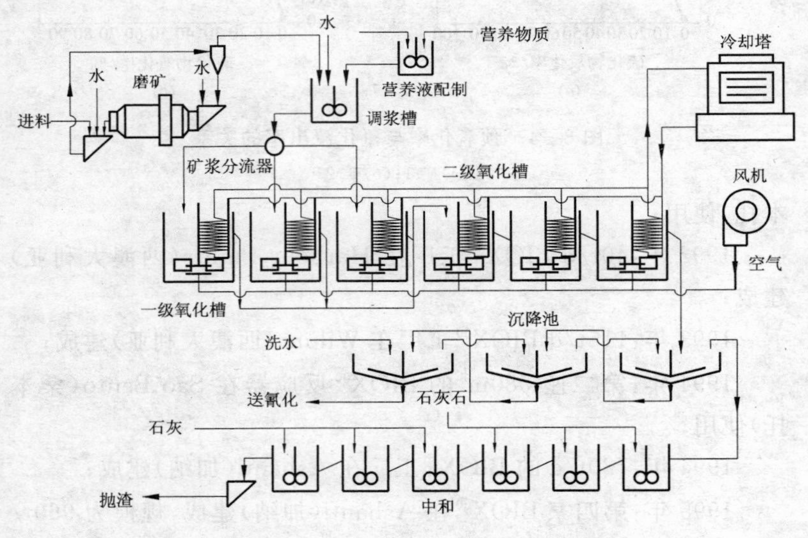

图8—5　BIOX®工艺典型流程图[13]

8.4.2　细菌

BIOX®工艺采用中温细菌氧化亚铁硫杆菌、氧化硫硫杆菌和氧化亚铁微螺菌组成的混合菌。而在实际运行过程中受很多因素的影响,细菌的组成会发生变化。实践表明,在高温、低pH的运行条件下,氧化亚铁微螺菌占优势。已有研究结果证实[15,16,17],在连续的浸出过程中氧化亚铁微螺菌比氧化亚铁硫杆菌占主导地位,这可归因于氧化亚铁微螺菌氧化 Fe^{2+} 速率较高[14](见5.6.4节)。

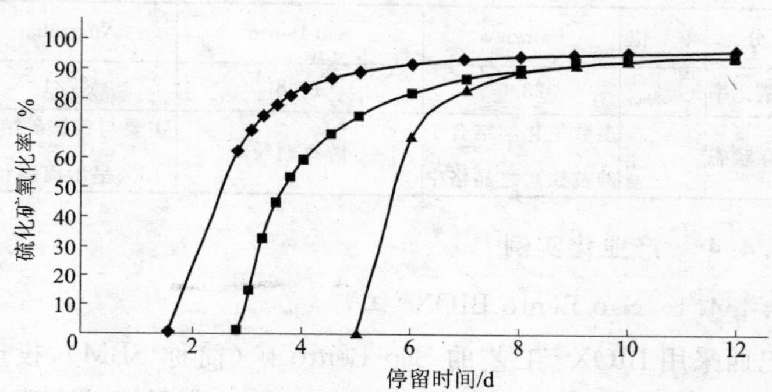

图 8—6 反应器连接方式(第一级反应器的容积占反应总容积的分数)对氧化率的影响[18]

◆—第一级 50%;■—第一级 33%;▲—第一级 17%

8.4.3 原料

采用 BIOX® 工艺的几个厂家的原料特点列入表 8—3 中。

表 8—3 精矿的物相与化学成分[18]

组　分	单　位	Fairyiew	Sao Bento	Australian
金	g/t	140	42.0	97.7
硫化物中的硫	%	22.9	24.1	20.0
总硫	%	23.5	24.9	20.9
铁	%	24.3	40.7	19.3
砷	%	7.14	12.4	0.73
硫酸盐	%	4.2	5.1	2.6
铅	10^{-4}%	—	165	170
氯	10^{-4}%	无	无	1500
黄铁矿	%	37.2	10.1	36.8
砷黄铁矿	%	15.5	26.9	1.6
磁黄铁矿	%	无	26.7	无
脉石	%	47.3	36.3	61.6
主要脉石		石英、石灰石	石英、菱铁矿、绿泥石	石英

续表 8—3

组 分	单 位	Fairyiew	Sao Bento	Australian
金直接氰化率	%	23.0	49.8	47.1
金的赋存状态		多数呈化学结合于砷黄铁矿之晶格中	游离颗粒	主要与黄铁矿结合，15%呈游离颗粒状

8.4.4 产业化实例[13]

8.4.4.1 Sao Bento BIOX® 工厂

巴西采用 BIOX® 工艺的 Sao Bento 矿（简称 SBM），投产于 1986 年。所处理精矿成分与特性见表 8—3。典型精矿主要成分为黄铁矿 16%，砷黄铁矿 38%，磁黄铁矿 46%。原工艺是加压氧化预处理，设计能力为 240t/d，后因生产需要把氧化预处理能力翻一番，达到 240t/d。该矿在加压氧化预处理前面加了一道细菌氧化工序。细菌氧化的处理能力设计为 150t/d，精矿含硫 18.7%，要求其氧化率为 30%，其产出物再配以部分从球磨机出来的细磨矿，使物料的含硫量维持在低于 4%，以此混合料供给氧压釜。细菌氧化槽于 1990 年 12 月开始热试车，1991 年 2 月开始连续投料，1991 年 10 月起转入连续运转。实践表明 BIOX® 工艺的采用并未对后续的加压氧化产生不良的影响。所达到的技术指标列于表 8—4。投料量虽未达到设计能力，但硫氧化量大大超过了设计指标。1994 年 12 月第二个细菌氧化槽投入使用，它可与第一个槽并联，也可串联运行，使细菌氧化预处理能力进一步提高，使氧压釜的进料量减少到不需要纯氧的水平，氧压釜在 60% 的负载下运作，进一步提高了金浸出率与减少操作成本。

表 8—4 Sao Bento 厂 BIOX® 技术指标

指 标	单位	设计	实 际 达 到					平均
精矿进料量	t/d	150	27	42	51	75	105	120
在槽中停留时间	h	0.6	3.8	2.4	1.9	1.4	1.0	0.9
黄铁矿硫	%	18.7	22.1	23.7	24.0	22.3	18.2	17.6
黄铁矿硫氧化率	%	30	81.4	79.4	73.6	72.5	71.9	68.8

续表 8－4

指 标	单位	设计	实 际 达 到					平均
硫氧化率达产率①	%	100	57.8	94.1	107.3	44.4	163.7	173.0

① 实际每天氧化的硫（硫铁矿）量与设计硫氧化量 8.4t/d 之比。

8.4.4.2 Habour Lights BIOX® 工厂

Habour Lights 矿山坐落在西澳大利亚 Leonora 镇附近。开采矿石主要为难处理含金硫化矿，矿石中金主要存在于砷黄铁矿和黄铁矿中，用传统硫化矿浮选工艺生产含 Au 80g/t，S 18.0%，As 8%的精矿。浮选精矿氰化浸出，浸出渣含 Au 40g/t 堆存。采用 BIOX® 工艺处理此渣与浮选精矿。

一个生产能力为日处理精矿 40t 的厂于 1991 年 12 月开始试车，1992 年 2 月开始连续生产。1992 年 3 月上旬产出第一批产品。1992 年 6 月达到计划生产能力。1992 年 12 月间，进行了一次试运行，结果表明，金回收率达到 92%。1994 年 Habour Lights BIOX® 工厂开采完毕，将设备拆除后出售。

8.4.4.3 Wiluna BIOX® 工厂

澳大利亚 Asarco 公司经过 5 年的冶金试验，决定在 1992 年上半年在西澳大利亚的 Wiluna 难处理金矿厂采用 BIOX® 工艺。他们还考虑了其他几种不同的工艺，其中包括：整矿焙烧、二级精矿焙烧和加压浸出，不过，最后他们还是选择了 BIOX® 工艺，这一选择主要是因为它能获得更高的金回收率、基建投资和操作费用低、办理许可开办证明和建设的时间较短，同时在环境问题上具有优越性。对于 Wiluna 矿山的矿石而言，约有 95% 的金被束缚在硫化矿晶格中，主要是砷黄铁矿，还有一小部分是在黄铁矿和辉锑矿中。

Wiluna BIOX® 工厂设计生产能力为日处理浮选精矿 115t，精矿的平均品位为 S 24%，As 10%。有 6 个等尺寸的反应槽，每个槽的实用容积为 $468m^3$，能够在保持设计的进料速度基础上，使矿的停留时间保持 5 天。该厂于 1993 年上半年建成投产，一直到 1993 年 12 月方达到预定指标，经 7 天试车，硫化矿氧化率达到

96.5%,大大超过了预定的93.6%。1995年又将处理能力扩大到日处理精矿115t。

8.4.4.4 Ashanti的Sansu BIOX®厂

加纳Obuasi的Sansu硫化矿处理是Ashanti Goldfields公司扩展计划的一个重要组成部分,其目的是到1995年使矿山金产量提高到10^6盎司。经过两年的研究,靠BIOX®工艺取得了突破,使工厂的处理能力由原来的115t/d扩大到了720t/d精矿,实现了工厂的扩大目标。

Sansu BIOX®厂由3条生物氧化单元组成,每一单元有容积为900m^3的反应器,按设计每单元每小时处理精矿10t,精矿含S 11.4%,As 7.7%。该厂具有一定的柔性,可处理多种硫化矿,如部分氧化矿和具有不同矿物学特性与氧化率的原生硫化矿。

该厂于1994年2月投产,同年5月达到设计指标,8月12日通过验收。硫化矿的氧化率超过规定指标(94%)。该厂自投产起运行顺畅,1995年9月第4个单元又建成投产使该厂的日处理能力达到960t精矿。

8.4.4.5 烟台黄金冶炼厂

烟台黄金冶炼厂的工艺是由山东黄金集团烟台设计研究工程有限公司与烟台黄金冶炼厂合作开发的,并不是引进的BIOX®技术,但其特点与BIOX®基本相符,故将其列入BIOX®技术加以介绍。

该厂设计能力为80t/d精矿,原料来自全国各地,采用混合菌,操作温度为40℃。其细菌氧化作业在9个$\phi 7.5\times 8$m的槽中连续进行。9个槽中5个并联组成氧化的第一段,其余4槽串联组成第二段。停留时间共6天,后续金的氰化浸出率达96%。该厂设备为国内生产制作,氧化槽用钢板焊制并衬以玻璃钢,冷却管道用不锈钢制作。该厂共投资2000万元(不包括氰化浸出及其后部分)。氧化反应槽搅拌机功率为17.5kW。加工成本为320元/t精矿(不包括氰化部分)。

几个厂的一些重要指标列入表 8—5。

表 8—5　采用 BIOX® 的工厂指标对比[31]

项　目	单　位	Fairview	Sao Bento	Harbour Lights	Wiluna	Ashanti
日处理量(精矿)	t/d	40	150	40	115	720
精矿硫含量	%	20	18.7	18.6	24	11.4
硫处理量	kg/h	333	1169	310	1150	3426
硫氧化量	kg/h	296	348	270	1035	3249
反应热	MJ/kg	26.7	29.2	29.2	29.8	33.8
单位耗氧量	kg/kg	2.05	2.17	2.22	2.27	2.49
反应器总容积	m^3	764	580	978	3144	16128
第一级反应器容积	m^3	90	580	163	524	896
反应器个数	个	10	1	6	6	18
总反应热	MW	2.2	2.8	2.2	8.6	30.5
总耗氧量	kg/h	607	755	599	2349	8091
总装机容量	kW	798	758	591	1797	7323
硫平均氧化速率	$kg/m^3 \cdot d$	9.3	14.4	6.6	7.9	4.8
硫最大氧化速率	$kg/m^3 \cdot d$	10.3	14.4	6.6	10.0	6.4
比能耗	kW·h/kg	1.9	1.8	1.9	1.5	1.9

8.4.5　BIOX® 操作要领

(1)温度　BIOX® 法采用的细菌为经驯化后的中温细菌氧化亚铁硫杆菌、氧化硫硫杆菌和氧化亚铁微螺菌组成的混合菌。试验表明,对于这些细菌最适宜的温度为 40℃,温度达到 50℃时,细菌不会被杀死,但其活性严重下降,完全氧化 Fe^{2+} 为 Fe^{3+} 所需时间从 40℃时的 1 天延长到 50℃时的 3 个星期或更长时间。在生产实践中槽内温度到 45℃也是可能的。图 8—7 表明,对比最佳温度 40℃、45℃下的氧化速率在整个浸出过程中无明显的差别。

硫化矿氧化是放热反应(各种矿物的反应热列入表 8—6),为维持合适的温度,必须有冷却措施,通常是在反应器内安装冷却管道,用水循环冷却,从冷却管道中流出的热水经冷却塔冷却后返回

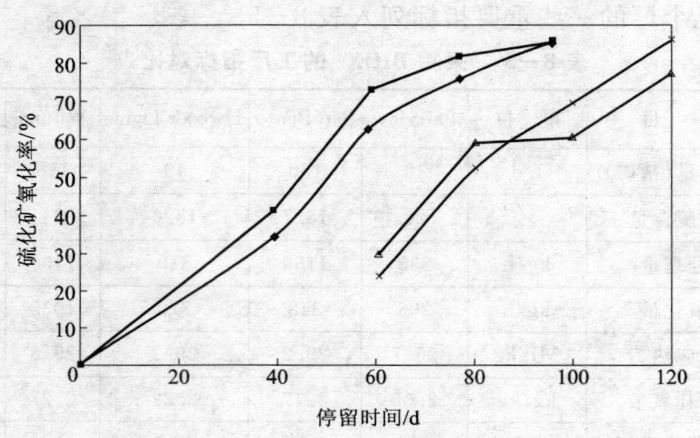

图 8－7　温度对硫化矿氧化的影响[18]

◆—Fairview 45℃；■—Fairview 40℃；△—澳大利亚精矿 40℃；×—澳大利亚精矿 45℃

使用。图 8－7 表明的情况为温度控制保留了一定的波动余地，对生产是有利的。

(2)pH 控制　一般矿浆 pH 应保持在 1.5～2.0。在浸出过程中有耗酸的反应：

磁黄铁矿的氧化

$$4FeS+9O_2+2H_2SO_4 \longrightarrow 2Fe_2(SO_4)_3+2H_2O \qquad (8-13)$$

碳酸盐的酸溶

$$CaCO_3+H_2SO_4 \longrightarrow CaSO_4+CO_2+H_2O \qquad (8-14)$$

$$MgCO_3+H_2SO_4 \longrightarrow MgSO_4+CO_2+H_2O \qquad (8-15)$$

产酸反应有：

黄铁矿的氧化

$$4FeS_2+15O_2+2H_2O \longrightarrow 2Fe_2(SO_4)_3+2H_2SO_4 \qquad (8-16)$$

砷酸盐沉淀

$$2H_3AsO_4+Fe_2(SO_4)_3 \longrightarrow 2FeAsO_4+3H_2SO_4 \qquad (8-17)$$

铁矾沉淀

$$3Fe_2(SO_4)_3+12H_2O+M_2SO_4 \longrightarrow 2MFe_3(SO_4)_3(OH)_6+6H_2SO_4 \quad (8-18)$$

注：M 为 K^+、Na^+、NH_4^+、H_3O^+。

上述各种反应所耗酸量列入表 8—6。根据原料成分，在反应的不同阶段这种或那种反应占主要地位，因此矿浆 pH 也会出现相应的变化，需要加 H_2SO_4 或石灰调整 pH 至合适范围。石灰消耗是操作成本的主要组成部分。

表 8—6　硫化矿氧化反应的若干数据[30,31]

矿　物	分子式	反应热		耗氧量	耗酸量
		kJ/kg(矿)	kJ/kg(硫)	$kg(O_2)/kg$(硫)	kg/kg(矿)
磁黄铁矿	FeS	−11373	−31245	2.25	0.557
砷黄铁矿	FeAsS	−9415	−48036	3.5	0.301
黄铁矿	FeS_2	−12884	−24173	1.88	−0.408
黄铜矿	$CuFeS_2$	−9593	−27505	2.13	
辉铜矿	Cu_2S	−6201	−30811	2.5	
铜蓝	CuS	−792	−24756	2	
镍黄铁矿	$(Ni,Fe)_9S_8$	−10174	−30644	2.2	
铁白云石	$Ca(Fe,Mg)(CO_3)_2$	−219.2	—		0.979
菱铁矿	$FeCO_3$	−326.7	—	0.069$kg(O_2)/kg$(矿)（用于 Fe^{2+} 氧化）	1.267

(3)供氧　细菌氧化无论对其机理作何认识，氧是最终的电子受体，所需的氧由外部供给。处理精矿时，由外部向矿浆内鼓入空气并靠机械搅拌使鼓入的空气尽可能分散到整个矿浆中，供氧是氧化作业的重要一环，供氧所需能耗（包括鼓风，空气输送与弥散）是氧化作业费中最重要的组成部分，占氧化过程总动力的 30%～40%。

空气供应量可通过下面的公式计算

$$Q=q(\sum_i f_i S_i \alpha_i O_{di})\beta^{-1} 3.33\times10^{-4} \quad (8-19)$$

式中　Q——每小时需供空气量，Nm^3/h；

q——原料时处理量，kg/h；

β——空气利用率，%，可取 3.0%；

f_i——原料中某种需氧化矿物（黄铁矿，砷黄铁矿，磁黄铁矿）的含量，%；

S_i——某种矿物中硫的含量，%；

α_i——工艺要求某种硫化矿需要达到的氧化率，%；

O_{di}——某种硫化矿氧化耗氧量，$kg(O_2)/kg$（硫），在表 8—6 中查找。

α_i 一般由前期的实验研究确定。作为简化计算可按

$$Q=2.2\times3.33q\cdot S\cdot\alpha\cdot\beta^{-1}\cdot10^{-2} \qquad (8-20)$$

式中　S——原料中的硫含量，%；

α——工艺需要达到的硫氧化率，%。

设计上有一种趋势，即降低反应器的高径比，可减少空气压缩机所需压力，甚至有可能用风机代替空压机，这样可减少供气所需的动力。空气的供应应能保持溶液中溶解氧的浓度不低于 1.5×10^{-4}%。

矿浆的机械搅拌有两方面的作用，一是使矿粒处于悬浮状态，一是使鼓入的空气高度弥散分散于全体矿浆中。搅拌桨的结构至关重要，径向流叶轮如 Rushton 涡轮机是用于高速气体弥散的传统装置。近几年开发出的轴向流可变叶轮如 LIGHTNIN A 315 叶轮，效率更高，在等量的氧气传输速率时，耗电较少，单位电耗时产生的液流比径向流叶轮高很多，从而使固体颗粒在较低的能耗与较小的剪切速率下保持悬浮状态。

(4)矿浆浓度（见 6.4.2 节）

(5)矿物粒度　通常 BIOX® 工艺控制粒度在 80%通过 75μm 筛，95%通过 150μm 筛。减小粒度无疑会提高氧化速率，但会增加作业成本（增大磨矿能耗与磨机衬板和钢球的消耗），同时也会

增加底流黏度、浓密以及过滤会出现很多问题。

(6)营养物　在浸出前应先调浆,用添加了营养物的水溶液与精矿按所需矿浆浓度在专门的调浆槽内调制矿浆。营养物一般是细菌生长需要的含钾、氯、磷的无机盐。1987 年 Fairview 工厂营养物添加量是:每吨精矿加入NH_4^+ 9.62kg,K^+ 13.05kg,PO_4^{3-} 1.5kg。两年后降低为 NH_4^+ 8.40kg,K^+ 1.42kg,PO_4^{3-} 1.56kg。所需添加营养物的量由所处理的原料成分决定。通常原料中含有 K^+,添加的 K^+ 可省去或减少。

(7)有毒物质的监控

1)氯离子　对不同氯离子浓度溶液中细菌对二价铁离子氧化速率的测定表明,当 Cl^- 浓度 0～5g/L 时未发现对氧化有抑制,当 Cl^- 浓度达到 7g/L 时,二价铁离子氧化速率明显降低,24 小时氧化率仅为 55%,而对比试验(溶液含 Cl^- 0.1g/L)为 80%,Cl^- 浓度大于 19g/L 时,二价铁离子氧化完全被抑制。BIOX®工艺所采用的细菌在 Cl^- 浓度为 5g/L 时保持较高的氧化速率。溶液中 Cl^- 高将会导致黄钾铁矾沉淀的生成,阻碍矿粒的进一步氧化以及后续氰化。澳大利亚一种精矿的试验表明,硫化矿的氧化与金的氰化浸出最好的结果是在 Cl^- 浓度 1.3～1.5g/L 取得的。高的 Cl^- 浓度也会对钢质设备造成严重的腐蚀。

2)溶解态砷　BIOX®工艺所使用的细菌对 As^{5+} 的耐受力为 15～20g/L,一般运作过程中 As^{5+} 浓度可维持在此限度以下。Fairview 精矿氧化实践中 As^{5+} 浓度为 12g/L。这些细菌对 As^{3+} 的耐受力低,当 As^{3+} 浓度达到 6g/L 以上时细菌的生长会受到抑制。当原料中砷含量较高同时磁黄铁矿含量不高,载金矿主要是黄铁矿(类似 Fairview)时,氧化必须在较高的介质电位下进行,这样 As^{3+} 易被氧化成 As^{5+},溶液中 As^{3+} 保持在 5×10^{-2}%。反之,若原料中磁黄铁矿含量高(如 Sao Bento 精矿),磁黄铁矿易溶于酸,大量 Fe^{2+} 进入溶液,溶液电位低,As^{3+} 不易氧化为 As^{5+},溶液中 As^{3+} 浓度可达到 3～6g/L,此时应采取措施降低 As^{3+} 浓度,例如可加入某些强氧化剂(如双氧水)。

(8)氧化率　氧化率越高,后续金氰化浸出率越高,当然氧化作业的成本也就越高。不宜片面追求高的氧化率,而是应使后续氰化浸出金的浸出率达到高水平(96%左右)。氧化率与后续金氰化浸出率之间的关系依原料性质不同而各显出不同的特点。图8—8与图8—9是两种不同的原料金氰化浸出率与硫化矿氧化率的关系[18]。

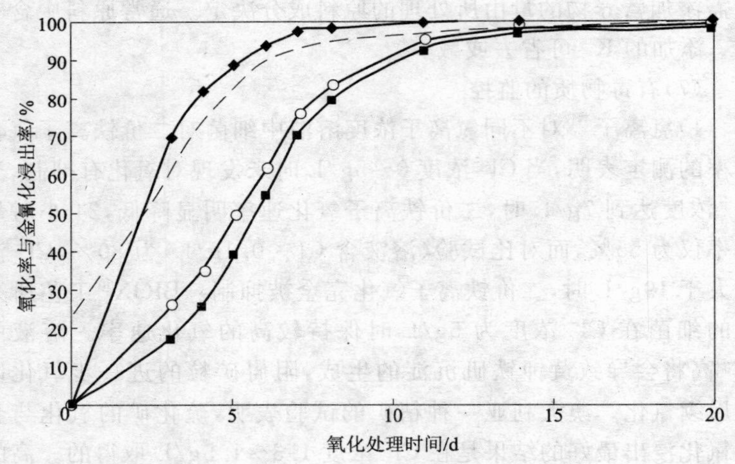

图8—8　Fairview精矿氧化率与后续金氰化浸出率的关系[18]

◆—砷黄铁矿氧化;■—黄铁矿氧化;○—总硫氧化;---—金氰化

(9)进料速度　在工艺条件确定后,氧化率取决于矿粒在反应器内停留的时间。停留时间的长短取决于设备(反应器)的容积与其连接方式。在确定的工艺条件、反应器容积与连接方式下,停留时间取决于进料速度。图8—10所示的操作曲线对氧化操作的管理是有意义的,该操作曲线是Fairview生物氧化厂的,所处理的精矿含硫24%。图上两条从坐标原点开始的直线分别代表氧化率为60%与85%时日氧化硫的量与进料速度的关系。

8.4.6　成本

成本数据带有地域性与时间性,因而任何厂的成本数据都很

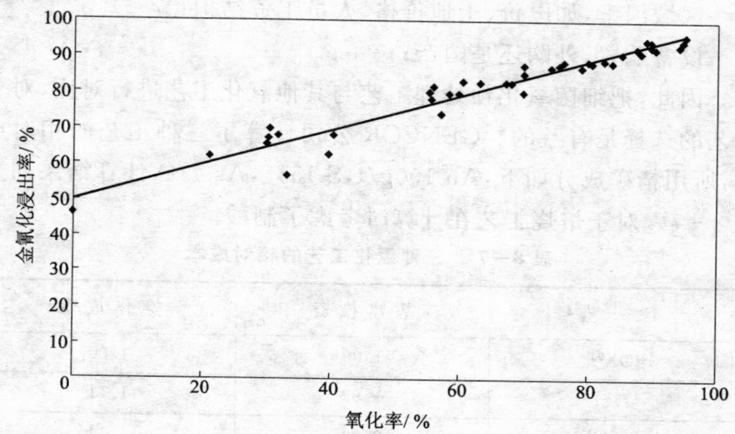

图 8—9　澳大利亚金精矿氧化率与后续氰化浸出率的关系[18]

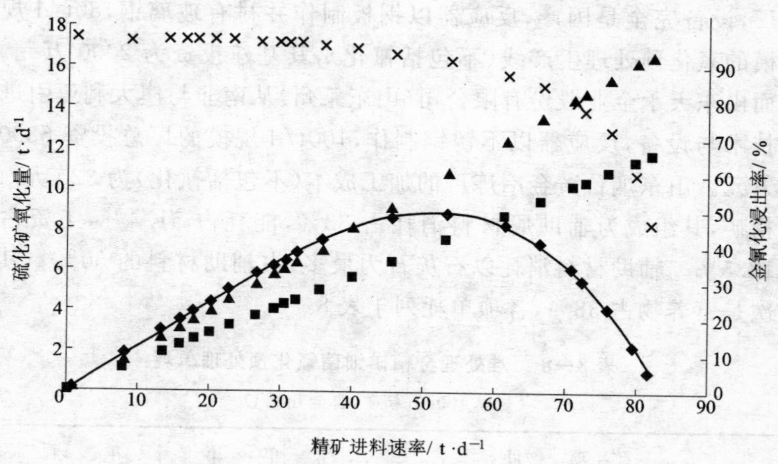

图 8—10　浮选精矿细菌氧化操作曲线(Fairview 厂)

◆—硫化矿氧化量；■—60%氧化率；▲—85%氧化率；×—金浸出率

难作为普遍的依据。影响成本的因素有：

原料成分，特别是金品位，载金矿种类等；

生产规模；

区域因素，如电价、土地价格、人员工资结构；

设备购置，外购还是国产；

因此，把细菌氧化预处理工艺与其他氧化工艺进行对比，对于工艺的选择是有益的。GENCOR 公司计算了三种工艺的相对成本，所用精矿成分如下：Au 100g/t，S 15%，As 4%，计算结果列入表 8—7。对于焙烧工艺在计算时考虑了制酸。

表 8—7　三种氧化工艺的相对成本

工　艺	基建投资	操作成本
BIOX®	1.00	1.00
焙烧	1.92	1.11
加压浸出	2.38	1.14

国内该种类型厂的基建投资差别很大。山东烟台黄金冶炼厂，设备完全是国产，反应器以钢板制作并衬有玻璃钢，80t/d 规模的氧化预处理生产线（不包括氰化），其基建投资为 2000 万元。而山东天承金业股份有限公司（山东莱州）从南非与澳大利亚引进技术与设备，反应器以不锈钢制作，100t/d 规模的厂总投资 6300 万元。山东烟台黄金冶炼厂的加工成本（不包括氰化）为 320 元/t 精矿，其组成为辅助原材料消耗占 33%，能耗占 51.4%，工资占 12.5%。辅助材料消耗以石灰石为最多，占辅助材料的 50%。其次是营养物占 38%，各项单耗列于表 8—8。

表 8—8　难处理金精矿细菌氧化预处理单耗

（规模 100t/d 精矿，含金 60g/t）

项　目	单　位	单　耗
1. 辅助材料		
钢　球	kg	1.5
球磨机衬板	kg	0.05
石灰石	kg	525
营养物 $NH_4H_2PO_3$，K_2SO_4，$(NH_4)_2SO_4$	kg	3
硫　酸	kg	11

续表 8－8

项　目	单　位	单　耗
2. 电　耗	kW·h	217.4

8.5 BacTech 工艺[19]

8.5.1 简介

BacTech 工艺的特点是用中等耐温菌，其最佳生长温度为 45～55℃，槽浸处理难处理金矿的浮选精矿，为 BacTech 公司率先开发并已用于澳大利亚西部的 Youanmi 矿，这一工艺正在推广于处理一些基础金属的硫化矿精矿，诸如黄铜矿，多金属镍、钴硫化矿等。

Youanmi 矿的浮选精矿含金平均为 50～60g/t，含 S 为 20%～30%。直接氰化，金的浸出率仅达 50%，其余的金包裹在砷黄铁矿中。由于砷黄铁矿比黄铁矿易于氧化故而优先被氧化，因此，硫化物的氧化率只需达到 30%，大部分难浸金均可解离出，这种硫氧化率与后续金浸出率的关系十分有利。

Youanmi 矿精矿产量为 120t/d，以此规模进行细菌氧化预处理，其成本为 30 美元/t 精矿。这相当于每天花销 100g 黄金的价值去氧化 11t 硫并解离出 3500g 黄金。其他原料则未必能如此，特别是一些原料，欲达到高的金浸出率必须有高的氧化率，不得不延长预处理时间，必然增大基建投资与运作成本，这在金价低迷时未必可行。

Youanmi 矿浮选金精矿细菌氧化预处理－CIP 提金工艺流程图与图 8－5 所示的 BIOX® 的工艺流程图有相似之处，氧化作业分两级进行。第一级在 3 个反应槽中进行，3 个槽并联，第二级在 3 个互相串联的反应槽中进行。

8.5.2 技术经济指标

Youanmi 难处理金精矿细菌氧化预处理—氰化、CIP 提金的技术经济指标列入表 8－9。

表 8—9 Youanmi 矿金精矿细菌氧化预处理—氰化、CIP 提金的技术经济指标

项目		单位	设计指标	运行指标
1. 年处理规模		t/a	200000	204000
2. 矿石成分				
Au		g/t	15	1.51
Ag		g/t	2	
S		%	7.5	
As		%	1.0	1.0
Sb		%	0.1	7(含 Fe)
3. 精矿产出				
年		t/a	40000	43860
天		t/d	120	120
4. 精矿的金属直收率				
Au		%	80～85	88～90
S		%	92～97	
As		%		82～85
Fe		%		68～72
5. 尾矿含金		g/t	2.8	1.4
6. 精矿品位				
Au		g/t	60	50
S		%	28	28
As		%	4.3	2.8
Fe		%	26	16
7. 细菌氧化				
停留时间		d	5	3.8
矿浆浓度		%（固）	15	18
反应级数	第一阶段		3/4	3/4
	第二阶段		3/2	1
pH			1.2	1.5

续表 8－9

项目		单位	设计指标	运行指标
温度		℃	45～55	49～50
砷黄铁矿氧化率		%	85/95	96
黄铁矿氧化率		%	28	30
总硫氧化率		%	32	34
硫氧化量		t/d	10.8	11
8. 中和				
洗涤级数			3	3
面积		$m^2/(t\cdot d)$	0.65/0.24	
絮凝剂耗量		g/t	250	300
中和级数	上清液		4	4
	底流		1	1
停留时间	上清液	h/stage	1.5	1.5
	底流	h/stage	2	2
	中和 pH		3.5/5.5	3/5.6
9. 氰化浸金				
金浸出率		%	90～95	90～95
银浸出率		%	50	
浸出矿浆浓度		%(固)	35	43
浸出时间		h	32	38
吸附时间		h	19	19
载金碳负载		(Au＋Ag)g/t	8000	2500
10. 试剂耗量				
精矿	NaCN	kg/t(精矿)	7.5	7.5
	尾矿浸金 NaCN	kg/t(尾矿)	0.5	0.5
	总 NaCN 耗量	kg/t(矿)	1.9	1.9
生石灰	精矿浸出	kg/t(精矿)	25.0	22.0
	尾矿浸出	kg/t(尾矿)	2.0	0.8
	总能耗	kg/t(矿)	16.0	5.0

8.5.3　设计与操作要领

8.5.3.1　设备材质

细菌氧化是在温度50℃，强氧化性酸性矿浆的条件下进行，因此设备材质必须能长期经受得起这样的条件。浸出槽可用不锈钢或衬橡胶的低碳钢制作，二者各有优点与缺点。衬橡胶的低碳钢成本低，与工厂其他设备有共性而便于加工制作，而不锈钢具有良好的耐蚀性，又有良好的导热性，这便于从槽中消散多余的热量。衬橡胶的低碳钢可能导致一些严重的后果，而且反应槽的搅拌与充气需要更高的能耗，衬里粘结中的微小缺陷会迅速扩大为严重的故障，衬橡胶的充气系统可因腐蚀而在数个钟头或数日之内报废。

采用不锈钢时需要认真考虑介质的 Cl^- 根含量，不仅需要考虑细菌对 Cl^- 的抗性，也应同时考虑 Cl^- 对不锈钢的腐蚀，需要有可靠的水质检测。Youanmi 使用 SAF2205 不锈钢。

8.5.3.2　充气与搅拌

充气是细菌氧化基建投资与运作成本的重要组成部分。充气具有两方面的功能，一是搅拌，使矿粒处于悬浮状态；二是使空气在矿浆中弥散分布。Youanmi 使用橡皮包裹的转子 A315 充气系统产生相对小的剪切环境。

8.5.3.3　热平衡与冷却装置

细菌氧化预处理应在细菌生长的最佳温度下进行，采用中等耐温菌时这一温度为50℃，温度低，细菌活性差，氧化速率降低，温度过高（高于60℃）则会导致细菌的死亡。

硫化矿的氧化为放热反应，砷黄铁矿氧化放出热量为9415kJ/kg矿，而黄铁矿则为12884 kJ/kg矿，比前者高出37%。为保持系统的热平衡以维持反应槽需要的温度，需要采取措施消散多余的热量。氧化过程中导致热散失的有四种途径：对流热散失，投入物料吸收，以及流出矿浆带走，蒸发、离开系统的空气中的热量。这些都还不足以完全抵消氧化反应放出的热量，因而需要在反应器中安装冷却系统。采用中等耐温菌时，反应过程温度较高，有利于热量的散失，从而减少冷却系统的负荷。冷却系统有两种，一种是反应器壁外的冷却夹套，仅适用于不锈钢制作的反应器；另一种是安装在反应器内部的冷却蛇管，两种反应器均可使用。

Youanmi 厂使用带夹套的不锈钢反应器，因为这种反应器便于制作，夹套在常压下运作。如果需要全部黄铁矿氧化，则夹套冷却不足以消散全部多余的热量。

反应器内装冷却（或加热）蛇管有一系列的缺点。根据热平衡计算，要满足散热的需要应安装总长度达数千米的不锈钢管道；由于向反应器内供风与施加搅拌输入的能量较大，反应器内部务求坚实牢靠，故而蛇管的安装务必十分考究；反应器内的蛇管占据了部分空间，同时必然会对矿浆流的几何分布与气泡停留的时间有影响；在出现断裂等事故时蛇管应便于更换与移开，为保持蛇管内部的畅通而使用的防垢剂应是对细菌无毒的，一旦水冷蛇管出现故障则其修理或更换将使反应器停产。待修理或更换完成后，要使反应器的操作恢复到正常条件前后往往需要数日甚至数周的时间。如此说来，冷却装置还是简单方便为好。Youanmi 使用水冷夹套保障了过程温度的“无麻烦控制”，冷却反应器所得到的热水到冷却塔冷却又返回使用。冷却塔不宜设置在高粉尘区域与工厂的下风区以避免冷却水被尘埃污染。

反应器内部矿浆温度根据水冷套（或管）中冷却水流出时的温度通过改变冷却水的流速来实现其控制。一般而言，由于矿浆的热惰性较大，温度变化不是很快，控制比较容易实现并能把温度有效地控制在需要的水平上，其控制精度在1℃左右。

8.5.3.4 进料控制与营养物添加

在反应器前设置贮槽与调浆槽。浮选精矿以 50％W/W 的浓度送入贮槽，贮槽起贮存与缓冲作用。浮选精矿在调浆槽内兑入水使其浓度调整到 15％～20％。

在 Youanmi，调好的矿浆从调浆槽内由一环形管道分别输送到每个初级反应器中。矿浆加料速度可用卸料管上的阀门调控。

营养液在一调液槽中配制，调液槽的容积可供两昼夜的需要。用固体营养物加水（TDS少于10000mg/L）调配。营养物的组成应由前期工作研究确定，但总的要求是能提供氮、磷、钾、镁的价格低廉的无机物。营养液由调液槽输入到调浆槽，除了营养液外还需加兑水以使矿浆达到所需的浓度。

在Youanmi由于只需氧化30％的硫化物，故而氧化反应产出的酸量少，需要加酸调整pH，通常用手工操作，pH一般保持在1～2，短暂的偏离也可能发生，但不至于造成负面影响。

8.5.3.5　停留时间与反应器的布置

为达到一定的氧化率，矿浆必须在反应器中停留一定时间。停留时间是通过反应器的容积与进料速度来控制的。

Youanmi厂细菌氧化预处理的矿浆浓度为18％，停留时间为4天（设计时间为5天）。前期试验研究表明，硫化物完全氧化需要7天。

按设计理论，为避免矿粒短路，需要4级反应器串联，第一级的体积为最后一级的2～3倍，这样的设备构架可以延长矿浆在第一级的停留时间以允许矿浆在进入氧化段前细菌能充分生长。这也为新进入的矿浆的某些有害影响起到缓冲作用。例如，若进料中含有耗酸的碳酸盐，必然会增大第一段的pH，因此需要加酸以调整pH。但是在第一阶段停留时间长有助于黄铁矿的氧化并产生硫酸以抵消碳酸盐溶解的酸耗。砷黄铁矿氧化也是耗酸的，只有生成砷酸铁沉淀时才又产酸，而只有在过程后期才会有这种沉淀生成。

第一段反应器的体积应比后续各段大，但不趋向于采用前大后小的槽体，通常还是用大小一样的反应器，只不过第一段用多个反应器并联。这样做可以增加系统的柔性，在必要时第一段的反应器也可改作第二段并易于调配。这种柔性对于应付工厂在长期生产过程中将面临的矿石品位与处理量的变化也是重要的。

Youanmi使用6个容积为480m^3的反应器，其中3个并联作为第一段反应用，其余 3 个串联作为第二段用。在正常操作下，矿浆等量的分送到 3 个一段反应器中，也可根据需要进料量有所区别。所有反应器安置在同一地平上，用泵与管道互相连接，使得它们既可以作一段反应器也可用作第二段反应，在反应器外矿浆用气相输送。反应器的平面布置为每三个为一列，共两列，冷却水与空气输送管道则放置在两列之间。

8.5.3.6 工艺成本

工艺成本列入表 8－10。

表 8－10 BacTech 工艺成本(Youanmi's 厂)

项目	单位	核算时限	
		月平均(95 年 9 月～96 年 2 月)	96 年 1 月
1. 精矿处理量	t/月	2820	3645
精矿平均 As 含量	%	2.46	2.8
精矿平均 Fe 含量	%	17.53	16
2. 试剂消耗	U.S.$	34320	2310
其中：絮凝剂		1896	6210
石灰石		3000	6420
营养物质		1859	4890
硫酸		27565	5580
3. 设备租用 Equipment (leased&Miner)	U.S.$	272	1900
4. 设备维修	U.S.$	17428	15166
5. 能耗①	U.S.$	33750	47560
6. 承包服务(Contractor's service)	U.S.$	1582	1400
7. 劳动工资	U.S.$	17500	17500
8. 总计	U.S.$	104852	106626
9. 单位成本	U.S.$/t(精矿)	37	29

① 三个一段反应器各为 75kW，三个二段反应器各为 55kW，空压机一台 270kW，90%全时运转，电价为 8.6 美分/kW·h。

8.6 Newmont 工艺

8.6.1 概述

Newmont 工艺的特点是难处理金矿堆浸细菌氧化预处理，用于处理低品位（1.0～2.4g/t）的难处理金矿。这一技术的开发可以说是从 1990 年 Greene J. W. 等的柱浸试验开始的。J. A. Brierley 与 L. Luinstra 于 1993 年报道了他们难处理金矿细菌柱浸的试验[20]。矿样采集自 Newmont Gold Co.'s Genesis 与 Post mine pits，其成分列入表 8－11。从表可以看出，该矿的直接氰化率很低（Genesis 矿为 28.2%，Post 矿为 17.5%），属于典型的难处理金矿。含砷高的 Genesis 矿中物相检测发现有砷黄铁矿（毒砂），而含砷低的 Post 矿中无砷黄铁矿。

表 8－11 难处理金矿成分

项目	单位	Genesis 矿	Post 矿
总金含量	g/t	9.73	6.31
直接氰化可溶金	g/t	2.82	1.08
总硫	%	1.05	1.61
硫酸根硫	%	0.30	0.38
硫化物硫	%	0.75	1.23
砷	%	0.513	0.122
铁	%	1.50	1.68

8.6.2 柱浸试验

进行了连续柱浸试验，柱高 1.22m，直径 20.3cm，装料 45kg。矿样粒度为－2.54cm，－1.27cm 与－0.64cm 三种。浸出液不断循环从柱顶喷淋，喷淋强度为 0.2L/min·m^2，并从柱底鼓入空气，气流速度为 15.4 L/min·m^2。采用混合菌，由氧化亚铁硫杆菌与氧化亚铁微螺菌组成。浸出结果列入表 8－12 和表 8－13。

表 8－12 Genesis 矿样柱浸预氧化对金浸出率的影响①

柱子编号	单位	1	2	3	4
预氧化时间	d	0	70	105	182
S^{2-}氧化率	%		44.0	49.3	52.0
后续氰化金浸出率	%	41.2	50.2	62.8	73.9
NaCN 耗量	kg/t	0.68	0.72	0.81	1.26

① 柱浸矿石粒度(－1.27cm)。

表 8－13 Post 矿样柱浸预氧化对金浸出率的影响

柱子编号		5	6	7	8
柱浸时间	d	0	98	98	98
矿样粒度	cm	－10.27	－2.54	－1.27	－0.64
S^{2-}氧化率	%	17.9	34.1	43.1	51.2
后续氰化金浸出率	%	32.7	50.0	53.8	62.2
NaCN 耗量	kg/t	0.63	0.59	0.63	0.68

从表 8－12 和表 8－13 看出：

(1)细菌氧化柱浸预处理对提高金浸出率是很有效的，但是一个缓慢的过程；

(2)预氧化时间与矿石粒度对金浸出率影响显著。

8.6.3 扩大试验[21]

1993 年与 1994 年 Brierley J. A. 与 Hill D. L. 申请注册了两项难处理金矿细菌堆浸氧化预处理技术的专利[22,23]。这一技术的特点是制粒细菌堆浸，并进行了扩大试验，有 6 个试验堆，入堆矿的金含量为 1.62～8.62g/t，为评估入堆矿石中低价硫的合理下限，有一个堆的矿样低价硫含量异乎寻常的低，仅为0.2%～0.4%。

向浸出液中加入硫酸铵与磷酸钾，以滴淋方式布液，布液强度为 10～12L/m^2·h。浸出液反复循环使用并佐以 pH 与电位、Fe^{2+}、Fe^{3+}与总铁的检测。在浸出过程中总铁与Fe^{3+}的浓度均不断上升，电位也从 495mV 上升至 770mV(SCE)，表明细菌的活性。对于多数试验堆，浸出10～20天铁的浸溶开始，此前为滞后期，浸出30天后－10目的矿样中的细菌量达到(3.5～8.7)×10^7/g，表明矿堆环境适合于细菌生长。

含低价硫低的矿堆(0.2%～0.4%)也不妨碍细菌氧化(以铁的溶解为标志)，即使在黄铁矿含量低时铁也能快速浸出，浸出液含铁升至4g/L。矿石如此低的硫化矿含量，其“难处理”特性并非由于金粒被载金硫化矿包裹，而是由于矿石中含有能吸附金一氰络合物的碳——“劫金碳”。扩大试验结果列入表8－14。

表8－14　Newmont工艺扩大试验结果

矿堆号	未经预处理的矿金氰化浸出率/%	低价硫氧化率/%	浸金溶剂	金浸出率/%
1	14	50～75	氰化物	30
2	浸不出	35～40	硫脲	18
3	4	45	氰化物	50
4	浸不出	42	硫代硫酸盐	51
5	41	48	硫代硫酸盐	61
6	浸不出	47	硫代硫酸盐	65

1号堆虽然低价硫氧化率高达50%～75%，但金的氰化浸出率很低，这是由于矿样中有“劫金碳”存在，尽管如此，预氧化依然提高了金的浸出率。

3号堆矿样不含“劫金碳”，预氧化后金的浸出率达到了50%，而且如果硫化物进一步氧化，浸出率还将有所上升。细颗粒太多与黏土导致矿堆渗透性差，从而降低浸矿液的流速。布液速度低与通风不良对浸出不利，这些影响在后续氰化浸出中也表现出来。3号堆表明了合理的矿堆设计，矿块尺寸，良好的操作对促进生物预氧化的重要性。

2号堆矿样含“劫金碳”，即使在预氧化后也不能被氰化浸出，故而改用硫脲浸金，但金浸出率依然很低(仅达18%)，浸出率如此之低是因为矿块尺寸偏大(29.3%>2.54cm)与低的浸出温度。硫脲耗量较高，而且易被氧化并产出诸如元素硫这样的对浸出不利的产物。这使得用硫脲浸出在经济上不可取。

对含"劫金碳"高的矿物原料只有采用氰化物与硫脲之外的浸金剂了,可用硫代硫酸铵。Wan R.Y. 等注册了一项专利[32],在细菌预氧化之后用硫代硫酸铵浸金,从5号与6号堆上各取5t矿样,用硫代硫酸铵浸金,金浸出率相应为61%与65%,这样的浸出率在经济上是可行的。5号堆矿样的"劫金碳"活性低。4号堆与6号堆含"劫金碳"较高,用硫代硫酸铵也仅取得了51%与65%的金浸出率,在经济上是可行的。看来无论矿石中"劫金碳"含量高与低,在细菌预氧化后用硫代硫酸铵均能有效地浸出金。

类似的扩大浸出试验在保加利亚的 Zlata Mine 开展过。矿堆规模为1200t,堆高2m,矿含金3.2g/t。接种混合菌含 T. ferrooxidans, L. ferrooxidans, T. thiooxidans, T. acidophilus 与 Acidiphilium。矿石上细菌量10^7~10^8个/g,浸出6个月,低价硫氧化率达47%,头4个月氧化较快,后续浸金用含 Saccharomyces 乳酸、硫代硫酸铵与硫酸铜的溶液作缓冲剂,金浸出率达68.4%,而未经细菌预氧化时仅为19.6%,该试验验证了此种工艺产业化的可行性。

8.6.4 工厂实践[21]

8.6.4.1 美国 Newmont Gold Company

在 Newmont Gold Company 的 Gold Quarry 矿(在美国内华达州的 Carlin)建成了一座生物氧化预处理的示范性工厂。设计能力为年处理900000t低品位难处理金矿。矿堆底垫为不规则狭长形,其长度457m,宽度依地势而不均一,典型宽度为152m,堆高8.5~10.7m。矿堆场设置有0.9m宽32m长的矿用运输机,该机装置有管道与喷洒器可分别向矿石喷洒酸性水或含菌液,喷洒何种则取决于矿石中碳酸盐的含量。其能力分别为378.5L/min与757L/min,在此强度下矿石的表面湿度为4%与6%或约27.5~34.5L/t。运输系统每小时可输送1089t接种了细菌的矿石。

专门的培养槽用于培养含菌液(T. ferrooxidans 与 L. ferrooxidans),此外还有一带机械搅拌的小槽用于配置硫酸亚铁营养液，Fe(Ⅱ)浓度为161mM/L，用硫酸将pH调整至1.8。培养槽由6个槽子组成，槽高7.3m，直径6.4m，容积为189m^3，培养停留时间为3天，设计的供液能力为254L/min。实践表明，布液强度还可在设计基础上翻一番，向6个槽子中鼓入低压空气，速度为84.6L/s，压力为82.7kPa，含菌液贮藏于两个贮液池中，其容积分别为949m^3与2422m^3，用泵将菌液泵至接种/制粒系统与矿堆，泵的能力为2271L/min，矿堆内的生物氧化活性由热敏电阻与气体样品的分析来监察，分析堆内气相中的O_2与CO_2浓度。

包裹金的硫化矿氧化进行得比较快，不需要在底垫上停留太长时间(停留时间大约一年)，即可达到可接受的预氧化水平与后续金浸出率。含金低到1.0g/t的硫化矿可实现有利可图的氧化预处理，金的浸出率可达60%～70%，吨矿处理(预处理加浸金)成本为4～6美元，这一工艺使Newmont Gold Cmpany 处理了大量过去认为是废石的矿石并回收了37000kg金。

8.6.4.2　Mt. Leyshon Gold Mine

澳大利亚的Mt.(Monten) Leyshon Gold Mine矿是含铜金矿，含Cu 1.75%，Au 1.73g/t，含铜矿物为辉铜矿。对金而言，其难处理的含义是因矿石含铜，直接氰化浸金导致氰化物耗量过大而不经济，故需分两段堆浸，第一段用细菌浸出主要是浸铜，第二段才是氰化浸金，规模为500000t/a，该厂于1992年投产，1997年关闭。

8.7　Geobiotics工艺[24]

Geobiotics工艺由Geobiotics, Inc.开发。这一工艺的特点是把难处理金矿的浮选精矿包覆于块状支撑材料表面，然后筑堆进行细菌堆浸氧化预处理。此法兼具了BIOX®法的处理速率快，后续金浸出率高与Newmont法的基建投资省的优点。预氧化时间比Newmont法短得多，一般约为30～90天，低价硫的氧化率可达50%～70%，后续金的氰化浸出率可达80%～95%，可以用常规的浸金方法从经预氧化的精矿中提金。这个方法还有一大优点，即在对精矿进行细菌堆浸预氧化时浸矿液对支撑材料(如果也是难处理金矿的话)也附带地进行了氧化预处理。由于从精矿氧化中释放出大量 Fe^{3+},因而块矿的氧化速率往往高于这种单一块矿的堆浸。

精矿(甚至是选矿的含金尾矿)的粒度在 65～400 目均可,精矿含金品位低到 15g/t,也是经济上可行的。矿堆的精矿量一般为支撑材料重量的 20%,精矿层的厚度约为 0.12cm。如图 8－11 所示,工艺流程示于图 8－12。

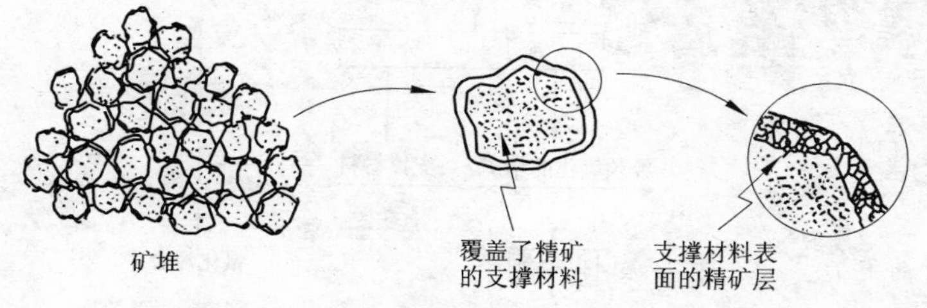

图 8－11 Geobiotics 法矿堆示意图

把精矿制备成高浓度的矿浆,用喷涂或与块状支撑材料滚混使之覆盖在其表面,也可把干燥的精矿粉附着在潮湿的块状支撑材料表面。硫化矿的疏水性使在块状支撑材料表面形成一精矿包覆层。氧化预处理完成后,将物料在筛子上冲洗或用滚筒筛将精矿与块状支撑材料分离。

作为支撑材料的块矿可以是任何耐酸的固体物料,可用炉渣、砾石、脉石、矿山废石与难处理金矿矿石,其粒度一般为 1×2.5cm,破碎时产生的粉料筛去,并单独进行处理。支撑材料粒度的选择十分重要。精矿覆盖层有一合理的厚度,因此,支撑材料粒度增大将降低矿堆中精矿与支撑材料的重量比,在设定的精矿处理量下必然增大矿堆底垫面积或矿堆高度,然而矿堆的透气性增加,氧与热量的传输也得到改善。

在堆浸初期,物料中难免有对细菌有毒或抑制性的物质,所以不宜一开始便接种细菌,而应先对矿堆进行一定时候的酸洗。堆浸前还应先开展柱浸试验,查明在最初的排出液中有无有毒或抑制性的物质,据此而确定在堆浸开始阶段应分流出多少流出液。

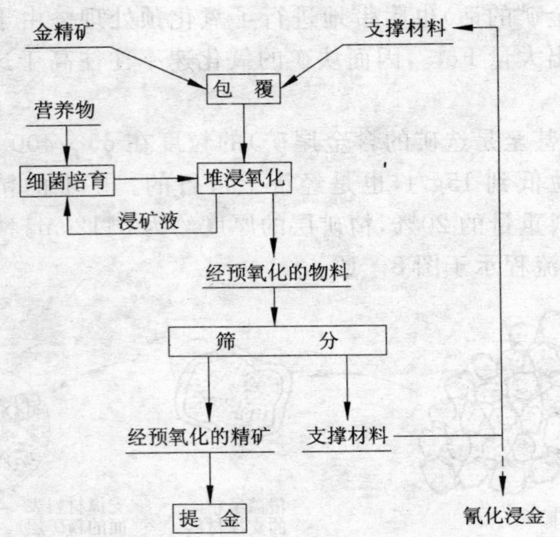

图 8－12　Geobiotics 法工艺流程图

实验室试验用了 30 种不同的矿，采用了各种不同的支撑材料，但用难处理金矿作支撑材料时，其氧化速率远远高于此种矿单独堆浸氧化，这归因于精矿细菌氧化释放出大量的 Fe^{3+}。

柱浸试验共有 30 根柱子，直径 7.6～15cm，高 2.7m。柱浸时间一般为 30～90 天，更短或更长的时间均试过。柱浸也试验了精矿包覆层厚度的影响。在柱浸试验中精矿从支撑体上脱落很少。柱浸试验结果列入表 8－15。

不同的矿物学类型氧化速率不同，表 8－15 中所示的典型的结果为 Chile 矿，氧化浸出 60 天，硫化物氧化率为 80%，后续金浸出率平均为 92%（不经氧化预处理时为 60%）。

在两根大柱子中作了户外试验，柱子直径 1.22m，高 4m。试验季节一根柱子在夏天，一根柱子在严冬，二者的填料是一样的。同时用两根小柱子（直径 15cm，高 2.7m）装同样的填料在同样的气候条件下作对照试验。严冬浸出柱用绝缘材料包裹并将循环液加热以模拟实验室试验时的温度条件，试验表明大小柱子的氧化速率与后续的金浸出率十分吻合。

表 8－15　GeoBiotics 工艺柱浸试验结果

矿石产出地区	矿样来源	含金品位 /g·t^{-1}	覆盖比(支撑材料：精矿)	支撑材料	直接氰化浸出率/(%)	氧化率/(%)	氰化时间/d	氧化后金氰化浸出率/(%)
South America	Drill core Float@GBI	1.38	5：2	炉渣	55.2 Au	57	46	98.0 Au
Western US	Existing pyrite flotation circuit	0.26 0.85	5：1	圆形砾石	46 Au 34 Ag	80	91	86 Au 81 Ag
South America	Leached Mill Tails Float@GBI	0.41	4：1	脉石	<20 Au	64	71	77 Au
Western US	Whole ore Float@GBI	1.11	5：1	矿石	54.9 Au	44	68	84.3 Au
Africa	Existing pyrite flotation circuit	1.35	7：1	脉石	37.8 Au	97	57	97.9 Au
Africa	Existing pyrite flotation circuit	2.81	7：1	脉石	53.6 Au	94	55	94.8 Au
Mexico	Existing pyrite flotation circuit	0.95 4.59	7：1	脉石	53 Au 42 Ag	47	22	94 Au 72 Ag
Nevada	Gravity concentrate P70 100 mesh	2.30	5：1	炉渣	79.5 Au	82	47	98.4 Au
Nevada	Pilot Scale pyrite flotation circuit	1.04	5：1	SAG Mill reject	51.2 Au	56	56	89.9 Au
Chile	Whole ore Float@GBI	0.35	5：1	脉石	28.6 Au	80	60	92.4 Au
Nevada	Drill core Float@GBI	1.17	5：1	Drill Core	50 Au	60	57	93.4 Au

Geobiotics 在一个 5000t 的试验堆上开展了为期一年的扩大试验(在美国南达科达 Black Hills 的 Dakota Mining Company 的 Brohm mine),该试验为大规模产业化提供了设计依据。该试验经历了一段隆冬气候为产业化提供了宝贵的经验。矿堆设置有测温系统,向堆中鼓入空气。在矿堆上按月钻孔取样以测定氧化率、后续金浸出率与提供溶液分布情况的数据。

表 8—16 给出了 Geobiotics 工艺基建投资与操作成本的估计,这一估计是建立在如下一些设定条件下的:

(1)载金矿为黄铁矿;

(2)浮选精矿与矿石之比为 1∶10;

(3)气候条件为中等;

(4)需要的预氧化率为 60%;

(5)浸出时间 60 天。

表 8—16　Geobiotics 工艺基建投资与操作成本

处理矿石规模/$t \cdot d^{-1}$	基建投资/×1000 美元	每吨矿石操作成本/美元·t^{-1}
2268	7000	1.74
9072	15700	0.78

8.8　含砷废液的处理[33]

处理含砷的难处理金矿时,在氧化过程中砷按反应式(8—7)至式(8—12)进入溶液,因而氧化作业的矿浆液中含有 As(Ⅲ)与 As(Ⅴ)的水溶物种。按图 8—5 所示的流程,从最后一个反应槽出来的矿浆经过沉降槽沉降后底流送去氰化浸出金,上清液则送去中和:

(1)使尾液中的水溶砷以较稳定的形态——$FeAsO_4 \cdot xH_2O$ 沉淀出来,使有毒物质砷从尾液中除去,并固定在较稳定的渣中;

(2)使尾液 pH 达到环境可接受的水平,即 pH 值为 6～8,达标排放或返回流程。

中和分两级进行,以石灰或石灰石作中和剂。

第一级:中和到 pH＝4～5 发生 $FeAsO_4$ 沉淀反应

$$Fe_2(SO_4)_3+H_3AsO_4+3CaCO_3+xH_2O \longrightarrow Fe(OH)_3(s)+3CaSO_4(s)+FeAsO_4 \cdot xH_2O(s)+3CO_2 \quad (8-21)$$

第二级:中和至 pH=6~8

$$H_2SO_4+CaCO_3 \longrightarrow CaSO_4(s)+CO_2+H_2O \quad (8-22)$$

$$H_2SO_4+CaO \longrightarrow CaSO_4(s)+2H_2O \quad (8-23)$$

对于 As(Ⅴ)在铁砷渣中的形态有不同的看法,Krause E.等[34]认为 As(Ⅴ)与 Fe(Ⅲ)共沉淀时生成的沉淀是无定形的碱式砷酸铁 $FeAsO_4 \cdot xFe(OH)_3$,而 Robins 等[35,36]则认为生成物是氢氧化铁 $Fe(OH)_3$ 或针铁矿 $Fe_2O_3 \cdot xH_2O$,As(Ⅴ)只是吸附于其上,碱式砷酸铁不存在。

表 8-17 是 GENCOR 进行的 BIOX® 含砷废液连续中和除砷试验结果。

表 8-17 中和除砷结果

中和前液成分				砷质量浓度/mg·L⁻¹	
ρ_{Fe}/g·L^{-1}	ρ_{As}/g·L^{-1}	(Fe/As)摩尔比	pH	中和后液	中和渣 TCLP
8.7~17.4	2.4~4.8	3.8~4.8	1.2~1.3	<0.25	0.50~1.06
10.7~15.7	0.4~0.7	25.4~50.3	1.4~1.5	<0.25	<0.02~0.84
21.9	0.4	70.6	1.5	<0.02~0.03	<0.02~0.06
25.6	1.2	28	1.1	0.03~0.04	0.07

从表 8-17 中的结果可以看出,中和渣的 TCLP 值随 Fe/As 比增大而减小。

GENCOR 曾作了系列试验以检测用 As(Ⅴ)与 Fe(Ⅲ)共沉淀的方法脱除废液中的砷的有效性与可靠性,所生成的沉淀物的稳定性用 TCLP 法检测(Toxicity Characteristic Leaching Procedure)。实验表明 BIOX® 含砷废液用 As(Ⅴ)—Fe(Ⅲ)共沉淀处理时,当废液中 As/Fe≥3 时,在 pH5~11 的宽广的 pH 范围内,其沉淀后液的砷含量均≤0.04mg/L,而其沉淀渣 TCLP 值$[As]_T$≤3.14mg/L。沉淀 pH 与 TCLP 浸出 pH 大于 5 时沉淀渣的稳定性下降,因此沉淀的最佳 pH 范围是 3~6。

溶液中 Fe/As 比对中和除砷深度以及所生成的沉淀渣的稳定性有很大的影响。Fe/As 由 1 增加到 16,渣的稳定性上升。Fe/As≥3,沉淀渣具有足够的稳定性。

随着堆放时间的延长,铁砷渣的活性下降。从 Fe/As＝4.4 的溶液中沉出的铁砷渣,新鲜的与堆存 1 个星期与 8 个月时的 TCLP 值分别是(mg/L):1.25、0.26、<0.02。

沉淀渣脱水与再着水后其中砷化合物的活性下降,脱水/着水前 TCLP 值为 0.06,其后则为 0.03,这对于在自然条件下堆放这种渣是有利的。

我国目前执行的废水排放标准 GB8978－1996 规定砷含量为 0.5mg/L,美国环保局(USEPA)的标准为 0.05mg/L。当用 As(Ⅴ)—Fe(Ⅲ)共沉淀法脱砷时只要溶液中 Fe/As>3,pH3～6,则上述标准均可达到。

美国环保局(USEPA)正在考虑制定一个更严格的排放标准,即将砷的许可最大污染值(MCL)定为 0.5μg/L 以取代现行的 50μg/L。世界卫生组织(WHO)也考虑在发达国家实施此标准。

Khoe[25]研究了 Fe(Ⅱ)－As(Ⅴ)－H_2O 体系的沉淀化学平衡并建立了该体系的稳定相图,发现沉淀生成物——砷酸亚铁($Fe_3(AsO_4)_2$)的最小溶解度是 10^{-6}mol(当 pH＝7.5 时),它是世界卫生组织(WHO)原定标准 50μg/L 的 1.5 倍。有人建议以晶态的 $FeAsO_4 \cdot 2H_2O$(Scorodite 臭葱石)作为除砷的最终产品。然而,到目前为止,科研人员只在高压与高温条件下(>150℃)酸性溶液中合成了生长性好的臭葱石[26]。Damopoulos[27]于 1995 年采用饱和—控制沉淀法在常压,80～95℃的条件下从高浓度盐酸溶液中合成了臭葱石,方兆珩[28]在高砷溶液中和脱砷过程中利用高温水解脱砷法,在 160℃和氧压下进行了 3 小时水解反应才获得臭葱石。如上所述,在一般的中和沉淀条件下不可能得到稳定性最好的 $FeAsO_4 \cdot 2H_2O$ 晶体,而只能得到无定形的 $FeAsO_4 \cdot xH_2O$。因此 Robins[29]指出,所生成的沉淀物在堆放过程中,砷将以低浓度缓慢地释放到环境中,造成二次污染,其长期稳定性尚不能满足更加严格的环保标准的要求。

参考文献

1 Talor P. R. In：Gaskell P. R. eds，EPD Congress'91. TMS Annd Meeting 1991，725－743

2 Myavor Kafui et al. JOM，1991，43(12)：32

3 肖松文等. 黄金，1995，16(4)：31

4 J. A. Brierley，C. L. Brierley. Present and future commercial application of biohydrmetallurgy. In：R. Amils，A. Ballester eds. Biohydrometallurgy and the Environment Toward the Mining of the 21st Century，Part A. Amsterdam. Lausanne. New York. Oxford. Shannon. Singapore. Tokyo：Elsevier，1999. 81－89

5 M. L. Nicol Fellow. Hydrometallurgy into next millennium. The AusIMM Proceedings，2001，(1)：65－69

6 F. K. Crundwell. The influence of the electronic structure of solids on the anodic dissolution and leaching of semiconducting sulphide minerals. Hydrometallurgy，1988，(21)：155－190

7 W. Sand，T. Gehrke，P－G. Jozsa and A. Schippers. Direct versus indirect. In：R. Amils，A. Ballester eds. Biohydrometallurgy and the Environment Toward the Mining of the 21st Century，Part A. Amsterdam. Lausanne. New York. Oxford. Shannon. Singapore. Tokyo：Elsevier，1999. 34

8 M. Boon，H. J. Brasser，G. S. Hansford，J. J. Heijnen. Comparison of the oxidation kinetics of different pyrite in presence of Thiobacillus ferrooxidans or Leptospirillum ferrooxidans. Hydrometallurgy，1999，53：57－72

9 张永柱. 难处理金矿细菌氧化—氰化浸出新工艺及基础理论研究.［博士论文］. 北京：北京图书馆，1992，5

10 Hansford G. S. et al. Mineral Engineering，1992，(5)：597

11 Miller D. M. et al. ibid. 1992，(5)：613

12 R. Claassen，C. T. Logan and C. P. Snyman. Bio－oxidation of refractory gold－bearing arsenopyrite ores. In：Torma AE，Wey JE，Laksmanan Ⅵ eds. Biohydrometallurgical Technologies，Vol Ⅱ. Warrendate，Pensylvania：TMS Press，1993. 479－488

13 P. C. Van Aswegen. The bio－oxidation (BIOX®) process for the treatment of refractory ores. Hidden Wealth，Johannesburg South African Institute of Mining and Metallurgy，1996. 67－73

14 G. S. Hansford and T. Vargas. Chemical and electrochemical basis of bioleaching process. In: R. Amils, A. Ballester eds. Biohydrometallurgy and the Environment Toward the Mining of the 21st Century, Part A. Amsterdam. Lausanne. New York. Oxford. Shannon. Singapore. Tokyo: Elsevier, 1999. 13—25

15 Helle U., Onken U. Continuous microbial leaching of a pyrite concentrate by leptospirillum—like bacteria. Appl. Microbial Biotechnol., 1988, 28:553—558

16 Gebel BM. Stake Brandt E. Cultural and phylogenetic analysis of mixed microbial population found in natural and commercial bioleaching environments. Appl. Environ. Micro., 1994, 60:1614—1621

17 Battaglia—Brunet F., P. D'Hughes, T. Cabral, P. Cezac J. L. Garcia and D. Morin. Minerals Engineering, 1998, (11):195

18 D. W. Dew. Comparison of performance for continuous bio—oxidation of refractory gold flotation concentrates. In: Biohydrometallurgical Processing., Vol. 1. IBS95. 239—251

19 Paul C. Miller. The Design and operating practice of bacterial oxidation plant using moderate Thermophiles(The BacTech Process). In: Douglas E. Rawlings eds. Biomining: Theory, Microbes and Indastrial Processes. Springer—Verlag and Landes Bioscience, 1997. 81—102

20 J. A. Brierley and L. Luinstra. Biooxidation—heap concept for pretreatment of refractory gold ore. In: Torma AE, Wey JE, Laksmanan VI eds. Biohydrometallurgical Technologies, Vol. I. Warrendate, Pensylvania: TMS Press, 1993. 437—448

21 James A. Brierley. Heap leaching of gold—bearing deposits: theory and operational description. In: Douglas E. Rawlings eds. Biomining: Theory, Microbes and Indastrial Processes. Springer—Verlag and Landes Bioscience, 1997. 104—115

22 Brierley J. A. and Hill D. L. Biooxidation process for recovery of gold from heaps of low—grade sulfide and carbonaceous sulfidic ore materials. US Patent, 5246486. 1993

23 Brierley J. A. and Hill D. L. Biooxidation process for recovery of metal values from sulfur—containing ore materials. US Patent, 5332559. 1994

24 James L. Whitlock. Biooxidation of reconery gold ores(The Geobiotics Process). In: Douglas E. Rawlings eds. Biomining: Theory Microbes and Indastrial Processes. Springer—Verlag and Landes Bioscience, 1997. 117—127

25 Khoe G. H. The Stability of arsenic bearing iron compounds. Proceedings, International Conference on Mining and Environment, ITB—KCM Joint Symposium,

Bandung, Indonesia. 1991

26 Dutrizac J. E., Jambor J. L., Chen T. T. The Behaviour of arsenic during Jarosite precipitation: reaction at 150℃ and mechanism of arsenic precipitation. Canadian Metallurgical Quarterly, 1987, 26(2):103－115

27 Demopoulos G. P. the controlled crystallization process for crystalline scoridite. Hydrometallurgy, 1995, 29

28 方兆珩等. 高砷溶液中和脱砷过程. 化工冶金, 2000, 21(4):359－362

29 Robins R. G. The stabilities of arsenic(Ⅴ) and arsenic(Ⅲ) compounds in aqueous metal extraction systems. Proc. 3rd iNt. Symposium on Hydrometallurgy, Georgia, USA, 1983. 291－310

30 John D. Batty, Thomas A. Post. Bioleach reactor development and design. Alta Nickel/Cobalt Perth, May, 1999

31 D. W. Dew, E. N. Lawson. Bio－oxidation of metal sulphide concentrates. SAIMM Hydrometallurgy Symposium, 1994

32 Wan R. Y., Levier K. M., Clayton R. B. Hydrometallurgical Process for the recovery of precious metal values from precious metal ores with thiosulfate lixiviant. US Patent, 5345359. 1994

33 D. W. Dew, E. N. Lawson, J. L. Broadhurst. The BIOX® Process for Biooxidation of Gold－Bearing Ores or Concentrates. In: Douglas E. Rawlings. Eds. Biomining: Theory, Microbes and Industrial Processes. Springer－Verlag and Landes Bioscience, 1997. 71－76

34 Krause E., Ettel V. A. Solubilities and stabilities of ferric arsenate compounds. Hydrometallurgy, 1989, 22:311－337

35 Robins R. G. The stability and solubility of ferric arsenate. In: Gaskell P. R. eds, EPD Congress Proceesings. TMS, 1990. 93－104

36 Robins R. G., Wong P. L. M., Nishimura T. et al. Basic ferric arsenates－nonexistent. In: Randal Gold Forum Proceedings. Cairns, 1991. 197－200

37 杨洪英, 杨立, 魏绪均. 氧化亚铁硫杆菌(SH－T)氧化毒砂的机理研究. 中国有色金属学报, 2001, 11(2): 323－327

38 K. J. Edwards, Bo Hu, R. J. Hamers, J. F. Banfield. A New look at microbial leaching patterns on sulfide minerals. FEMS Microbiology Ecology, 2001, 34: 197－206

其他金属的微生物浸出

9.1 锰的微生物浸出

锰的最重要资源为氧化锰矿，其次为碳酸锰矿和硅酸锰矿，硫化锰矿是极少的矿种。二氧化锰不溶于硫酸。为了使锰被浸出，必须使 Mn(Ⅳ)还原为 Mn(Ⅱ)或氧化为 Mn(Ⅵ)。

许多微生物能氧化或还原锰，如表 9—1 所示。

表 9—1 参与锰的氧化还原与浸出的主要微生物[1]

氧化锰的微生物	还原二氧化锰的微生物	产生代谢产物作用于锰的微生物
节杆菌属	无色杆菌属	黑曲霉(真菌类)
泉发菌属	芽孢杆菌属	大肠杆菌
嘉利翁氏菌属	环状芽孢杆菌	硫杆菌属
生丝微菌属	蜡状芽孢杆菌	氧化硫杆菌
氧化锰生丝微菌	枯草芽孢杆菌	氧化亚铁硫杆菌
纤发菌属	浸麻芽孢杆菌	
生盎纤发菌	梭菌属	
假褚色纤发菌	肠杆菌属	
生金菌属	产金肠杆菌	
海岸螺菌属	埃希菌属	
土微菌属	大肠杆菌	
假单孢菌属		
氧化锰假单孢菌		
球发菌属		
弧菌属		

生物湿法冶金的迅速发展和海洋锰结核的综合开发利用以及对浸锰微生物生理特性及其作用机制的研究，为锰生物浸出的深入研究创造了有利条件。

9.1.1 异养型微生物浸锰

某些微生物能够将4价锰还原为易溶于水的低价锰(Mn^{2+})，或者细菌产生有机酸使氧化锰转变为离子状态或金属有机络合物进入溶液。

美国的佩海斯于1958年用芽孢杆菌对内华达州和明尼苏达州含锰3%～5%的4个贫矿进行锰的浸出研究，平均锰浸出率为97.5%。

印度阿格特和迪沙帕德于1977年用分离到的芽孢杆菌属、假单孢菌属和节杆菌属的3种细菌进行了浸出果阿及安得拉邦矿石的摇瓶小型试验。矿石－0.2mm，前者含锰品位为42%，后者为44.6%，分别在1L三角瓶中加入50g锰矿，50mL营养肉汤(pH6.6)及250mL蒸馏水，再加入1g菌种(湿重)，浸出90d，3种培养基无明显变化，芽孢杆菌和假单孢菌浸出90d，浸出率各为90%；节杆菌浸出40d，浸出率为90%。扩大到柱浸(柱高12cm、直径5cm)，先充入水洗一级的石英砂300g于玻璃柱中以促进渗滤，矿样放入柱中，节杆菌培养物1g(湿重)作为接种，浸出14d后，果阿锰矿的锰浸出率为85.5%，安得拉邦锰矿为71.3%。试验规模扩大至槽浸，用矿量100kg，接入节杆菌种和500L水，浸出14d，锰浸出率为78.4%。

可从许多可溶性微藻类中廉价得到糖和衍生物，而细菌可以依靠这些产物生长，因此H. J. Thomas等人(1982)进行了利用可溶性微藻类光合作用物供给浸锰的细菌生长的研究。结果表明，纯培养和混合培养物浸出锰，比单纯提供糖给细菌的浸出锰量增加50%。H. J. Thomas(1992)指出，用混合细菌可容易地使碳酸盐和氧化矿中的锰溶解，若能解决营养需要及进一步提高浸出率，生物浸锰即可实现工业化。

Rusin 等研究了用 Bacillus polymyxa P. 与 B. circulaus[2] MBX_1 从含银锰铁矿中浸出锰。浸出渣中的 Ag 在后续氰化浸出中的浸出率可达 90%以上。在用 B. circulaus 的连续浸出中，矿浆密度为 15%，99.8%Mn 与 86%的银被浸出，而残留于浸出渣中的银还可由氰化浸出再浸出总银量的 8.5%。

9.1.2 自养型细菌浸锰

日本的今井和民等人从 1962 年开始就用氧化硫硫杆菌浸出贫二氧化锰矿（其中有部分碳酸锰），在细菌浸出液中加入硫磺粉作细菌能源基质，使锰矿石中的锰呈可溶性的硫酸锰溶浸出来，锰浸出率达 97%[3]。

田野达男和今井和民等人（1965 年，1967 年）[4,5]研究了添加金属硫化物对氧化硫硫杆菌浸出二氧化锰效果的影响。在 500mL 振荡瓶中加入培养基 80mL，种菌液 20mL，500mg 化学试剂二氧化锰代替低品位锰矿，分别加入 FeS、CuS、ZnS、$FeSO_4$、$Fe_2(SO_4)_3$，浸出 3d 结果是：加 FeS 浸出液中增加硫酸量为 0.7mg/100mL，为对照的 2 倍，浸出锰浓度由 17×10^{-3}%增加到 111×10^{-3}%，为对照的 6.5 倍。FeS 的作用在于它生成的 H_2S 使不溶于水的 Mn^{4+} 还原成水溶性的 Mn^{2+}。当细菌在含有 1%MnO_2 和 0.1%FeS 中培养 10d 时，培养液中锰的浓度约为 5×10^{-1}%，锰浸出率 90%。加 ZnS 对锰浸出更有效，溶液中锰的浓度为 185×10^{-3}%，为对照的 10 倍。CuS 对锰浸出和细菌生长似乎无影响。$FeSO_4$ 的效果与 FeS 相同，浸出锰量随 $FeSO_4$ 或 FeS 的添加量大致成比例上升。加 $Fe_2(SO_4)_3$ 效果不明显。他们同时研究了用离子交换膜浓缩锰和电解回收锰，发现细菌抗电压 80～110V，抗电流 $4A/dm^2$，由此断定含活性细菌的锰浸出稀溶液可以用电解法处理。在上述试验基础上，今井和民（1969，1970）[6,7]进行了细菌浸出锰矿连续提取高浓度锰液的研究，锰浸出率达 97%以上，并提出了氧化硫硫杆菌浸出二氧化锰的机理。

钟慧芳等对我国陕西省天台山含磷锰矿的细菌浸出进行了研

究[8]。该矿储量大，品位低，嵌布粒度极细，结构复杂，属难选矿，采用常规选矿方法达不到磷锰分离和富集锰的目的，而且选矿成本高。细菌浸出的工艺分两步，第一步用氧化亚铁硫杆菌 T—M 菌株以黄铁矿（产地为镇安和略阳）作能源基质，氧化后产生 Fe^{3+} 离子和硫酸溶液，称为菌生黄铁矿浸矿剂，并以此作为浸矿剂浸出锰矿。用 T—M 菌株对黄铁矿氧化浸出 35d，接菌的黄铁矿浸出，溶液中铁的浓度为 21g/L，为无菌时的 60 倍，pH 由 4.9 下降到 1.6。试验表明，不同来源的黄铁矿均可作为能源基质，如表 9—2 所列。

表 9—2　TM 菌对不同来源黄铁矿的氧化作用（浸出 8d）

产　地	pH	铁浸出速率 $v/g \cdot L^{-1} \cdot d^{-1}$	浸出液产生的硫酸根质量浓度 $/g \cdot L^{-1}$	矿床类型
略阳黄铁矿	1.6	0.5	41.76	热液矿床
镇安黄铁矿	1.0	1.19	54.83	沉积矿床
白河黄铁矿	0.7	2.10		沉积矿床
西乡黄铁矿	0.8	1.44		沉积矿床

第二步用第一步得到的菌生黄铁矿浸矿剂去浸出锰矿。浸出结果表明，在 70℃温度下浸出 3h，锰浸出率为 90.85%，每吨锰粉仅需加硫酸 115kg。而在相似条件下用硫酸浸出时，虽然也可以达到类似的浸出率，但每吨锰矿的硫酸耗量高达 740kg。采用菌生黄铁矿浸矿剂可节省 84.46%的硫酸，在规模为每次 85～100kg 锰矿的半工业试验中，经初步成本核算，细菌法比硫酸法的成本低 30%左右。

李浩然，冯雅丽[9]研究了用氧化亚铁硫杆菌加还原剂从大洋锰结核中浸出锰。锰结核由“大洋一号”在东太平洋采得，其成分为：Co 0.26%，Ni 0.84%，Cu 0.89%，Mn 21.08%，Fe 10.2%。摇瓶试验温度一般为 30℃，leathen 培养基加还原剂，接种细菌，摇床转速 160r/min。研究了各种因素对浸出率的影响。

（1）还原剂种类　试验了硫酸亚铁，黄铁矿，硫酸亚铁加黄铁矿,3 种不同的还原剂,这些物质既是 Mn(Ⅳ)的还原剂,也是细菌的能源物质,其中黄铁矿的效果最好。

(2)黄铁矿与锰结核的质量比 1∶1 最好。

(3)矿浆浓度 40g/L 较适宜。

(4)pH pH 维持在 2 浸出率最高。

(5)温度 最适宜温度 30℃。

在优化条件下:leathen 培养基,用黄铁矿作还原剂,黄铁矿与锰结核质量比为 1∶1,锰结核粒度 −147μm,矿浆浓度 40g/L,温度 30℃,接种量 25%,摇床转速 160r/min,浸出 6 天,Mn 浸出率接近 100%。

在上述条件下(只有矿浆浓度改为 5%)浸出陆地软锰矿与硬锰矿,浸出 9 天,锰的浸出率分别为 95.6%与 96.8%。

在浸出锰的同时,锰结核中其他的金属也同时被浸出[10],在矿浆浓度 5%,pH=2,接种量 15%,锰结核与黄铁矿质量比为 5∶1,温度 30℃,用 leathen 培养基,9 天浸出率为 Co:95.92%;Ni:93.95%;Mn:93.97%;Cu:53.35%;Zn:66.13%;Mo:15.13%;Fe:24.73%。

9.2 铀的细菌浸出

用微生物从铀矿石和低品位铀废石中浸出铀可用下面氧化还原反应表示:

$$UO_2(s)+2Fe^{3+}(aq)\longrightarrow UO_2^{2+}(aq)+2Fe^{2+}(aq) \qquad (9-1)$$

反应平衡常数为:

$$K_{298}=\frac{[Fe^{2+}]^2[UO_2^{2+}]}{[Fe^{3+}]^2}=10^{19.94} \qquad (9-2)$$

在酸性浸出介质中,4 价铀的氧化物是不溶的,铀的浸出是基于 6 价铀的溶解。微生物在这一过程中的作用是把亚铁氧化成高铁,含铀矿石总是不同程度地含有铁的硫化物,通常是黄铁矿。硫细菌和铁细菌把黄铁矿氧化提供硫酸高铁氧化剂:

$$2FeS_2+\frac{15}{2}O_2+H_2O \xrightarrow{细菌} Fe_2(SO_4)_3+H_2SO_4 \quad (9-3)$$

实践表明,用铀矿加黄铁矿加细菌进行现场堆浸,可以达到较大的浸出速率。但在同一装置中不能同时创造提取铀和细菌氧化铁的理想条件。浸出分两步进行更为合理,第一步用细菌氧化黄铁矿产生酸性硫酸高铁,第二步把所得硫酸高铁溶液用于浸出铀矿石。第一步可以在发酵罐内进行。在控制的 pH(pH 1.2～1.7 以防止高铁沉淀)和温度以及供入适量的 CO_2 和 O_2 的条件下,用较少量的细菌经过连续培养就可从硫酸亚铁或黄铁矿连续生产硫酸高铁溶液(含有差不多任意的 Fe^{3+}/Fe^{2+} 比,取决于投入的 $FeSO_4$ 浓度和稀释速率)。所产的硫酸高铁溶液可能具有高的硫酸高铁含量,在用于浸矿前可以稀释或进一步酸化。因此,用较小体积的连续发酵罐就可以生产出供应浸出大量碎铀矿石所需的硫酸高铁浸出液。发酵罐可以只由一些饱和上行液流的柱组成或者只由一些固定床或搅拌槽所组成。这种发酵罐可以用于从 Fe^{2+} 废液中或者从除去了浸出金属后再循环的 Fe^{2+} 溶液中产生 Fe^{3+}。细菌产生的高铁溶液可以用于柱浸、堆浸或地下浸矿。浸矿液用量大时可能需要采用很大体积的连续塔式发酵罐。

对于考虑细菌浸出从贫铀矿中提铀的可行性,巴西 Gracia Júnior[11] 所进行的从贫矿中用微生物浸出铀是一个出色的例子。所用的矿样取自 Paran 的 Figuera 矿。开展了实验室试验(摇瓶与柱浸),半工业性试验(柱浸)与工业试验(堆浸)。矿体的组成为石英,硅酸盐、高岭石、石膏与黄铁矿,含 U_3O_8 0.08%,Fe_2O_3 6.91%,硫化物中的 S^{2-} 3.84%,总硫 3.84%。浸矿用细菌为 T. ferrooxidans(从该矿矿坑水中分离而得,并在 9K 培养基中培养)。半工业性试验为柱浸,柱高 3m,直径 1m,内装 3t 矿石(<25cm),接种了 T. ferrooxidans 的浸矿液调整好 pH 后从柱上端喷淋,并循环使用。工业试验为堆浸,规模为 850t 矿(矿石块度<25cm)。喷淋液无需专门接种细菌,而是利用矿石上所带有的细菌。结果见表 9－3。

表 9-3 Figueira 低品位铀矿细菌浸出结果

试验名称	浸出方式	浸出天数	铀浸出率/%	
			不接种细菌	接种细菌
实验室小试	摇瓶	40	40	60
实验室小试	柱浸	45	30	50
半工业性试验	柱浸	90①		48.5
工业性试验	堆浸	83②		51.3

① 先分段酸化，酸耗为 28kgH_2SO_4/t 矿，而后细菌浸出 45d；

② 先分段酸化，酸耗为 32.4 kgH_2SO_4/t 矿，而后细菌浸出 35d。

细菌堆浸适合于 Figueira 低品位铀矿中提铀，其酸耗比传统的搅拌化学浸出低得多，其基建投资与操作成本也低。

早在 20 世纪 60 年代，加拿大就开始用细菌浸出 Elliot Lake 铀矿中的铀。在该区的 3 个铀矿公司都有细菌生产厂，1986 年 U_3O_8 年产量达 3600t，在 1983 年，成功地以原位浸出的方式从 Dension 矿中回收了大约 250tU_3O_8。浸出的流程简图如图 9-1 所示。

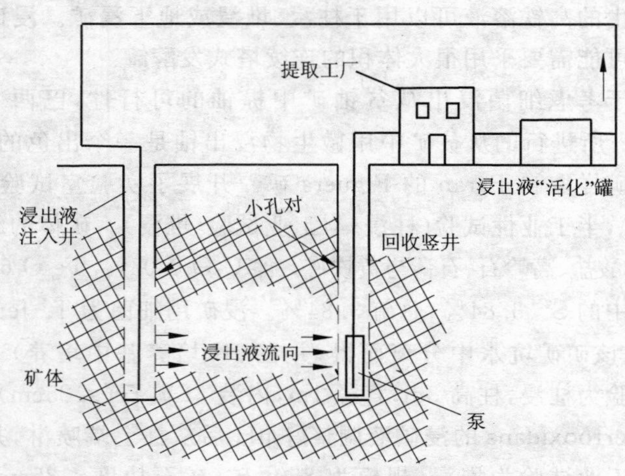

图 9-1 铀矿的原位浸出简图

由图可见，为了用含 Fe^{3+} 的酸性溶液从地下铀矿中回收铀，

细菌将 Fe^{2+} 氧化为 Fe^{3+} 这一过程是在地面完成的。所得到的 Fe^{3+} 浸出液由泵注入竖井，再经过可渗性的矿体参与浸出反应后，汇集在回收竖井，用泵抽出送入提取工厂回收铀。Fe^{2+} 氧化为 Fe^{3+} 这一过程之所以放在地面进行，是由于随着井深的增加，井中浸出液所能溶解的氧量不足以使 Fe^{2+} 氧化快速进行，这就难以使铀浸出液维持较高 Fe^{3+}/Fe^{2+} 比值，而导致浸出反应速率的降低。加拿大学者曾对不同矿区、不同粒度的铀矿进行过地表微生物堆浸试验，结果见图 9－2。

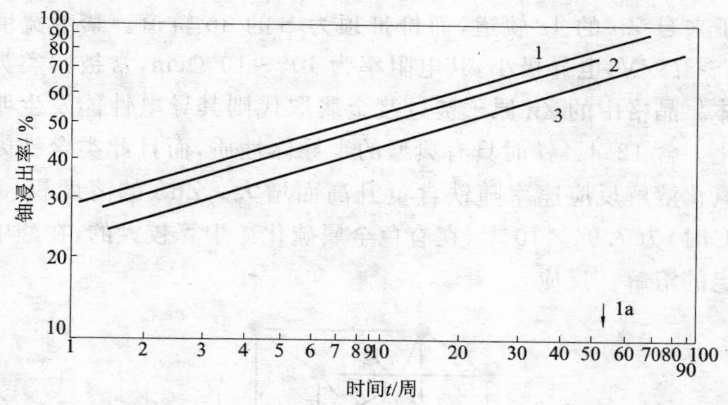

图 9－2　用氧化铁细菌浸出铀矿

1—Elliot lake 矿的矿块直径小于 12.7mm；2—Denison 矿的矿块直径小于 330.2mm；3—Aghew 矿的矿块直径小于 203.2mm

到目前为止，美国、前苏联和南非、法国、葡萄牙都有工厂在用生物堆浸法回收铀。欧津等[12]研究了我国某铀矿山贫铀矿的细菌浸出。该矿山的贫铀矿石以次生铀矿物为主，其主要矿物是铀黑、铁铀云母、磷铀石及沥青铀矿等。品位 0.017%，用细菌硫酸高铁溶液浸出 10～250kg 矿石 40d，10mm 以下矿粒浸出率为 67%；30m 以下矿粒浸出率在 50%以上。与该矿山试验场用 2%硫酸浸出的效果相似，省酸 90%以上，劳动条件也较酸法有所改善。半工业试验采用了粒度－50mm 的矿石 32t 进行堆浸，间歇浸出 42d，获得 43%铀的浸出率。1970 年成功地进行了 700t 以上矿石试生产。

9.3 锌的微生物浸出

9.3.1 硫化锌矿的细菌浸出

主要的硫化锌矿是闪锌矿，其分子式为 ZnS，成分中常有 Fe、Mn、Cd、In、Ag、Ga 等类质同相混入。在闪锌矿中铁代替锌十分普遍，最高可达 26%的铁。闪锌矿晶体为等轴晶系，晶体常有四面体，如图 9－3 所示。α－ZnS（纤锌矿）为六方晶系。其导带底电子来自 Zn 的 4s 轨道，而价带顶为 S 的 3p 轨道。禁带宽度为 3.6～3.9eV，电导极小，其电阻率为 $10^7 \sim 10^9\ \Omega cm$，常被归类为绝缘体。晶格中的 Zn 原子被过渡金属取代则其导电性能发生明显变化。含 12.4%铁时具有典型的半导体性质，而且此类含铁闪锌矿氧化溶解反应速率随铁含量升高而增大。ZnS 的溶度积（T＝25℃时）为 7.94×10^{-24}，在有色金属硫化矿中算较大的，在酸中有一定的溶解。反应

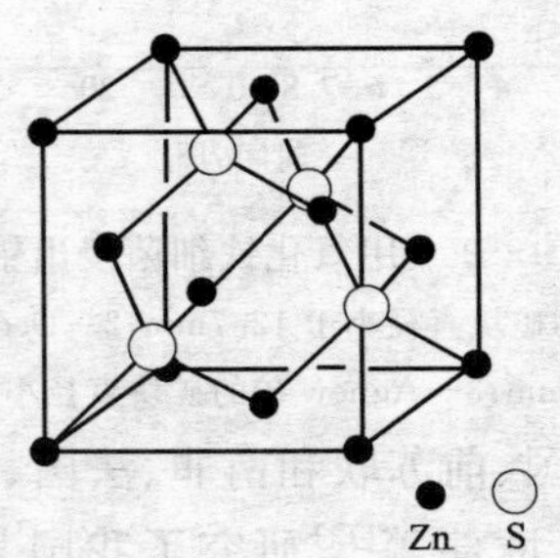

图 9－3 闪锌矿晶体结构图

$$Zn^{2+}(aq)+S^0(s)+2e=ZnS(aq) \qquad (9-4)$$

的标准电极电位为 0.282V，平衡电位为

$$\varphi_{298}=0.282+0.0296\lg[Zn^{2+}] \qquad (9-5)$$

按 Torma 的排序 ZnS 属于活性较好，较易被氧化的硫化矿（见 6.3 节）。

用纯的人工合成ZnS在无铁条件下进行细菌浸出，其浸出速率与不加细菌但有Fe^{3+}(0.1mol/L)时低得多，而在条件相同的情况下(均含Fe^{3+})有菌无菌的浸出速率一样，因此认为ZnS的细菌浸出主要是靠间接作用[58]，即Fe^{3+}氧化，细菌的作用是把Fe^{2+}氧化为Fe^{3+}使溶液保持较高的电位。

$$ZnS+Fe^{3+} \longrightarrow Zn^{2+}+Fe^{2+}+S^{0} \tag{9-6}$$

$$Fe^{2+}+\frac{1}{4}O_2+H^{+} \xrightarrow{细菌} Fe^{3+}+\frac{1}{2}H_2O \tag{9-7}$$

$$S^{0}+1.5O_2+H_2O \xrightarrow{细菌} SO_4^{2-}+2H^{+} \tag{9-8}$$

W. Sand等认为[59]硫化矿浸出有生成硫代硫酸盐与多硫化物两种途径。ZnS属于后者(见3.2节)。在反应一定阶段会生成中间产物元素硫。根据Schipper等人的测定，ZnS在Fe^{3+}介质中氧化在反应进行24h后硫的产物为：S_8 94.9%，SO_4^{2-} 4.8%，$S_4O_6^{2-}$ 0.1%，$S_5O_6^{2-}$ 0.2%。Dutrizac等人[60,61]也证明了元素硫的生成。

Fowler与Crundwell[62]研究了闪锌矿浸出时细菌的作用。当溶液电位保持不变时，溶液中Fe^{3+}浓度较高的条件下(Fe^{3+}浓度分别为：2、2.6、4、9、10g/L)有细菌与无细菌浸出速率均一样(见图3—1)。这表明，细菌的作用仅仅在于氧化由于ZnS氧化所产生的Fe^{2+}，使溶液保持高的电位。对浸出了2h的矿物表面的电镜观察表明，矿物表面上有细菌附着，但呈分散单体。这说明细菌迅速吸附到闪锌矿表面。浸出35h的矿物表面附着细菌数增多，但仍以分散单体形态，同时矿物表面上出现了反应产物元素硫的覆盖。浸出47h后，矿物表面细菌量大大增加，矿物表面被细菌分泌的外聚合层覆盖形成了菌膜，同时元素硫消失。这说明在整个浸出过程中细菌吸附在ZnS矿物表面，47h后，ZnS表面的细菌量大增，细菌将元素硫氧化成SO_4^{2-}。而在同样电位条件下，溶液中不含Fe^{3+}，而仅含Fe^{2+}，其浓度分别为(g/L)：1，4，8，有细菌时的浸出速率明显高于无细菌时，如图9—4所示。

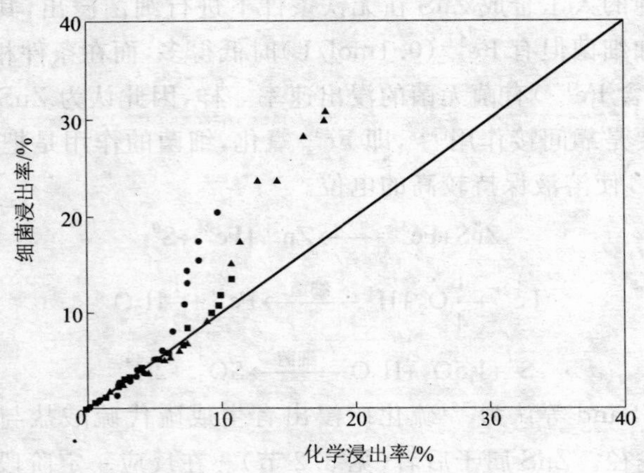

图 9—4 闪锌矿有菌与无菌时浸出速率之对比[62]

▲—1g/L Fe^{2+}；●—4g/L Fe^{2+}；■—8g/L Fe^{2+}

在电位不变的条件下，在 Fe^{3+} 浓度较高时，从 0～2100min 的时间范围内，有菌与无菌均遵守浸出的收缩核模型，即 $1-(1-\alpha)^{1/3}$ 与浸出时间呈直线关系（在 $\alpha=0\sim0.5$ 范围内），说明浸出过程属化学反应控制，而以高 Fe^{2+} 浓度的溶液浸出时，有菌浸出速率遵守收缩核模型，属化学反应控制，而无菌浸出仅在初始阶段遵守（约 1h 范围内）后来则出现明显的负偏离。这是由于在矿物表面生成了固体产物层（元素硫），浸出过程属固体产物层扩散控制，见图 9—5 所示。有菌与无菌在初始期浸出率一样，后来有菌的一直遵守收缩核模型，这说明细菌的作用在于氧化矿物表面的元素硫。

这一研究结果没有为"直接作用"提供证据，细菌的作用是氧化 Fe^{2+} 与元素硫而不是闪锌矿。

Krafft 与 Hallberg[13] 研究了瑞典 Saxberget 与 Kristineberg 锌矿的浸出。前者含Zn15％，Cu1.5％，后者含Zn8％，含 Cu 2.5％。采用混合菌（采自瑞典 Falu 铜矿与西班牙的 Rio Tito

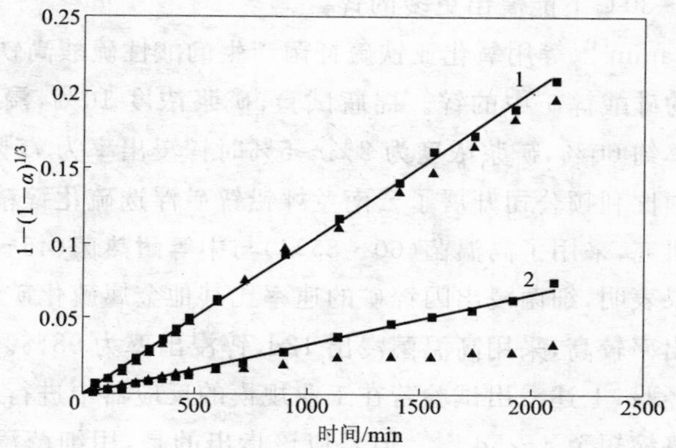

图 9－5　闪锌矿浸出时 $1-(1-\alpha)^{1/3}$-t 图[62]

■—生物浸出；▲—化学浸出；1—高三价铁离子；2—高二价铁离子

矿)，优势菌种为氧化亚铁硫杆菌，矿石粒度为16～32mm，渗滤浸出150d，Zn浸出率达80％，由于原电池效应，黄铜矿的存在促进锌的浸出。

Ballester[14]等研究了影响锌浸出速率的各种因素。

(1)菌株驯化条件　采用分别在3种不同介质中驯化过的氧化亚铁硫杆菌浸出硫化锌精矿，经ZnS与$CuFeS_2$驯化过的菌株比用$FeSO_4$溶液培养的菌株浸出锌的能力大。

(2)矿物中杂质的含量与类型　所含杂质溶解于闪锌矿的精矿最易浸出，Ballester[14]等提出，Fe^{2+}溶解于ZnS中提高了ZnS的导电性与化学可浸性，Piao等[64]报导，闪锌矿氧化浸出速率与其内质同相铁含量之间呈线性关系。

(3)黄铁矿的共存能促进闪锌矿的浸出，这是基于原电池效应。

(4)矿浆浓度　对比3种矿浆浓度5％，10％，15％的浸出速率，以5％矿浆浓度时浸出最快，15％时浸出最慢。

(5)温度　尽管在浸出初始阶段浸出没有什么差别，但35℃

下比 25～30℃下能浸出更多的锌。

Sukapun[15]等用氧化亚铁硫杆菌产生的酸性硫酸高铁溶液浸出泰国的硅酸锌矿中的锌。摇瓶试验，矿浆浓度 10%，浸出 20d，锌浸出率约 60%，矿浆浓度为 2%～5%时锌浸出率为 75%。

英国比利顿公司开展了云南兰坪铅锌矿浮选硫化锌精矿的细菌浸出研究，采用了高温菌(60～85℃)与中等耐热菌(45～55℃)。实验结果表明，细菌浸出闪锌矿的速率比其他金属硫化矿快得多，并且浸出率较高，采用高温菌浸出 12d，锌浸出率为 98%。根据该公司的经验，上述浸出试验若在工业规模的反应器中进行，浸出反应时间将缩短至 4～5d[28]。但是应该指出的是，用细菌浸出硫化锌精矿与现行湿法炼锌技术在衔接上会遇到细菌对锌离子的耐受能力还不能适应浸出阶段的高锌离子浓度的问题，因此该项技术的产业化还会有困难。但用堆浸技术处理低品位硫化锌矿在技术上应该是可行的。

9.3.2 氧化锌矿的浸出

异养微生物能从氧化矿中浸出锌。Tungkaviveshkul 等[16]用黑曲霉(Aspergillus niger)与青霉菌(Penicillum)浸锌，原料为高品位硅酸锌矿经常规选矿后的尾矿，所用微生物从其中分离出。这些微生物在含矿粉的浓度为 10%的蔗糖—无机盐介质中生长。49 天浸出了 60%以上的锌，而其中多数是前 14 天浸出的。Niger 产生柠檬酸，草酸与酒石酸，而青霉菌则主要产出柠檬酸与酒石酸。这些酸的混合使用比单一使用浸矿效果更好。真菌菌体能从溶液中吸附锌，以致部分浸出的锌又被沉淀，所以浸出条件还应进一步优化。

Castro 等[17]研究了用 Asp. niger 从硅酸盐矿中浸锌。矿样采自 Cia Mineral de Metais (Vazante, MG, Brazil)，其化学成分如下：SiO_2 40.7%，ZnO10.9%，Fe_2O_3 6.7%，CaO8.65%，MgO 4.13%，含锌矿物主要为异极矿。矿样粒度为 100 目，浸出用的

微生物有 A. niger ATCC 1015，B. metagerrium ATCC 21916，B. circulans（采自保加利亚），Pseudomonas SP. ATCC 21025，Sporosarcina ureae ATCC 6473。所用培养基如表 9－4 所示。

表 9－4　培养基成分(%)w/v

	A. niger	B. megaterium B. circulans Psedumonas	Sporosarcina
$MgSO_4 \cdot 7H_2O$	0.025	0.03	0.03
$(NH_4)_2CO_3$	0.25		
KH_2PO_4	0.25		
$ZnCl_2$	0.06mg/L		
$FeCl_3$ 或 $Fe_2(SO_4)_3$	1.3mg/L		
胨(peptone)		2	2
酵母提取物(yeast extract)		0.2	0.2
KHPO		0.075	0.075
葡萄糖(glucose)		2	
尿素(urea)			2
pH	7.5(加 NaOH 调节)		

浸出条件为：

矿样量：5g（事先在 121℃下 20 分钟以灭菌）

含微生物的培养基：100mL

温度：30℃

摇瓶速度：200rpm

同时做另一组平行的对照试验，用微生物培养液的上清液作浸矿液，其中不含微生物但含有柠檬酸、草酸、硫酸等，矿浆浓度为 5g/100mL，加入 10mM azide（叠氮化钠）以抑制微生物的生长。

浸出结果如表 9－5 所示。

表 9－5　微生物浸出锌浸出率(%)

微生物	微生物浸出	微生物培养液的上清液
B. megaterium	7.8(185)①	4.2(230)
B. circulans	5.6(212)	2.5(230)

续表 9－5

微生物	微生物浸出	微生物培养液的上清液
Pseudomonas	4.3(162)	1.2(230)
Sporosarcina urea	8.0(162)	11.1(20)
A. niger 在含蔗糖 5%介质中	36(120)	1.4(04)
A. niger 在含蔗糖 10%介质中	66(148)	41(146)
A. niger 在含蔗糖 15%介质中	62(300)	54(43)
无菌对照	0.3(200)	

① 括号内数字为浸出时间，h。

上述微生物产出柠檬酸、草酸、酒石酸等有机酸，这些有机酸可与 Zn^{2+} 形成络合物

$$aZn^{2+}+bA^{n-}+cH^{+}=Zn_{a}A_{b}H_{c}^{2a+c-bn} \qquad (9-9)$$

式中，A^{n-} 代表有机酸的酸根。

络合物的累计生成常数或稳定常数为

$$\beta=\frac{[Zn_{a}A_{b}H_{c}]}{[Zn^{2+}]^{a}[A^{n-}]^{b}[H^{+}]^{c}} \qquad (9-10)$$

Zn^{2+} 与这些有机酸的络合物的累计生成常数列入第4章表4－2。

必须指出的是，不宜把微生物的作用仅仅理解为产出有机酸，所产出的有机酸去与重金属离子络合而导致其溶出。因为试验证明，单独用柠檬酸去对矿进行化学浸出时，若溶液中柠檬酸浓度为10mM 以下时，浸出率大大低于用上述异养微生物，其生长介质中柠檬酸的最高浓度仅 8mM。Castro 认为这一方法与常规的酸浸法相比有两个优越性：(1)所用微生物浓度很低，其生态风险小；(2)即使在浸出率不太高的情况下，经济上依然可能是可行的，这使得这种方法有潜在的应用前景。

9.4 镍的微生物浸出

9.4.1 硫化矿

镍的硫化矿中最有价值的矿物是镍黄铁矿，含镍磁黄铁矿及

紫硫镍铁矿，其中镍黄铁矿$(Fe,Ni)_9S_8$(Pentlandite)其镍含量高达34.23%。国内外不少人研究过用氧化亚铁硫杆菌与氧化硫硫杆菌等中温菌浸出镍黄铁矿，磁黄铁矿，得出如下一些重要结论。

(1)镍能有效地被浸出。例如Bhatti[18]浸出15d，镍浸出率达100%。Ibrahim[19]在$pH=2$，$t=20℃$，浸出20d，镍浸出率达95%。钟慧芳[23]用T.f浸出中贫镍矿，在矿浆浓度20%下浸出7天，Ni被浸出70%～80%；

(2)混合菌(T.f+T.t)浸出效果比单一的氧化亚铁硫杆菌浸出效果好[20,24]；

(3)铜镍硫化矿共生时，由于原电池效应，镍比铜容易浸出。Natarajian[21]浸出镍黄铁矿、磁黄铁矿、黄铜矿的混合矿时发现，当25%镍浸出时，铜仅浸出了2%。Ahonent等[22]用T.f与T.t混合菌浸出复杂硫化矿发现几种金属浸出的难易程度排序为Zn>Ni>Co>Cu；

(4)磁黄铁矿浸出时产出元素硫[18,22]，而镍黄铁矿浸出时无元素硫生成[25]；

(5)加入Cu^{2+}，Ag^{+}作催化剂时，Cu浸出率提高，镍浸出率降低[20,24]。

温健康[26]采用诱变技术选育出耐高pH值的T.f菌株用以浸出含碱性脉石高的金川含镍贫矿与尾矿以降低酸耗，浸出指标接近于普通T.f。

在中温菌与高温细菌的浸出方面也作了大量工作并取得了一定的进展，使硫化镍矿的细菌浸出成为下一批产业化的目标。Dew[27]用高温古细菌(68～70℃)浸出铜镍浮选精矿，矿浆密度10%～15%，浸出3～6d，镍的浸出率达99%以上，铜浸出率96%～99%。邓敬石[25]研究了用Sulfobacillus thermosulfidooxidans DSM 9293(典型菌株YKMB－1269，购自德国菌种保藏中心)浸出镍黄铁矿。该菌具有较高的活性，在添加酵母提取物的混合营养条件下12h即氧化50mM/L的Fe^{2+}，12h培养基中的亚铁全部被氧化(温度50℃，pH=1.6)，对数期平均亚铁氧化速率达5.58mM/

(L·h)。该种细菌在镍黄铁矿与黄铁矿表面有很强的吸附能力，在1h内细菌在黄铁矿表面的吸附达到平衡，而对镍黄铁矿达到平衡的时间为1.5h，平衡时，细菌在镍黄铁矿上的吸附量为 1.37×10^9 个/g矿，而在黄铁矿上为 1.7×10^9 个/g矿，被吸附细菌分别占原液中细菌总量的70%与87.5%。描电镜照片表明，细菌主要被吸附在矿物颗粒的裂缝与缺陷处。研究表明，在矿浆密度1%时，浸液中加入2.39g/L铁的情况下，用透析袋(分子截留量为8000)将矿物与浸矿液隔离开，使细菌不与矿粒接触，4天镍浸出率为14.32%，而不用透析袋，让细菌与矿粒接触时的浸出率为52.20%。试验也证实了有黄铁矿存在时由于原电池效应对镍浸出的促进作用，矿浆浓度为1%时，8天镍浸出率，纯的镍黄铁矿为76.32%，而镍黄铁矿加黄铁矿(1∶1)镍浸出率为86.96%。

前英国比利顿公司在硫化镍矿细菌浸出方面作了大量工作，并开发了BIONIC™工艺(具体是由GENCOR开发的)，该工艺是在已成功用于生产的用于难处理金矿生物氧化预处理的BIOX®工艺的基础上发展起来的。采用中温菌mesophile的混合种群，主要含Leptospirillum ferrooxidans、T. thiooxidans与T. caldus，工作温度为40～50℃。若采用高温菌种(Sulfolobus)在75～85℃下浸出5d，可获得更高的镍浸出率(98%～99%)。对众多的含镍硫化精矿进行了细菌浸出的实验均取得了好的结果。经过小试、半工业试验，后来与昆士南镍股份有限公司(QNL)合作，投资100万美元建立了一试验厂，于1997年上半年开车以研究用BIONIC技术处理澳大利亚西部Maggie Hays矿的产业化可行性。工厂日产电镍20kg。精矿含Ni12.4%、Fe30.7%、Mg 2.53%、S^{2-} 22.7%。经10天的浸出，Ni平均浸出率92%。试验证明硫化镍精矿生物浸出在工业上是可行的。

9.4.2 氧化矿

Castro[17]等研究了异养微生物从硅镁镍矿(garnierte－SiO_2)中浸出镍。矿样取自Acesita矿业公司(Timoteo，MG 巴西)，其化学成分为 43.2% SiO_2，0.90% Ni。磨至－100 目。浸矿用了 5 种异养微生物，其培养基成分见表 9－4。浸出条件为：矿样重 5g（事先在 121℃下 20min 以灭菌），含微生物的培养基 100mL，温度 30℃，摇瓶速度 200r/min。同时作一组平行对照试验，浸矿液为 5 种微生物培养液的上清液并加入 10mM 叠氮化钠以抑制微生物的生长。这组试验的目的是排除微生物的直接作用，仅用其衍生酸来浸矿。浸出结果列入表 9－6。

表 9－6　异养微生物从硅镁镍中浸出镍的浸出率(%)

微生物	微生物浸出	上清液浸出
B. Megaterium	5.1(60)	10.3(230)
B. Circulans	4.5(31)	6.3(182)
Pseudomonas	3.3(119)	4.7(67)
Sporosarcina urea	22.3(114)	5.0(02)
A. niger，介质含蔗糖 5%	42(120)	11(71)
A. niger，介质含蔗糖 10%	54(120)	71(237)
A. niger，介质含蔗糖 15%	78(325)	83(237)
对　照	0.1(200)	

注：括号内为浸出时间。

上述异养微生物衍生柠檬酸、草酸、酒石酸等有机酸，这些酸可以与 Ni^{2+} 生成络合物：

$$aNi^{2+} + bA^{n-} + cH^{+} = Ni_aA_bH_c^{2a+c-bn} \qquad (9-11)$$

A^{n-} 代表有机酸酸根（Cit^{3-} 柠檬酸根，OX^{2-} 草酸根）。络合物的累计生成常数或稳定常数的大小可以表征生成该络合物能力的大小。

$$\beta = \frac{[Ni_aA_bH_c]}{[Ni^{2+}]^a[A^{n-}]^b[H^+]^c} \qquad (9-12)$$

镍与几种有机酸的络合物的累计生成常数值列入表 4－2。

某些真菌的衍生物能浸溶出红土矿中的镍。Sukla[63] 对此进行了研究。红土矿矿样取自印度 Sukinda，磨至－105μm。其化学成分（质量分数%）为：Ni 1.11，Co 0.03，Fe_2O_3 70.87，Cr_2O_3 6.84，Al_2O_3 6.25，MgO 0.62。主要物相组成为针铁矿、赤铁矿与石英。镍与针铁矿结合，钴则在镁矿物中。从该矿的新鲜断面分离出真菌菌株，其中之一在含镍高的马铃薯葡萄糖（potato dextrose）培养基中培养，经鉴别为黑曲霉（Aspergillus niger）。先后共使用了 6 种培养液。在温度 37℃，矿浆质量浓度 50g/L，转速 120r/min 条件下，用马铃薯葡萄糖培养基（potato dextrose midium）浸出红土矿的结果示于图 9－6。

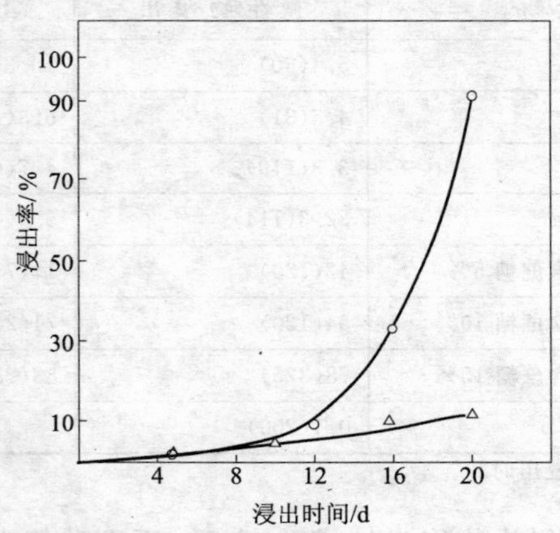

图 9－6　细菌浸出红土矿时镍和铁的浸出率与时间的关系

○—Ni；△—Fe

9.5　钴的微生物浸出

最早提出钴的微生物浸出概念的是 R. S. Young[29]（1956）。J. A. De. Cuyper 等（1964）的研究结果表明，可以用细菌浸出低品位钴矿石中的钴。A. E. Torma（1971）报道了用氧化亚铁硫杆菌氧化合成硫化钴的结果，浸出钴精矿时获得了含钴 30g/L 的浸出液。研究了浸出液的 pH、矿浆浓度、铁等因素对镍和钴浸出率的影响。在有元素硫存在下用氧化亚铁硫杆菌浸出含 Ni 19.8%，Co

17.6%的硫化矿，浸出 13d 镍的浸出率为 63%、钴为 69%。用单一的氧化亚铁硫杆菌、氧化硫硫杆菌、氧化亚铁微螺菌及其混合菌分别浸出硫化钴，发现氧化亚铁硫杆菌和氧化硫硫杆菌浸出钴效果最好，加入 Fe(Ⅱ)对浸出有促进作用。

D. L. Thompson 等[30] 研究了 T. ferrooxidans 浸出天然辉砷钴矿(cobaltite)与合成的 CoS，天然辉砷钴矿与精矿取自罗兰达矿业公司的 Blackbird 矿，钴矿与精矿化学分析如表 9－7 所示。

表 9－7 辉砷钴矿与精矿的化学分析

元素	矿物中含量/%	精矿中含量/%
Co	2.42	6.63
Cu	<0.07	2.66
As	4.06	9.98
Fe	4.89	2.78

动力学研究用合成CoS与高品位辉砷钴矿(含32.4% Co，24.2%As，6.8%Fe，17.1%SiO_2，18.4%S 与 0.1%其他元素，取自 Zaire，Apriea)研究了 29 种 T. ferrooxidans 的菌株，其中 5 种浸出效果最好。最好的浸出结果是 2 号与 5 号菌株(DT7 与 Fe1)，矿浆浓度 10g/L(浸出温度 23℃)，浸出 28d，菌株 Fe1 从精矿中的钴浸出率达 97%，所有 5 种菌株在矿浆浓度 2g/L 与 10g/L 的条件下，28d 浸出 Co 均在 45%以上，浸出速率遵守 Monod 方程(修正式)

$$\frac{S}{v}=\frac{K}{v_m}+\frac{S}{v_m} \tag{9-13}$$

式中 v——浸出速率，mg/(L·h)；

v_m——理论上所能达到的最大浸出速率，mg/(L·h)；

K——比例常数，m^2/g；

S——比表面积，m^2/g。

以$\frac{S}{v}$对S作图(见6.3.3节),为一直线,由其斜率可求出$v_m=376$ mg/(L·h),由截距$\frac{K}{v_m}$可求出$K=1.27$ m^2/g。

Morin等[31]研究了含钴黄铁矿精矿的细菌浸出。精矿含铁40.3%,钴1.4%,浸出用混合菌,由氧化亚铁硫杆菌、氧化硫硫杆菌、氧化亚铁微螺菌组成。在充气搅拌浸出时最佳浸出条件为:pH1.1～2.0,Fe^{3+}浓度超过35g/L,对黄铁矿氧化有抑制作用,供气中加入1%CO_2能提高细菌的活性,矿石粒度<20μm,矿浆浓度10%,黄铁矿氧化率超过80%。用4个20L的反应器串联进行连续浸出,在上述最佳条件下,钴浸出率可达80%。细菌对钴的耐受性允许浸矿液循环使用以使最后产品液的钴浓度达5g/L,即可达到用溶剂萃取提取的水平。

Nakazawa等[32]研究了用氧化亚铁硫杆菌从富钴的铁锰壳中浸出钴。铁锰壳含20.8%Mn,13%Fe,0.82%Co,0.5% Ni,0.12%Cu。精矿粒度-100目。用9K培养基但以元素硫或黄铁矿(-100目)代替硫酸亚铁作为能源基质。当加入1%元素硫到不含铁的9K培养基中,在有菌的情况下浸出(摇瓶,矿浆浓度0.1%)18d,全部Cu,几乎全部Ni、Co与Fe,60%以上的Mn被浸出。元素硫加入量增加到3%,显著加速Co的浸出。使用耐铜的菌株可改善Co与Ni的浸出动力学。在用氧化亚铁硫杆菌加还原剂(黄铁矿等)浸出大洋锰结核时,钴与锰可同时被浸出,9d钴浸出率可达95.92%[10](详见9.1)。

近年来在硫化钴矿生物浸出的产业化方面取得了巨大进展。法国BRGM公司在非洲的乌干达建成了一座采用生物浸出技术从含钴黄铁矿中回收钴的工厂,每年处理110万t含钴黄铁矿,生产能力为年产1000t阴极钴,已于1999年顺利投产。浸出时硫以元素硫形式留在渣中,浸出液采用溶剂萃取法除锌然后沉淀氢氧化铜,再采用Cyanex272萃取分离钴/镍。

9.6 金的微生物浸出

氰化提金沿用已久，行之有效，但存在氰化物有剧毒的缺点。微生物提金是非氰提金的一个重要方向。

某些微生物及其代谢产物具有溶金的能力，可以用来从矿石中浸出金。20 世纪 60 年代法国曾发表专利[33]，提出有一些异养细菌及从非洲一金矿分离培养出的自养菌，能从含金红土矿中溶浸金，只是溶金速度缓慢，经 293 天仅浸出 82%金，浸出液中金的浓度小于 10mg/L。

前苏联的研究人员在寻求无毒生物提金剂方面进行了大量的工作[34～36]。他们曾进行过不同细菌溶金能力的比较试验，发现巨大芽孢杆菌(Bac. megatherium)20 号和 30 号、液化假单孢菌(Ps. ltquefmefeas)9 号、肠膜芽孢杆菌(Bac. mesemtatcrious Niger)12 号等细菌溶金效果最好，经 2～3 个月可使溶液中金的浓度达到 1.5～2.15mg/L。

为提高微生物溶金的能力，前苏联学者对使用菌株进行人工诱变。结果表明，溶金能力比“野生”菌株强，因经诱变后菌株的代谢产物中能累计起更多的氨基酸。如以尿素和二代磷酸铵为氮源，葡萄糖和糖蜜为碳源培育细菌，可获得含 11.9～14.6g/L 溶金酸的溶液。用这种溶液溶金，浸金率比“野生”菌株高 5～10 倍。随着细菌的繁殖，在细菌中积累各种代谢产物，其中含氮化合物有蛋白质、肽和氨基酸。细菌溶金的实质是其代谢产物溶金，氨基酸的溶金能力比蛋白质高。Г. Г. Минеев 等[37]试验了 18 种氨基酸的溶金能力，其结果列入表 9－8。

用双氧水作氧化剂时溶金能力最好的是天门冬酰胺和组氨酸，而用过氧化钠做氧化剂时则为组氨酸和绿氨酸。氨基酸的溶金能力，随氧化剂浓度增大而上升，随时间的增加而增加。

Г. Г. Минеев 和 Сыртланова 等[38]研究了贵金属与氨基酸、腐蚀酸的络合物。Какобский 等用旋转圆盘法研究了甘氨酸和苯基

丙氨酸溶金的动力学，发现在15～55℃范围内

甘氨酸　　$\lg K=-0.0533-2690/T$，活化能51.5kJ/mol

苯基丙氨酸　$\lg K=-1.2044-2404/T$，活化能46.0kJ/mol

均属于化学反应控制。

表9－8　有氧化剂存在下氨基酸的溶金能力/mg·L^{-1}

（氨基酸和氧化剂浓度为0.1mol/L，时间为5昼夜）

氨基酸	氧化剂	
	双氧水 pH＝5	过氧化钠 pH＝10
天门冬酰胺	0.98	0.05
结页氨酸	0.29	0.02
组氨酸	0.89	2.42
甘氨酸	0.43	0.04
赖氨酸	0.18	0.05
绿氨酸	0.08	1.23
色氨酸	0.23	0.03
苯基丙氨酸	0.02	0.05

氨基酸的溶金能力归因于它与金的络合。氨基酸的化学性质首先取决于所含的羧基是两性的，在酸性介质中呈碱性并带正电荷：

$$\mathrm{R-\underset{\displaystyle NH_3}{\underset{|}{C}H}-COOH^+}$$

在碱性介质中呈酸性并带负电荷：

$$\mathrm{R-\underset{\displaystyle NH_2}{\underset{|}{C}H}-COO^-}$$

因此氨基酸可生成$(NH_3\cdot CHRCOOH)Cl$和$Na(NH_2\cdot CHRCOO)$两种盐，除开一般的盐外它尚能与金属阳离子形成内络合物：

$$
\begin{array}{c}
\quad CH_2 \\
Me \quad\quad \\
\quad\quad CHR \\
OCO
\end{array}
$$

金在氨基酸中的溶解按下列反应

$$
2Au+4NH_2CH_2COOH+2NaOH+\frac{1}{2}O_2 \longrightarrow 2Na[Au(NH_2CH_2COO)_2]+2H_2O \quad (9-14)
$$

Минеев 等用细菌代谢物氨基酸从石英矿和黏土矿中浸出金[38]，试验规模为5kg。浸液中氨基酸浓度为5g/L，其中天门冬酰胺、谷氨酸、甘氨酸和丙氨酸各1g/L，绿氨酸和结氨酸各0.5g/L。浸出液这一组成和培养液中产生的代谢物类似，以过氧化钠或高锰酸钾做氧化剂，浸出方式为空气搅拌，液固比为2∶1、三段浸出，每段72h，总浸出率为72.1%。从黏土矿中用空气搅拌方式浸金，液固比为6∶1，氧化剂（高锰酸钾）浓度为8g/L、浸出时间为5h，金浸出率达86.8%，浸出渣含金0.3g/t，而采用渗透浸出方式结果如下：

液固比	1∶1	5∶1	10∶1
浸出时间 T 昼夜	16	35	35
浸出渣含金/$g \cdot t^{-1}$	0.80	0.53	0.57
金浸出率/%	72.7	78.8	77.2

芽孢杆菌（Bacillus SP.）在含有葡萄糖与胨的介质中生长时能产生大量的氨基酸，S. N. Grouder 等[39]研究了用此种菌与含有硫代硫酸盐和 Cu^{2+} 的组合液从氧化矿中浸金，菌株从保加利亚北部的土壤样品中分离而得。这种菌在35℃培养于下列成分的培养液中：20g NH_4Cl，2g KH_2PO_4，0.5g $MgSO_4$，2g NaCl，0.1g $CaCl_2$，50g 葡萄糖，10g 胨，1000mL 蒸馏水，初始 pH 7.5。在这种介质中，在35℃温度下培养。该种菌能产出氨基酸达23g/L。用两种金矿做浸出试验，其成分列于表9－9。

表 9－9　金矿成分

组　分	含　量	
	1 号矿样	2 号矿样
Au	2.1g/t	1.7g/t
Ag	8.2g/t	11.5g/t
Fe	5.5%	7.7%
S	0.35%	0.24%
SiO_2	36.5%	34.7%
Al	2.8%	3.2%

1 号矿样中的贵金属分散嵌布于火山岩，其组成主要为石英与长石，金的颗粒尺寸小于 5μm，2 号矿样中的贵金属主要赋存于黄铁矿风化形成的铁的氧化物中，金颗粒尺寸小于 1μm，浸出作了摇瓶试验与柱浸。浸出用柱高 1800mm，内径 150mm，装矿样 30kg，粒度为－10mm，柱浸条件与 60 天浸出结果列于表 9－10。

表 9－10　浸出条件与浸出结果

项　目	1 号矿样	2 号矿样
浸矿液成分		
氨基酸/$g \cdot L^{-1}$	3～5	5～7
硫代硫酸氨/$g \cdot L^{-1}$	4～7	6～10
硫酸铜/$g \cdot L^{-1}$	0.7～1.7	1.2～2.3
pH	8.5～9.5	8.5～9.5
喷淋强度/$L \cdot (t \cdot d)^{-1}$	80～120	60～100
金浸出率/%	80.1	83.3
银浸出率/%	68.4	71.2

Chromobactrium violaceum 与某些 pseudomonads 是已知的惟一能衍生氰的微生物。E. N. Lawson 等[40]研究了用这种微生物浸出金。介质中加入 Na_2HPO_4（6g/L）与 $FeSO_4$（0.5g/L）能促进氰的产出。pH 大于 8 时微生物生长受到抑制，而低于 8 时

HCN 会挥发,故介质 pH 以 8 为宜。浸出在鼓气搅拌槽中进行,矿石粒度为 $-75\mu m$ 占 80%,液固比为 10∶1,温度 30℃。浸出含金 3.2g/t 的低品位金矿,浸出 10 天,金浸出率 44.5%,浸出 20 天,金浸出率 53%。处理高品位精矿效果较差,10 天浸出率仅为 16%。这种工艺有可能用于低品位金矿的堆浸。

9.7 铂族金属

一些铂族金属矿中铂族金属分散赋存于有色重金属的硫化矿中,直接用氰化法提取效果很差。过去一般采用火法,使铂族金属富集于某个中间产物中,而后再从中提取,这些工艺流程长,工艺复杂,铂族金属总回收率不高[41],与难处理金矿一样,可以用生物预氧化的方法,使其载体矿物先氧化并使其中所含的 Ni、Cu 等有色重金属浸出,经细菌浸出后的浸渣再经氰化浸出可从其中浸出铂族金属。

美国矿业局的雷诺(Reno)研究中心研究了美国蒙大拿 Stillwater Mining Company 的含铂族金属的浮选精矿与镍高锍的细菌浸出[42]。浮选精矿的粒度为 -200 目占 60%。扫描电镜检测表明,铂族金属与铁、铜、镍结合,80%Pd 与黄铁矿形成固溶体。其他的载体矿物为 Prevalent braggite;(Pt, Pd, Ni)S;Vysotskite,(Pd, Ni, Pt)S;PdTe。

浮选精矿的化学成分如表 9-11 所示。

表 9-11 Stillwater 浮选精矿化学成分

组　分	含量/%	组　分	含量/%	组　分	含量/$g \cdot t^{-1}$
Ni	2.6	SiO_2	42.6	Pd	1142
Cu	1.6	MgO	18.3	Pt	328
Fe	10.9	Al_2O_3	5.8	Au	19
$S_{总}$	5.9	CaO	4.1	Rh	11
S^{2-}	5.7				

转炉产镍高锍粒度－10 目(2mm)，主要物相成分为 Ni_3S_2 与 $Cu_{1.96}S$，化学分析如表 9－12 所示。

表 9－12 Stillwater 镍高锍化学成分

组 分	含量/%	组 分	含量/g·L⁻¹
Ni	39.0	Pd	14400
Cu	26.5	Pt	4220
Fe	5.6	Au	245
Pb	0.1	Rh	154
S^{2-}	21.2		

浸出用的氧化亚铁硫杆菌从美国标准菌库 ATCC(American Type Culture Collection)取得。浸出在鼓风与带机械搅拌的反应器中进行，反应器容积为 1L、3L、5L。用氧化亚铁硫杆菌作浸矿细菌，浸出温度 30℃，搅拌转速 200r/min，pH＝2，介质为 ATCC64 营养液(每升含 $FeSO_4 \cdot 7H_2O$ 20g，$(NH_4)_2SO_4$ 20g，KH_2PO_4 0.4g，$MgSO_4 \cdot 7H_2O$ 0.16g)，矿浆密度 10%(重量)，加入 10%(重量)细菌接种物，向反应器中鼓入含 CO_2 5%(摩尔百分数)的空气。间歇式浸出试验浸出 35d，硫化矿氧化率为 83%，而在半间歇式作业中氧化率达到了 94%，连续浸出效果更好。

浸出渣氰化浸出，条件为：温度 40℃，30g 渣，600mL KCN 溶液，浓度为 1%与 2%，浸出时间为 23h 与 48h，结果见表 9－13。

表 9－13 含铂族金属浮选精矿预氧化渣氰化浸出结果

硫化矿氧化率/%	铂族金属浸出率/%			
	Pt	Pd	Rh	Au
0	19	58	79	93
17	20	71	88	100
60	25	76	83	96
79	25	73	92	97
94	34	75	94	97

9.8 镓与锗的浸出

氧化亚铁硫杆菌能从硫化矿中浸出镓，将含镓黄铜矿的矿石（镓含量为1.18%）和已接种了氧化亚铁硫杆菌的溶液制成各种矿浆浓度的悬浮液，镓便会发生溶解。从图9-7可知，镓在矿浆中的浓度随着矿浆浓度加大和浸出时间延长而增加。25%矿浆浓度的悬浮液所得到的最大镓浓度为2250mg/L。无菌条件下相应的镓浓度只有接种细菌条件下的8%～10%。

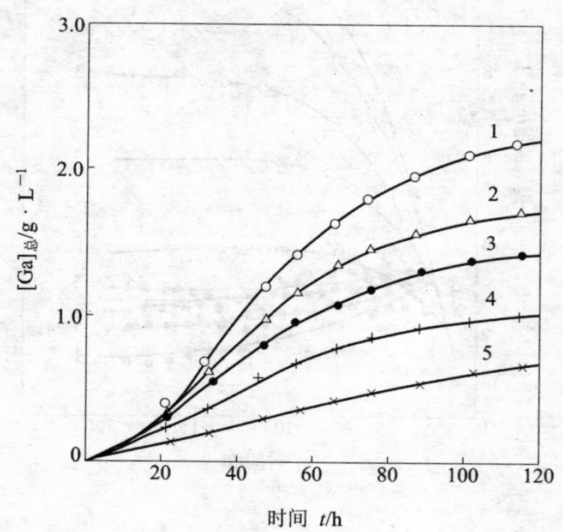

图9-7 氧化亚铁硫杆菌从含镓黄铜精矿中提取镓时，时间和矿浆浓度对镓提取率的影响（pH=1.8，T=35℃）

1—矿浆浓度25%；2—矿浆浓度20%；3—矿浆浓度15%；4—矿浆浓度10%；5—矿浆浓度5%

有人研究过在含硫代硫酸钠的硫酸介质中氧化亚铁硫杆菌对含镓和锗的表生矿石的生物浸出的影响[43]，浸出是在矿浆浓度为14%，pH2.3，温度35℃条件下进行的，矿石含镓0.04%，浸出提取镓和锗的数据绘于图9-8和列于表9-14。从有菌和无菌条件下所得数据的差距可看出细菌对镓和锗提取的影响。提高硫代硫酸钠浓度可以增大镓和锗的提取率。在氧化亚铁硫杆菌存在下，用含 5g 硫代硫酸钠的浸出液浸出 10g 矿石，得到最高的镓浓度约为 11.0mg/L，而锗为 18.5mg/L。在相应的无菌试验中，镓和锗的浓度分别只有 2.5mg/L 和 8.4mg/L。

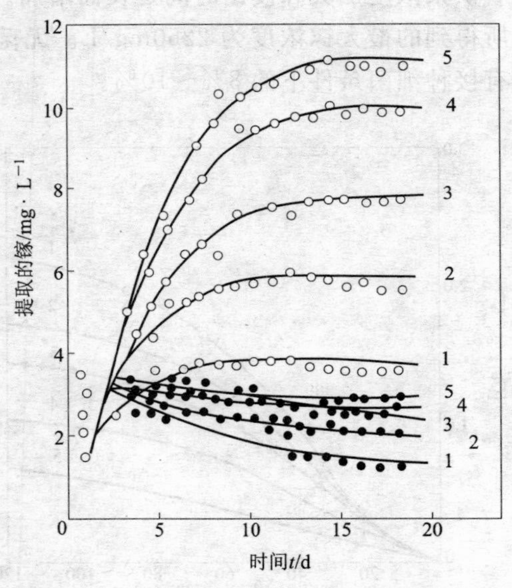

图 9－8　时间和硫代硫酸钠浓度对用生物浸出法从表生矿石中提取镓的影响

●—无菌；○—有菌

表 9－14　浸出 18 天所提取的锗

Na_2SO_4质量浓度/g · L^{-1}	进入浸出液中的锗的质量浓度/mg · L^{-1}	
	有　菌	无　菌
13.3	3.44	6.11
26.6	11.70	7.06

续表 9－14

Na_2SO_4质量浓度/g・L^{-1}	进入浸出液中的锗的质量浓度/mg・L^{-1}	
	有 菌	无 菌
40	14.00	6.90
53.3	16.68	8.23
66.7	18.51	8.35

在酸性浸出液中，硫代硫酸钠分解为亚硫酸钠和元素硫：

$$Na_2S_2O_3 \xrightarrow{H^+} Na_2SO_3 + S^0 \qquad (9-15)$$

式(9－15)中的元素硫被细菌氧化为硫酸：

$$S^0 + 1.5O_2 + H_2O \xrightarrow{\text{细菌}} H_2SO_4 \qquad (9-16)$$

表生矿石含有赤铁矿(FeO)和黄钾铁矾[$KFe(SO_4)_2 \cdot 2Fe(OH)_3$]，镓和锗在其中呈高度浸染状态。硫酸与表生矿石的作用可表示为：

$$2[KFe(SO_4)_2 \cdot 2Fe(OH)_3] + 6H_2SO_4 \longrightarrow K_2SO_4 + 3Fe_2(SO_4)_3 + 12H_2O \qquad (9-17)$$

$$2[\alpha\text{-}FeO(OH)] + 3H_2SO_4 \longrightarrow Fe_2(SO_4)_3 + 4H_2O \qquad (9-18)$$

$Na_2S_2O_3$和Na_2SO_3的存在使硫酸高铁更易被还原：

$$Fe_2(SO_4)_3 + Na_2SO_3 + H_2O \longrightarrow Na_2SO_4 + 2FeSO_4 + H_2SO_4 \qquad (9-19)$$

对铝冶炼厂静电除尘器的粉尘样品(含镓 0.25%)进行了试验后发现黑曲霉菌(fungus aspergillus niger)能使高达 38%左右的镓溶解。这种细菌是在糖蜜培养基中生长的，能向溶液中释放出柠檬酸和少量的草酸和葡萄糖。

在铜、锌和铅各自的硫化物中，锗是以类质同象取代形式存在的，所以，可在很宽的溶液 pH 范围内浸出。业已发现，在排硫硫杆菌(thiobacillus thioparus)的变体锑细菌(antimoniticns)氧化方铅矿的溶液中，锗浓度(约为 100mg/L)比无菌条件下的浓度(约为 17mg/L)高 6 倍。

中国云南临沧地区与内蒙古的褐煤含锗，且储量可观。目前是先把褐煤燃烧，锗在烟尘中富集，再用常规的稀硫酸浸出—丹宁沉淀—煅烧制得锗精矿。这一方法锗回收率不高，所得锗精矿含锗量不高，增加了后续工序的负荷。陈雯、朱云[44]研究了用一种微生物（放射菌）从含锗褐煤中提锗，锗浸出率可达 80%。

Bowers－Irons 等报道，一种新的细菌 Sulfolobaceae 的 Acidotheermus genus 属能从某些矿石（例如美国犹他州 St. Gorge 镓矿、黄铁矿、砷黄铁矿、闪锌矿、方铅矿与铝土矿）与废弃 GaAs 半导体晶片（含 As30%，Ga30%，Si40%）中提取镓。此菌嗜酸（生长 pH 范围为 1.5～4.5），耐温（85～95℃），兼性嗜氧。该菌是从美国犹他州温泉水中分离出来的。当介质（9K 培养基）中没有 $FeSO_4$ 时该菌能以某些适合的矿或 GaAs 作为其能源基质，可把 GaAs 中的 Ga 氧化成 Ga_2O_3，As 氧化成 As(Ⅲ)或 As(Ⅴ)的酸根[45]。

9.9 钼的微生物浸出

氧化亚铁硫杆菌能氧化 MoS_3，但浸出效果很差。曾有人用氧化亚铁硫杆菌处理一种含 Cu 与 Mo 的低品位硫化矿，在 30℃下浸出了 60d，Cu 的浸出率为 60%，而 Mo 的浸出率仅为 0.34%。Donati 等发现氧化亚铁硫杆菌不被 MoS_3 表面所吸附[46]，其原因在于 Mo 对细菌的毒性。Silverman[47]的试验表明，在 9K 培养基中 1mM 的钼浓度对 T. ferrooxidans 对铁的氧化已有抑制作用，2mM 则完全抑制铁的氧化。Acidanus brierleyi 容易氧化辉钼矿而不受 Mo 的毒性的影响。Brierley[48]指出，硫化叶菌（Solfolobus）对钼精矿的浸出作用比氧化亚铁硫杆菌稳定得多。

异养微生物 Bacillus polymyxa 与 Bacillus circulaus 能从锰铁钼矿中浸出钼[49]。

9.10 锂的微生物浸出

Г. Ю. Каравайко 等[50,51]研究了用真菌 Penicillum notatum 与 A. niger 从锂辉石（$LiAlSi_2O_6$）中提取锂，以含 5%蔗糖的无机

盐溶液作介质。在同一试验中发现氧化亚铁硫杆菌在 Waksman 含硫培养基中也能浸出锂，在含有蔗糖的介质中某些硅细菌 Bacillus mucilaginosus 与 B. circulans 同样可以浸出锂。这 3 类微生物降解锂辉石的活性依次为真菌＞硅细菌＞氧化亚铁硫杆菌。Ilgar 等[52]研究了 A. niger 从锂辉石中浸锂，锂辉石有两种晶型 α 与 β，化学成分为（%）：Li_2O 6.89，SiO_2 56.85，Al_2O_3 31.74，CaO 1.16，K_2O 2.41，Na_2O 0.94，BeO 0.01。所用 A. niger 菌株由保加利亚索非亚高等矿产地质研究所(Higher Institute Mining and Geology)S. N. Grouder 教授提供。试验以摇瓶与槽浸两种方式进行。研究了锂辉石晶型（α 与 β），矿石粒度（试样比表面积），矿浆浓度、温度等因素对浸出的影响。结果表明，β 型锂辉石（多孔的正方晶型）比 α 型好浸得多。通过对温度影响的研究绘出了 Arrhenius 线并求出 β 型锂辉石浸出过程表观活化能为 20.3kJ/mol，频率因子 $A=5.66\times10^{-2}$ kg/(m^3·s)。对矿浆浓度影响的研究表明，浸出过程的平均初始速率（头 5 天）符合 Monod 方程

$$\frac{1}{\upsilon}=\frac{k}{\upsilon_m PD}+\frac{1}{\upsilon_m} \qquad (9-20)$$

式中 υ——浸出的平均初始速率，kg/(m^3·s)；

υ_m——可达到的最大理论速率，kg/(m^3·s)；

k——比例常数；

PD——矿浆固体物浓度，%。

$\frac{1}{\upsilon}$与$\frac{1}{PD}$呈直线关系，由直线求得

$\upsilon_m=3.01\times10^{-7}$ kg/(m^3·s) （由直线的截距$\frac{1}{\upsilon_m}$求出）

$k=12.47\%$ （由直线的斜率求出）

则对 β 型锂辉石有

$$\frac{1}{\upsilon}=12.47+4.14\times10^6\frac{1}{PD} \qquad (9-21)$$

对粒度与比表面积的研究表明，过程平均初始速率与比表面积 S

之间呈下列关系

$$\upsilon=\upsilon_m \exp(-K/S) \quad (9-22)$$

$\ln\upsilon$ 与 $1/S$ 之间呈线性关系，对 β 型锂辉石(矿浆浓度 30%时)

$$\upsilon_m = 0.32\times10^{-3}\ \mathrm{kg/(m^3 \cdot s)}$$

$$k = 0.275\mathrm{g/m^2}$$

9.11 其他金属的微生物浸出[53]

9.11.1 钒的微生物浸出

L. Biand 等[54]研究了用氧化亚铁硫杆菌从钒—钛、钒—磷催化剂中浸出钒，加元素硫作为能源物质，氧化亚铁硫杆菌氧化元素硫生成硫酸这一过程产生若干还原态硫的中间产物，这些中间产物把催化剂中的 V(Ⅴ)还原为 V(Ⅳ)并使之溶解。

$$V_2O_5+SO_3^{2-}+4H^+ \longrightarrow 2VO^{2+}+SO_4^{2-}+2H_2O \quad (9-23)$$

用此方法可以从催化剂中浸出 98%的钒而其成本比化学法低 70%～80%。

9.11.2 硒的生物浸出

硒通常以硒化物或元素硒的形式和碲一起存在于重金属硫化物中。硒是一种有毒性的元素，但是从营养学角度看，极少量的硒又是许多细菌、植物和动物所必需的。业已发现，微生物能使硒化合物还原或氧化，或使之转化为有机化合物。已发现氧化亚铁硫杆菌能按下式氧化硒化铜[55]

$$CuSe+2H^+ +0.5O_2 \xrightarrow{\text{细菌}} Cu^{2+} +Se^0 +H_2O \quad (9-24)$$

从式(9—24)看，得到的能量相当于从硒化物中除去 2 个电子。这相当于金属硫化物氧化时释放出能量的 25%。尽管硫和硒的化学性质相似，氧化亚铁硫杆菌对它们的代谢氧化作用却是不同的。

9.11.3 硫化锑的生物浸出[53]

有文献报道了氧化亚铁硫杆菌对含锑复杂硫化矿物、低品位辉锑矿和合成硫化锑的氧化能力。辉锑矿按下式被氧化亚铁硫杆菌所氧化：

$$Sb_2S_3+6O_2 \xrightarrow{\text{细菌}} Sb_2(SO_4)_3 \quad (9-25)$$

此外，像氧化硫硫杆菌这样的微生物，以及排硫硫杆菌的变体锑细菌（B. thiioparus Uarantimaniticusands－tibiobacter Senarmontii）也能使辉锑矿氧化。硫酸锑（Ⅲ）会部分水解而生成不溶性硫酸氧化锑（Ⅲ）：

$$Sb_2(SO_4)_3+2H_2O \longrightarrow (SbO)_2SO_4+2H_2SO_4 \quad (9-26)$$

而且，硫酸锑（Ⅲ）能被微生物部分氧化为硫酸锑（Ⅴ），其反应为：

$$Sb_2(SO_4)_3+O_2+2H_2SO_4 \xrightarrow{\text{细菌}} Sb_2(SO_4)_5+2H_2O \quad (9-27)$$

硫酸锑（Ⅴ）按下式部分水解为不溶性硫酸二氧化锑：

$$Sb_2(SO_4)_5+4H_2O \longrightarrow (SbO_2)_2SO_4+4H_2SO_4 \quad (9-28)$$

氧化亚铁硫杆菌氧化辉锑矿的最佳条件是溶液 pH1.75 和温度 35℃。该氧化反应的表观活化能为70.2kJ，温度系数Q_{10} 为 2.2。后一个数值意味着温度每提高 10℃（在进行研究的 20～40℃温度范围内），辉锑矿氧化的速度增大一倍多。辉锑矿变为硫酸锑的转化率为 55％～64％。在氧化亚铁硫杆菌存在下，由矿浆密度为 14％的辉锑矿悬浮液所得的溶液中，锑的最高浓度约为 1400mg/L。在该浓度下，被溶解的锑由下列各种锑离子所组成：

$$[Sb]_{总}=[Sb^{3+}]+[Sb^{5+}]+[SbO^{+}]+[SbO_2^{+}]$$

业已证实了用浮选法从硫化锑（辉锑矿 Sb_2S_3）中分离汞的可能性。在该分离工艺中，先用氧化亚铁硫杆菌使汞和锑的硫化物进行短时间的氧化，再进行浮选。HgS 和 Sb_2S_3 的分离程度取决于它们对氧化作用的敏感度的差别。实际上，由于氧化亚铁硫杆菌氧化了 Sb_2S_3 的部分表面，因此在浮选过程中 Sb_2S_3 优先沉降，而 HgS 则飘浮起来。

9.11.4 锡的生物浸出

由于氧化亚铁硫杆菌对硫化锡的氧化作用，获得了从黄锡矿提取 12％锡的结果，与此相比，在无菌作业时，锡的提取率只有

4%。此外，还有报道说，在 pH2.2 和温度 37～40℃条件下，氧化亚铁硫杆菌可使二价锡离子氧化。

9.11.5 铋的生物浸出

细菌可间接使辉铋矿氧化，高铁离子是氧化剂，氧化亚铁硫杆菌的作用则是使元素硫和亚铁离子氧化。过程可用下式表示：

$$Bi_2S_3+6Fe^{3+}\longrightarrow 2Bi^{3+}+6Fe^{2+}+3S^0 \qquad (9-29)$$

通过两段细菌浸出，从含铋 0.4%的硫化铜矿石中提取出约 80%的铋[56]。第二段浸出液中铋浓度为 5g/L。

9.11.6 钨的微生物浸出

Guedes de Carvalbo 等[57]研究了用某些硅细菌（cilicate decomposers）从白镍矿中浸出钨。这些细菌产出有机酸，可以溶解与络合钨。浸出 8 天，钨浸出率达到 9%，试验还发现在浸出后期浸出率随着时间而下降。作者认为是因为微生物细胞吸附了钨。

参 考 文 献

1 钟慧芳. 浸锰微生物及其浸锰之研究. 应用微生物，1986，(6)：4

2 Rusin P. Sharo J. Arnolol R. Enhanced recovery of silver and other metals from refractory oxide ores through bioreduction. Mining Eng., 1992, 45: 1467－1471

3 特许公报，昭 37－15208

4 田野达男等. 日本農化学会志，1975，39(12)：477

5 今井和民等. 發酵協会志，1967，25(4)：32

6 JPN Pat，7010409. 1970

7 JPN Pat，6908092. 1969

8 钟慧芳，蔡文六，李雅芹. 细菌浸锰及其半工业性试验. 微生物学报，1990，30(3)：228－233

9 李浩然，冯雅丽. 微生物催化还原浸出氧化锰矿中的锰的研究. 有色金属，2001，53(3)：5－8

10 李浩然，冯雅丽. 微生物浸出深海多金属结核中有价金属. 有色金属，2000，52(4)：74－76

11 Henry L. Ehrlich. Technical Potential for bioleaching and biobenefication of ores

to recovery base metals(other than iron or copper), platinum—group metals and silver. In: Douglas E. Rawling eds. Bioming: Theory, Microbes and Industrial Process, Springer—verlag and Landes Bioscience, 1997. 137—138

12 欧津等. 微生物学报，1977，17(1):11

13 Krafft C. Hallberg R. O. Bacterial leaching of two swidish zinc sufide ores. FEMS Microbial Rev., 1993, 11:121—128

14 Ballester A. BI Zquez ML, Gonzolez F. et al. The influence of different variable on the bioleaching of sphalerite. Biorecovery, 1989, 1:127—144

15 Sukapun J. Thiravetyan P. Tanticharoen M. Bioleaching of zinc from zinc silicate residue. In: Vargas T. Jerezca, Wiertz JV eds. Biohydrometallurgical Processing, Vol. I. Santiago: University of Chile, 1995. 351—358

16 Tungkaviveshkul T, Thiravetyan P, Tanticharoen M. Mechanism for bioleaching of zinc silicate residue by organic acid—producing microorganisms. In: Vargas T. Jerezca, Wiertz JV eds. Biohydrometallurgical Processing, Vol. I. Santiago: University of Chile, 1995. 385—393

17 I. M. Castro, J. L. R. Fietto, R. X. Viera, M. J. M. Tropia, L. M. M. Camps, E. B. Paniago, R. L. Brandao. Bioleaching of zinc and nickel from silicates using Aspergillus niger culture. Hydrometallurgy, 2000, 57:39—49

18 T. M. Bhatti, J. M. Bigham, A. Vuorinen, et al. Alteration of mica and feldspar associated with the microbiological oxidation of pyrrhotite and pyrite. Acs Symp. Ser., 1994, 550:90—105

19 A. M. Amer, I. A. Ibrahim. Egypt. Fizykochem. Probl. Mineralugii, 1997, 31: 43—50

20 方兆珩，柯家骏等. 低品位镍铜硫化矿生物浸出研究. 见:铜镍湿法冶金技术交流及应用推广会论文集. 厦门,2001. 42—49

21 K. A. Natarajian, I. Iwasaki. Role of galvanic interactions in the bioleaching of Duluth gabbro copper—nickel Sulfides. Sep. Sci. Tech., 1983, 18:1095—1115

22 L. Ahonent, O. H. Tuovinen. Bacterial oxidation of sulfide minerals in column leaching experiment at suboptimal temperatures. Appl. Environ. Micron. Microbial., 1992, 58(2):600—606

23 钟慧芳，李雅芹等. 细菌浸出中贫镍硫化矿的研究. 微生物学报，1992，20(1): 82—87

24 李洪枚. 细菌浸出含镍磁黄铁矿精矿的研究. 湿法冶金，2000，19(3):28—31

25 邓敬石. 中等嗜热菌强化镍黄铁矿浸出的研究. 博士论文. 昆明理工大学研究生部,2002

26 温健康，阮仁满等. 金川低品位镍矿资源微生物浸出研究. 见:铜镍湿法冶金技

术交流及应用推广会论文集. 厦门,2001. 136－140

27 D. W. Dew. The application of bioleaching for recovery of Cu, Ni and Co from concentrates. Inter. Hydrometallurgy Conference－leaching Science and Technology Status and Future Directions, Sec 3, Perth Australia, 1999

28 雷云，杨显万. 生物湿法冶金与西部矿产资源开发. 有色金属，2000，52(4)：100－103

29 R. S. Young. Cobalt in biology and biochemistry. Science Progress, 1956, 44:16－37

30 D. L. Thompson, K. S. Noah, P. L. Wichlacz and A. E. Torma. Bioextraction of cobalt from complex metal sulfides. In: Torma AE, Wey JE, Laksmanan Ⅵ eds. Biohydrometallurgical Technologies, Vol. Ⅰ. Warrendate, Pensylvania: TMS Press, 1993. 653－664

31 D. Morin, F. Battaglia, P. Ollivier. Study of the bioleaching of a cobaltiferous concentrate. In: Torma AE, Wey JE, Laksmanan VI eds. Biohydrometallurgical Technologies, Vol. Ⅰ. Warrendate, Pensylvania: TMS Press, 1993. 147－156

32 Nakazawa H. Sato H. Bacterial leaching of Cobalt－rich ferromanganese crusts. Int. J. Miner. Process, 1995, 43:255－265

33 FR Pat, 1401355, 1965

34 Коробушкина Е. Д. , Черняк А. С. Н. , Минеев Г. Г. Микробиология, 1974, 43 (3):43

35 Коробушкина Е. Д. , Минеев Г. Г. , и Прабед Г. П. Микробиология, 1976, 46 (3):535

36 Верникова Я. М. , и другие. Цветные Металлы, 1985, (7):84

37 Шестопалова Л. Ф. Минеев Г. Г. Изучение процесса растворения золота в аминокислотах. Молодежь пятилетке－Иркуск, 1976. 26

38 Минеев Г. Г. , Сыртланова Т. С. , Цветые Металлы, 1984, (12):74

39 S. N. Grouder, V. I. Groudeva, I. I. Spasova. Extraction of gold and silver from oxide by means of combined biological and chemical leaching. In: Torma AE, Wey JE, Laksmanan VI eds. Biohydrometallurgical Technologies, Vol. Ⅰ. Warrendate, Pensylvania: TMS Press, 1993. 417－425

40 E. N. Lawson, M. Barkhuizen and D. W. Dew. Gold solubilisation by the cyanide producing bacteria Chromo bacterium violaceum. In: R. Amils, A. Ballester eds. Biohydrometallurgy and the Environment Toward the Mining of the 21st Century, Part A. Amsterdam. Lausanne. New York. Oxford. Shannon. Singapore. Tokyo: Elsevier, 1999. 239－246

41 刘时杰. 铂族金属矿冶学. 北京:冶金工业出版社，2001

42 D. L. Langhans, E G. Baglin. Biological oxidation of a platinum group metal flotation concentrate and converter mate. In: Torma AE, Wey JE, Laksmanan Ⅵ eds. Biohydrometallurgical Technologies, Vol. Ⅰ. Warrendate, Pensylvania: TMS Press, 1993. 315－324

43 Jian H, Torma A. E. Light Metals, 1989, 971

44 Chen Wen, Zhu Yun. Leaching germanium from brown－coal by bacteria. In: Yang Xianwan, Chen Qiyuan, He Aiping eds. Proceedings of The Third Int. Conf. On Hydrometallurgy. Beijin: International Academic Publishers, 1998. 224－327

45 Bowers－Iron G, Pryor R, Bowers－Iron T. et al. The bio－liberation of gallium and associated metals. In: Torma AE, Wey JE, Laksmanan VI eds. Biohydrometallurgical Technologies, Vol. Ⅰ. Warrendate, Pensylvania: TMS Press, 1993. 335－342

46 Donati E, gurutchet G, Porro S, et al. Bioleaching of metallic sulfides with T. ferrooxidans in the absence of iron(Ⅱ). World J. Microbiol Biotechnol., 1992, (8): 305－308

47 Silverman M. P, Lundgren D. G. Studies on the chemoautotrophic iron bacterium T. ferrooxidans I. An improved medium and harvesting procedure for securing high cell yield. J. Bacterial, 1959, 77:642－647

48 Brierley C. L. J of less common Met., 1974, 36:273

49 Rusin P, Ehrlich H. Developments in microbial leaching－mechanisms of manganese solubilization. Adv. Biochem. Eng. Biotechnol., 1995, 52:2－26

50 Қаравайко Г. Ю, Авакьян З. А, Круцко В. С., И. Другие. Микробиологическое исследование на депозит сподумена. Микробиология, 1979, 48:502－508

51 Каравайко Г. Ю, Круцко В. С, Мельникова Е. О. И Другие, Роль микроорганизма в деградации сподумена. Микробиология, 1980, 49:547－551

52 Ilgar E, Guay R, Rorma A. E. Kinetics of lithium extraction from spodumene by organic acids produced by Aspergillus niger. In: Torma AE, Wey JE, Laksmanan VI eds. Biohydrometallurgical Technologies, Vol. Ⅰ. Warrendate, Pensylvania: TMS Press, 1993. 293－301

53 Arpad E. Torma. The Microbiological Extraction of Less Common Metals. JOM, 1989, 41(6):32－35

54 L. Briand, H. Thomas, et al. Vanadium recovery from solid catalysts by means of Thiobacilli action. In: R. Amils, A. Ballester eds. Biohydrometallurgy and the Environment Toward the Mining of the 21st Century, Part A. Amsterdam. Lausanne. New York. Oxford. Shannon. Singapore. Tokyo: Elsevier, 1999. 263－

271

55 Torma A. E. et al. Can. J. of Microbiology, 1972, 18:1780

56 Mizoguchi T. et al. J. of Industrial Chemistry (Japan). 1970, 73:1811

57 R. A. Guedes de Carvalbo, Celeste Cruz M., Ceu Goncalves M., et al. Bioleaching of Tungsten Ores. Hydrometallurgy, 1990, 24:263—267

58 M. Boon and J. J. Heijnen. Mechanisms and rete limiting steps in bioleaching of sphalerite, chalcopyrite and pyrite with Thiobacillus ferrooxidans. In: Torma AE, Wey JE, Laksmanan Ⅵ eds. Biohydrometallurgical Technologies, Vol. Ⅰ. Warrendate, Pensylvania: TMS Press, 1993. 217—235

59 W. Sand, T. Gehrke, P.-G. Jozsa and A. Schipper. Direct versus indirect bioleaching. In: R. Amils, A. Ballester eds. Biohydrometallurgy and the Environment Toward the Mining of the 21st Century, Part A. Amsterdam. Lausanne. New York. Oxford. Shannon. Singapore. Tokyo: Elsevier, 1999. 27—49

60 J. E. Dutrizac, R. J. C. MacDonald. Ferric ion as a leaching medium. Minerals Sci. Eng., 1974, 6(2):59—99

61 P. C. Rath, R. K. Paramguru and P. K. Jena. Kinetics of dissolution of sulphide minerals in ferric chloride solution. In: dissolution of galena, Sphalerite and chalcopyrite. Trans, Instn. Min. Metall., 1988, 97, C:150—158

62 T. A. Fowler, F. K. Crundwell. The role of Thiobacillus ferrooxidans in the bacterial leaching of zinc sulphide. In: R. Amils, A. Ballester eds. Biohydrometallurgy and the Environment Toward the Mining of the 21st Century, Part A. Amsterdam. Lausanne. New York. Oxford. Shannon. Singapore. Tokyo: Elsevier, 1999. 273—282

63 L. B. Sukla and V. V. Panchanadikar. Bioleaching of lateritic nickel ore using on indigenous microflora. In: Torma AE, Wey JE, Laksmanan VI eds. Biohydrometallurgical Technologies, Vol. Ⅰ. Warrendate, Pensylvania: TMS Press, 1993. 373—380

64 Piao S. Y., Tozawa K. J. Min. Metall. Inst. Jpan, 1985, 101:795

10

生物吸附

10.1 概 述

早在20世纪40年代就已发现某些微生物对金属离子的亲缘性,1949年Ruchhoft C. C. 提出了用生物吸附法(活性污泥)脱除废水中的Pu^{239}。由于人类社会对环境问题的进一步关注,现行的从工业废水中除去重金属的技术效果欠佳且成本很高,同时这些技术产生含金属的矿泥,引起新的问题。有效而价廉的废水治理方法——生物吸附引起了科技界的注意,并把它作为废水治理新工艺的基础,且研究工作不断扩大,到20世纪80年代,注册了第一批专利,确定了特定的微生物体作为污水处理的吸附剂。最初,生物体是以其本来形态而用作吸附剂,很快开发出了生物体固定化技术,并注册了专利[1-6]。这些专利采用压缩、化学处理、固结与制粒来固定生物体。生物体的固定对于生物吸附技术是不可缺少的,它使生物吸附技术得以采用传统的化工设备,诸如固定床或流态化床反应器。

较之离子交换技术,生物吸附可以取得更好的净化指标,经过处理后,溶液中的金属残留量可降低到μg/L级,同时工业用离子交换树脂价格比生物吸附剂要高一个数量级。低成本是生物吸附最大的优越性,它为污水、废液处理提供了一个有竞争性的工艺路子。生物吸附作为一种技术还不是一个成熟的技术,但由于上述的优越性该技术应该是有商业化前景的。

10.2 吸附金属离子的微生物

许多微生物都具有从水溶液中吸附金属离子的能力，包括细菌、真菌、放线菌、酵母与藻类。不仅是活的微生物，死的生物体亦然。Kuyucak 与 Volesky 汇编了死亡的海洋生物体吸附金属的容量[7]。表 10－1 是部分文献中报导的微生物吸附金属离子的最大吸附容量(mg/g)。

一些发酵工业的废料中含有能吸附金属离子的微生物，这种废料可用作吸附剂。一些种类的海藻也具有很好的吸附金属的能力，可以将天然产物变成一种有用的资源并从中获利，对于盛产海藻的国家与地区利用海藻进行废水治理有很好的发展前景。一些活性污泥中也含有能吸附金属的微生物，这更是一种廉价的吸附剂；一些干燥了的植物也具有吸附金属离子的能力；一些具有优异性能的微生物还可以在发酵缸内繁殖，同时采用一些含碳水化合物的工业废液作为培养基。总之，以尽可能低的成本获取作为吸附剂的微生物方能显出微生物吸附的优越性。

10.3 生物吸附机理

金属离子的生物吸附按被吸附的离子在细胞上的位置可分为：

(1)胞外多糖层吸附；

(2)细胞表面吸附；

(3)胞内富集(积累)。

按吸附过程的物理化学类型可分为：

(1)物理吸附；

(2)离子交换；

(3)络合；

(4)沉淀。

其关系可表示如图 10－1 所示。

表 10—1　文献中报道的某些微生物吸附金属的最大吸附容量/mg·g^{-1}

微 生 物 名 称	类别	Hg	Cr(Ⅲ)	Cr(Ⅳ)	Co	Ni	Cu	Zn	Cd	Ag	Au	Pb	Th	Sr	U	Pd	文献①
Active sludge bacteria(活性污泥)	细菌			24		37	50	138	80.72			143					47，48
Alcaligenes sp	细菌							10									
Arthrobacter fluorescens	细菌																
Arthrobacter globiformis	细菌								0.2								
Arthrobacter simplex	细菌				11										58		
Arthrobacter sp	细菌					13	148					130					
Arthrobacter viscosus	细菌								1.4								
Ascophyllum nodosum	藻类				156	70			195			280					
Aspergillus niger(黑曲霉)	真菌				95		4				200		22		43		
Aureobasidium pullulans	真菌						6										
Bacillus licheniformis(地衣芽孢杆菌)	细菌											224.8					76
Bacillus megaterium(巨大芽孢杆菌)	细菌										302						77
Chitosan	藻类															280	50
Chlorella rulgaris	藻类			3.5			42.9										
Chlorella regularis(小球藻)	藻类														3.95		
Cladosporium cladosporioides	真菌													2670Bq/g			63

续表 10—1

微生物名称	类别	Hg	Cr(Ⅲ)	Cr(Ⅳ)	Co	Ni	Cu	Zn	Cd	Ag	Au	Pb	Th	Sr	U	Pd	文献①
Clodophara crispata	藻类			3													
Cladosporium resinae	真菌						16										
Darrillaea potatorum	藻类	621.86															
Exopolisaccharides of arthrobacter viscousus									3.3			336					
Fucus vesiculosus	藻类					17											
Ganaderma lacidum	真菌						24										
Gram—positiye bacteria	细菌								18.5								
Gram—negtiye bacteria	细菌								13.5								
Halimeda opuntiq	藻类		40														
Melanin of aurcobasidium pullulans							9										
Melanin of cladosporium resinae							25.4										
Pennicillum chrysogenum(产黄青霉)	真菌											116	150				
Pennicillum digitatum(指状青霉)	真菌								3.5			5.5					
Pennicillum jigitatum	真菌						3										
Pennicillum griseofulvum(灰黄青霉)	真菌						37.88										
Pseudomonas fluorescens	细菌												15		6		
Pseudomonas saccharophilia	细菌				11										87		

续表10—1

微生物名称	类别	Hg	Cr(Ⅲ)	Cr(Ⅳ)	Co	Ni	Cu	Zn	Cd	Ag	Au	Pb	Th	Sr	U	Pd	文献①
Pseudomonas syringae	细菌					6	25.4	8									
Rhizopus arrhizus(少根根菌)	真菌			94	2.9	18.7	9.5	13.5	26.8			75	185		180		60,61
Rhizopus oligosporus(少孢子根菌)	真菌											126					42
Saccharomyces cerevisiae	酵母			3	5.8			17	1			2.7	116		157		
Saccharomyces cerevisiae(living)	酵母						0.8										
Saccharomyces cerevisiae(not living)	酵母						0.4										
Sargassum natans	藻类								132		420	310					46
Sargassum vulgare	藻类						59		87								45
Sargassum filipendula	藻类						51		74								45
Sargassum fluitans	藻类						56		108.39						571		57,45
Sargassum polycytum	藻类								103.36								46
Streptomyces noursei	细菌		10.6		1.2	0.8	9	1.6	3.4	38.6		36.5	34				
Streptomyces longwoodensis	细菌											100			450		
Streptomyces niveus	细菌														40		
Zoogloea ramigera	细菌			3			270										

① 除文献特别指明外，均取自文献[8]。

表中 Bq/g 为放射性强度 Bq 所表示的吸附量。

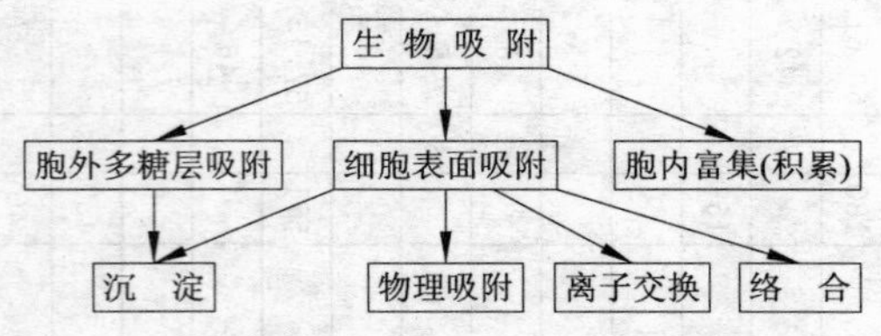

图 10－1 生物吸附分类

10.3.1 胞外多糖层吸附[10]

不同微生物产生的胞外多糖层组成不同，从而不同微生物吸附金属离子的机理也不一样，微生物生长条件也强烈影响胞外多糖层的组成。Brow 等[11]综述了活性污泥和细菌产生的胞外多糖层在金属分离中的作用。M. J. Cheng 等[12]从 ASP 分离出聚合物并研究了它们对 Cu^{2+}、Cd^{2+}、Ni^{2+} 的络合能力。Mclean 等[13]研究了谷氨酸基夹膜对金属离子的亲合能力。Kurek 和 Francis[14]发现一些细菌在生长过程中释放出的蛋白质能使溶液中的 Cd^{2+}、Hg^{2+}、Cu^{2+}、Zn^{2+} 生成不溶性的沉淀。

10.3.2 细胞表面吸附

细胞表面吸附有 4 种可能。

10.3.2.1 物理吸附

细胞表面靠范德华力或静电引力吸引溶液中的金属离子。Tsezos 与 Volesky[15,16]的研究证实，Rhizopus arrhizus 吸附铀是靠物理吸附。Rhizopus arrhizus 对 Cu^{2+}[17]与 Ni^{2+}、Zn^{2+}、Cd^{2+} 与 Pb^{2+}[18]的吸附也被认为是物理吸附。Kuyucak 与 Volesky[19]认为水藻、真菌、酵母的死生物量吸附 UO_2^{2+}、Cd^{2+}、Zn^{2+}、Cu^{2+}、Co^{2+} 是靠离子与细胞壁之间的静电吸引。

10.3.2.2 离子交换

Schiewer 等[20]认为海藻吸附重金属离子的机理是离子交换。Figueira[21]用海藻 Sargassum（马尾藻属）吸附 Zn^{2+}、Cd^{2+} 与 Cu^{2+}，海藻可以像离子交换树脂那样转型。用 KOH 溶液处理时

由 H^+ 型转为 K^+ 型。以此种 K^+ 型海藻装入柱中进行 Zn^{2+}、Cd^{2+} 与 Cu^{2+} 的连续吸附试验，流出液中重金属离子的减少量与 K^+ 的增加量符合化学计量。此种现象很好地证明了海藻吸附重金属离子的离子交换属性。Vaucheria 在吸附 Sr^{2+} 时释放出化学计量的 Ca^{2+} 与 Mg^{2+}[25]。有资料表明[25-29]，一些海藻对金属离子的吸附虽不完全是，但至少部分是通过离子交换机理。被认为是离子交换机理的还有 Streptomyces longwoodensis 吸附铀与铅[22]，真菌 Ganoderma lucidum 吸附铜[23]，Aspergillus niger 吸附铜[24]。Brady[30] 等研究了 Rhizopus arrhizus 的死生物量对 Sr(Ⅱ)、Mn(Ⅱ)、Zn(Ⅱ)、Cd(Ⅱ)、Cu(Ⅱ)、与 Pb(Ⅱ)的吸附时发现 Ca^{2+}、Mg^{2+} 与 H^+ 从生物量上被交换下来，但其量大大小于被吸附金属离子的量(按化学计量)。这说明，离子交换机理确实存在，但不是表面吸附的惟一机理。

10.3.2.3 络合

Sarret 等[31] 的研究表明真菌 P. chrysogenum 的细胞壁对重金属离子有很高的络合特性，经 X 射线吸收精细光谱分析可知：在 $2.6\times10^{-3}\sim0.15$mmol/g 的吸附量范围内 Zn^{2+} 离子主要是以四面体构型配位到 4 个磷酰基上的：

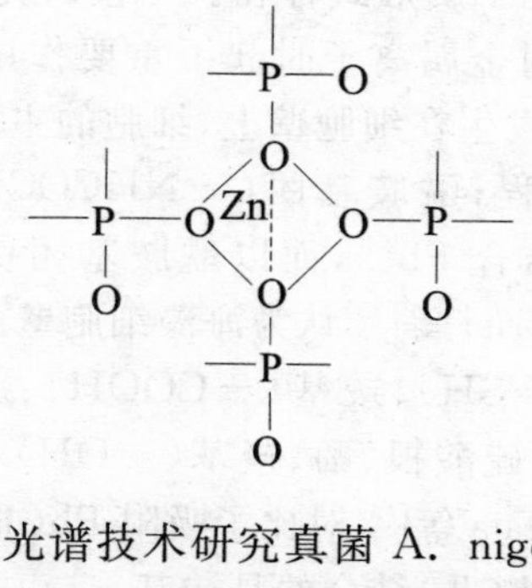

Guibal 等[32] 用红外光谱技术研究真菌 A. niger、P. chrysogenum 和 M. miehei 的吸附。研究表明，这些微生物的细胞壁主要含有聚氨基葡萄糖和糖蛋白纤维，铀酰离子在细胞上的吸附导致了氨基或酰氨基红外吸收峰强度的降低，这表明铀酰离子主要与细胞

壁上氨基发生配位络合。对海藻与甲壳质吸附金属离子的研究也证实了海藻 S. fluitans 中羧基基团与 Fe(Ⅲ)、Fe(Ⅱ)的络合，甲壳质上氮和钍的络合。

10.3.2.4 沉淀

除开上述两种机理外，某些变价金属离子在具有还原能力的生物体上吸附时可能发生氧化还原反应，如小球藻 Chlorella vulgaris 对 Au(Ⅲ)有很高的吸附能力。光谱分析证实，在吸附了金的细胞上有元素金存在。用适当的淋洗液淋洗时只有 Au(Ⅰ)离子从细胞上脱附，这表明这种微生物在吸附 Au(Ⅲ)时 Au(Ⅲ)首先被还原为 Au(Ⅰ)，继而又被还原为单质金。此外，一些易水解而形成聚合水解产物的金属离子在细胞表面可形成无机沉淀物。通过对钨在 Saccharomgces cerevisia 细胞上的吸附的研究表明，钨沉淀在细胞表面，并且形成 0.2μm 的针状纤维层。

在细胞表面对金属离子的吸附中细胞壁上的一些化学基团起了重要作用，也就是说，离子交换、络合等过程是通过这些化学基团来实现的。

真菌类微生物，几丁质是细胞壁的主要组成成分，它是由数百个 N－乙酰葡萄糖胺分子 β－1,4 葡萄糖苷链连接而成的多聚糖，几丁质可以脱乙酰几丁质形式存在。一些研究工作表明，几丁质在真菌类微生物吸附金属离子时起了重要作用[10]。产黄青霉菌对 Pb^{2+} 的吸附主要发生在细胞壁上，细胞的主要成分几丁质和聚葡糖均参与吸附过程；酰胺基团($-NHCOCH_3$)和羟基基团(－OH)协同作用结合 Pb^{2+}，而以酰胺基团优先[75]。Gardea－Torresdey 等[34]与 Crist 等[35]认为海藻细胞壁上的氨基($-NH_2$)、硫醚(RSR)、巯基(－SH)、羧基(－COOH)、羰基(－CO)、咪唑($C_3H_4N_2$)、磷酸根、硫酸根、酚、羟基(－OH)和酰胺都可能是结合金属的功能团。Naja 等[63]对比了吸附 Pb(Ⅱ)前与后的 Rhizopus arrhizus 发现，Pb(Ⅱ)结合的是羧基。

10.3.3 胞内富集(生物积累)

非生命必须元素的金属离子穿过细胞膜在微生物细胞内富集

的现象已被观察到并证实，例如铜绿假单孢菌在细胞内富集 UO_2^{2+}[31]，活发面酵母在细胞内富集 Cd^{2+}[32]，链霉素吸附 UO_2^{2+} 时细胞内出现部分 UO_2^{2+}[33]。生命必须元素 Na、K、Ca 等的运输机理已研究的比较深入，而其他的金属在胞内富集的机理则知之甚少。

由于实际的吸附过程所采用的生物吸附剂十分复杂，因而吸附机理也显出多样性，常常是几种机理同时起作用，而由于作为吸附剂的微生物的差异与溶液条件的不同各种机理发挥作用的程度也不一。例如铅和镍在同一吸附剂上有着不同的吸附机理[66]。Tsezos[67,68] 采用电子显微镜、X 射线光电子能谱和红外光谱等多种检测手段证实，根霉吸附铀的过程中先后有三种机理。开始铀与氮原子发生络合反应被吸附在细胞壁的几丁质上，随后铀被吸附于细胞壁的网状多孔结构中，最后铀—几丁质络合物水解形成微沉淀。汤岳琴等[73] 的研究表明，产黄青霉废菌体对 Pb^{2+} 离子的吸附有三种机理同时存在。(1) Pb^{2+} 与一些细胞自溶物或细胞碎片结合，沉积在吸附颗粒表面(沉淀机理)。这些沉积物具有晶体结构。此种机理占总吸附量的 53%；(2) 离子交换机理；(3) 共价/配位链形式存在的络合吸附。

10.4 生物吸附平衡[8,9]

当吸附剂与溶液接触时间足够长时(应由试验确定)，吸附达到动态平衡。吸附剂吸附金属离子的能力用“吸附容量”来表述，吸附容量 q 指在平衡状态下单位重量吸附剂(g)上所吸附的金属量(mg 或 mmol)。

$$q=(C_0-C_f)V/W \qquad (10-1)$$

式中 q——吸附容量，mg/g 或 mmol/g；

C_0——水溶液中金属离子的初始浓度，mg/L 或 mmol/L；

C_f——水溶液中金属离子的平衡浓度，mg/L 或 mmol/L；

V——溶液体积，L；

W——吸附剂重量，g，干重、湿重均可，但需加注明。

取一定体积，不同金属离子浓度的溶液在同一温度下与一定量的吸附剂充分接触使其达到平衡，再测定溶液中金属离子浓度，并按式(10－1)计算相应的 q，则可得出一系列对应的 C_f 与 q 值，作成曲线，一般具有图 10－2 所示形状，称为吸附等温线。q_m 为最大吸附容量，q_m 与吸附剂、被吸附离子性质有关，也与吸附的条件有关，特别是溶液 pH 等因素影响显著。

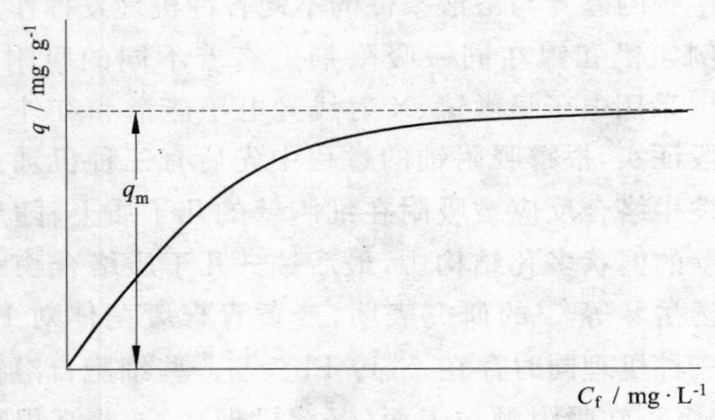

图 10－2 吸附等温线

吸附等温线可用一定的数学模型描述：

(1) Langmuir 等温方程(L 方程)

$$q = q_m C_f (K + C_f)^{-1} \tag{10－2}$$

式中 q——平衡吸附容量，mg/g 或 mmol/g；

q_m——最大吸附容量，mg/g 或 mmol/g；

K——Langmuir 平衡常数，$(\text{mg/L})^{-1}$ 或 $(\text{mmol/L})^{-1}$；

C_f——水溶液中金属离子的平衡浓度，mg/L 或 mmol/L。

式(10－2)可改写为

$$\frac{C_f}{q} = \frac{K}{q_m} + \frac{1}{q_m} C_f \tag{10－3}$$

以 C_f/q 对 C_f 作图为一直线，由其斜率可求出 q_m，由其截距与 q_m 可

求出 K。Langmuir 模型是根据气固二相间单分子层的吸附假设而推导出的，并假定每个吸附空位吸附能量相同，相邻吸附分子间无相互作用。该模型不适用于表达低平衡浓度的生物吸附过程。

(2) Freundlich 方程(F 方程)

$$q = k(C_\mathrm{f})^n \tag{10-4}$$

式中，k 与 n 为 F 方程参数，由实验数据求出。该模型是一个半经验方程，缺乏物理意义。

(3) Redlich－Peterson 吸附等温方程[36]

$$q = \frac{K_\mathrm{R} \cdot C_\mathrm{f}}{1 + a_\mathrm{R} \cdot C_\mathrm{f}^{\beta}} \tag{10-5}$$

式中，K_R、a_R、β 是三个参数，β 在 0～1 之间变化。$\beta=1$ 时，式(10－5)转化为 L 方程，$\beta=0$ 时，式(10－5)转化为 Henry's 定律。

上述三种模型各有 2～3 个参数需由实验数据求出，各适用于一定的吸附体系，但缺乏物理意义，不能反映吸附过程的机理，同时也不适用于有竞争吸附的多元体系。

(4)扩展 L 型吸附方程(竞争吸附模型)

Butler 与 Ockrent 在经典的 L 方程基础上提出了扩展 L 型方程，可用于有竞争吸附的多元体系[37]。若溶液中同时存在两种均能被吸附的金属离子 Me_1 与 Me_2，则有

$$q_1 = \frac{q_{\mathrm{m},1} \cdot a_1 \cdot C_{\mathrm{f},1}}{1 + a_1 \cdot C_{\mathrm{f},1} + a_2 \cdot C_{\mathrm{f},2}} \tag{10-6}$$

$$q_2 = \frac{q_{\mathrm{m},2} \cdot a_2 \cdot C_{\mathrm{f},2}}{1 + a_1 \cdot C_{\mathrm{f},1} + a_2 \cdot C_{\mathrm{f},2}} \tag{10-7}$$

若溶液中有 n 种金属离子，则对其中任一种 Me_i 可写出

$$q_i = \frac{q_{\mathrm{m},i} \cdot a_i \cdot C_{\mathrm{f},i}}{1 + \sum_{i=1}^{n} a_i \cdot C_{\mathrm{f},i}} \tag{10-8}$$

除了上述数学模型，还有“表面络合模型”、“离子交换模型”

等,读者可参阅文献[9]。

10.5 重金属离子的吸附

10.5.1 真菌类的吸附

Bosecker[38]研究了 80 多种丝状真菌(Filamentous fungi)从稀溶液中吸附重金属的能力。约一半菌株(青霉菌属)能吸附至少一种重金属,从起始浓度为 100mg/L 的溶液提取率可达 50%以上。无论是活菌或死的生物量均具有吸附重金属的能力。表 10－2 列出了各种菌株的试验结果,表中%表示金属离子浓度降低率,pH 表示终点 pH,水溶液中金属的起始浓度为 100mg/L,吸附时间为 7d。金属吸附量与介质 pH 值、培养基的组成有关。生长于简化了的葡萄糖－酵母萃介质(extract medium)中的菌丝体比生长于麦芽提取介质中的真菌生物量效果更好。表 10－3 列出了用真菌吸附镉的结果。

制药工业的废水中常含有多种真菌,它们可用来从水溶液中提取重金属。

用从抗菌素生产的废水中分离出的死生物量(加热杀死)进行吸附试验,试验条件为 pH＝5,金属起始浓度 100mg/L,生物量 200g/L,时间为 4d。结果表明金属提取率随生物量的增加而增大,所取得的最好提取率分别为 Cu 70%、Cr(Ⅵ)68%、Cd 64%、Zn 57%、Ni 52%、Co 37%,以铜的提取率最高。当用抗菌素厂含 Aspergillus niger53 的尾废液并补充 1%葡萄糖时,即使在低 pH(2.1)的条件下经 3d 处理,铜的提取率可达 65%(水溶液铜的起始浓度为 100mg/L,生物量为 100g/L)。

表 10－2 若干真菌吸附重金属试验结果

菌株编号	菌类	Co		Ni		Cu		Zn		Cr^{6+}	
		%	pH	%	pH	%	pH	%	pH	%	pH
1	Penicillium funiculosum			50	6.6			75	6.5		

续表 10-2

菌株编号	菌类	Co		Ni		Cu		Zn		Cr^{6+}	
		%	pH	%	pH	%	pH	%	pH	%	pH
4	Talaromyces trachyspermus					66	3.5				
7	Aspergillus					56	3.6				
35	Fusarium javanicum			56	6.4			80	4.3		
53	Aspergillus niger	58	2.7			60	2.0	80	2.8		
55	Aspergillus niger	75	2.7	50	2.1	60	2.8	80	2.8		
56	Penicillium			55	4.3						
57		54	4.7			70	4.0				
62	Penicillium					50	4.0				
64						60	2.8				
68						80	2.4				
70						55	3.0				
71								50	3.0	70	4.1
72						65	4.1				
73										50	5.3
76				53	4.4	74	4.1	90	5.2	60	4.8
79						60	3.4	65	5.6		
88		70	3.1					75	6.4		

表 10-3 用真菌从含镉溶液中吸附镉的结果

(溶液镉的质量浓度为 100mg/L)

菌株及其编号	100mL 溶液中生物量的湿重/g	介质 pH	吸附时间对应的吸附率/%		
			30min	1d	3d
1 Penicillium	1	5.0	12	16	14
7 Aspergillus	1	5.0~5.8	2	3	3
	5	5.0~6.1	14	13	14
	10	5.0~6.2	32	30	33
	20	5.0~6.3	56	62	51

续表 10－3

菌株及其编号	100mL 溶液中生物量的湿重/g	介质 pH	吸附时间对应的吸附率/%		
			30min	1d	3d
32 Trichoderma	1	5.0～6.0	18	20	21
	5	5.0～6.5	45	50	46
48 Penicillium	1	3.1～3.3	0	0	5
	5	3.1～3.7	0	0	8
	10	3.3～5.3	1	14	53
	5	5.0～6.5	8	39	62
	10	5.0～6.8	21	54	61
56 Penicillium	5	5.0～6.5	23	68	69
	10	5.2～6.6	34	86	80
62 Penicillium	5	5.0～6.2	24	63	70
	10	5.0～6.4	28	63	84

M. P. Shah 等[39]研究了固定了的 Penecillium griseofulvum (P. g)从溶液中吸附 Cu。从发酵工业可获得大量的 P. g 生物量。在试验中采用多种固定剂，诸如：藻酸钙(calcium alginate)，聚丙烯酰胺(polyacrylamide)，聚乙烯醇(polyvinyl alcohol)，尿素—甲醛(urea－formaldehyde)，戊二醛蛋白(protein glutaraldehyde)(与戊二醛联结的天然蛋白质)。试验表明，在上述固定剂中，以 protein glutaraldehyde 最好。吸附剂与溶液接触时间为 30～60min，即可达到最大吸附量。用 protein glutaraldehyde 作固定剂制成的吸附剂的吸附量与溶液中起始铜浓度有关。起始铜浓度为(mg/L)6.985、26.67、50.8 时，对应的吸附量分别为(mg/g)10.91、15.69、37.88，吸附率分别为(%)9.23、38.38、56.11。

K. A. Natarajan 等[40]研究了用废弃的曲霉菌(Aspergillus)生物量从水溶液中吸附重金属离子。生物量是生长在发酵的小麦麸上，在提取了酶后的渣上。这种渣在丢弃前先进行高温压煮。渣呈黑褐色颗粒状，0.16～0.2mm 大，密度为 310g/L。此种废弃物中含有大量已死亡的微生物。如 Aspergillus niger，Aspergillus terreus 与 Penecillium funiculosum 与酵母菌 Saccharomyces cerevisiae。研究表明，对于Cr(Ⅲ)与Cr(Ⅵ)吸附平衡可于60min达到，而对于Ca,Fe,Ni则需要90min。如图10－3所示。吸附达到最大量的pH值，对于Fe为pH＝4～5，对于Ca与Ni则为pH＝5～7，而对于Cr(Ⅲ)与Cr(Ⅵ)则为pH＝6。吸附率随溶液中金属离子浓度的上升而下降，随生物量负载的增高而下降。吸附遵从Langmurian规律，吸附各种金属离子的能力顺序为Ca＞Cr(Ⅲ)＞Ni＞Fe＞Cr(Ⅵ)。多种金属离子共存时每种离子的吸附量下降。

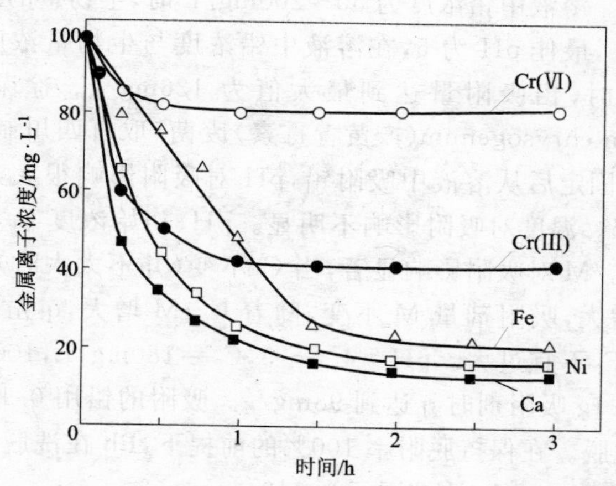

图10－3 金属离子浓度随时间变化曲线

金属离子初始浓度：100mg/L；吸附剂量：10g/L；

pH分别为：对Cr(Ⅲ)与Cr(Ⅵ)3.5，Ni 4.5，Fe 5.4，Ca 5.5

B. Mattuschka等[41]研究了7种细菌、18种酵母、2种放线菌、2种绿藻对重金属的吸附情况。上述微生物是以纯菌株的形式以及8种制药工业的废水中的生物量的形式使用的。用链霉素noursei的废生物量在温度30℃、干生物量3g/L、pH＝4、接触时间1h的条件下，吸附重金属的试验结果列入表10－4。

表 10－4 吸附重金属的试验结果

金属（硝酸盐形式）	1g 干生物量的吸附容量/μmol	金属（硝酸盐形式）	1g 干生物量的吸附容量/μmol
Ag	356	Zn	0
Pb	267	Cd	0
Cu	73	Co	0
Cr	34	Ni	0

A. B. Ariff 等[42]研究了制成粒的 Rhizopus oligosporus 对铅的吸附。溶液中铅浓度为 50～200mg/L 时，生物量的最佳浓度为 0.5g/L，最佳 pH 为 5，在溶液中铅浓度与生物量浓度之比为 750mg/g 时，铅吸附量达到最大值为 126mg/g。徐荣等[65]将 Penicillum chrysogenum（产黄青霉素）废菌（取自四川制药厂）用藻酸钠钙固定后从溶液中吸附铅，pH 对吸附影响很大，最佳 pH 为 5～5.5。温度对吸附影响不明显。pH、初始浓度 C_0 与吸附剂量之比 C_0/M 对吸附影响显著，当 C_0 不变（并不太大时）随 C_0/M 增大，q 增大，吸附剂量 M 不变，随着 C_0/M 增大，q 先增大后减少，因而 C_0 不宜过大。pH＝4.8～5，C_0＝180mg/L，100mL 溶液中加入 0.1g 吸附剂时 q 达到 98mg/g。吸附的铅用 0.1mol/L 的 EDTA 洗脱。在保持脱附率 100％的前提下，Pb 在洗脱溶液中浓度可达 20700mg/L，浓缩因子为 113。

美国恩捷尔哈特矿物和化学制品有限公司早于 1981 年就获得用一些真菌将工业废水中呈溶解状态的金属转化为不溶性金属的专利权，用该专利中所研究的芽枝霉属（Cladosporium）、青霉菌属（Penicilluim）、木霉属（Trichoderina）、黑色头号孢霉（Black fungcls）和黑色厚垣孢霉（Black mycelin）等真菌回收贵重金属，必须往处理液中加入 $CaCO_3$ 或某些如白云石等含 Ca 矿物，为真菌生长提供所需部分营养物，也可以使真菌聚集在它们表面。实验结果表明，用芽枝霉属真菌回收 Zn、Rh、Fe、Ru 和 Al，回收率在 94％以上，这些真菌回收废水中的金属反应时间只需数小时，处理成本低，操作简单，适用于 pH＜4 的酸性废液[71]。

10.5.2 藻类吸附剂

众多的研究表明，藻类具有吸附金属的能力，而藻类，特别是海藻，数量大而且容易收集，在一些地区还可以人工培养。藻类的细胞壁主要由多糖、蛋白质和脂类组成，有很多能与离子络合的官能团。例如绿藻 Chlorella、Monoraphidium 等的细胞壁含 24%～74%的多糖、2%～16%的蛋白质、1%～24%的糖醛酸，它们可提供氨基、酰胺基、羰基、醛基、羟基、硫醇、硫醚、咪唑、磷酸根与硫酸根等官能团。此外，细胞膜是具有高度选择性的半透过性膜，这些特点决定了藻类可以吸附很多种金属离子[69]。藻类对常见金属离子的亲和性一般具有下列顺序：Pb＞Fe＞Cu＞Zn＞Mn＞Sy＞Ni＞V＞Se＞As＞Co[70]。藻类富集金属的效率相当高，对 Zn、Hg、Cd 和 Pb 等的富集可达几千倍。

海藻具有优良的吸附性能与低成本，作为生物吸附剂受到关注，其中以 Sargassum 最佳。M. M. Figueira 等[43]研究了褐色海藻(马尾藻属 Sargassum)从稀溶液中吸附 Zn^{2+} 、Cd^{2+} 与 Cu^{2+} 的规律。海藻采自美国佛罗里达州的 Naples，湿海藻在阳光下晒干，然后用 0.2NHCl 溶液处理 3h，固体浓度为 10g/L。液固分离后再用蒸馏水漂洗至 pH4.5，然后在 60℃下烘一夜。用浓度为 20mM 的 KOH 溶液处理使海藻从 H^+ 型转变为 K^+ 型。处理后漂洗至 pH 约为 5.5 而后又在 60℃下烘一夜。

吸附试验在玻璃管做成的柱中进行，柱长 50cm，直径 2.5cm。将制备好的吸附剂装入柱中，装填密度约为 100g/L。从柱子底部向上缓慢通入蒸馏水将吸附剂浸没，然后从柱子顶部连续地输入含金属离子的溶液，流速为 8mL/min，从底部放出流出液(流出速度与流入速度相等)，按 30min 间隔收集流出液并送去化验。

通过实测与计算得到多金属离子溶液中各种离子的吸附平衡常数列入表 10－5。

表 10-5 多金属溶液中不同金属离子的吸附平衡常数

金属离子	K	K_M/K_K
K^+	2.16	1
Zn^{2+}	4.26	1.96
Cd^{2+}	8.02	3.71
Cu^{2+}	35.15	16.51

K_M/K_K 为相对平衡常数，可以用来表征金属离子吸附能力的大小与吸附的选择性。表 10-5 表明，在 Zn^{2+}、Cd^{2+}、Cu^{2+} 三种离子中 Cu^{2+} 的吸附能力最强，而 Zn^{2+} 与 Cd^{2+} 相当。

连续柱式吸附试验结果表示如图 10-4，10-5 与 10-6。图的纵坐标 X_M 为流出液中金属离子浓度与流入液中金属离子浓度之比（无量纲）。因流入液中无 K^+，K^+ 是在吸附剂上，故而对 K^+ 离子，X_M 为流出液中 K^+ 当量浓度与流入液中金属阳离子当量浓度之比（无量纲）。横坐标为无量纲时间 T。

$$T=\frac{C_0Ft}{\rho_b QV_c} \tag{10-9}$$

式中 C_0——流入液中金属离子的总当量浓度，meq/L；

F——溶液的体积流量，mL/h；

t——时间，h；

ρ_b——干吸附剂的装填密度，g/m；

Q——吸附剂中可交换键位的浓度，meq/L，可用 NaOH 溶液滴定测出；

V_c——柱子中吸附床体积，L。

图 10-4 是从单一的 Zn^{2+} 溶液中吸附锌。从图可看出，在 $T=0\sim0.18$ 区间，流出液中不含 Zn^{2+}，Zn^{2+} 全部被吸附，流出液中含 K^+、K^+ 的浓度与被吸附的 Zn^{2+} 量符合化学计量。在 T 约为 0.18 时，流出液中开始出现 Zn^{2+}，与离子交换柱一样，生物体吸附柱也出现了“穿透”。$T=0.2$ 时，流出液中 Zn^{2+} 浓度与进流中 Zn^{2+} 浓度相等，流出液中不再含 K^+，说明此后 Zn^{2+} 的吸附不再

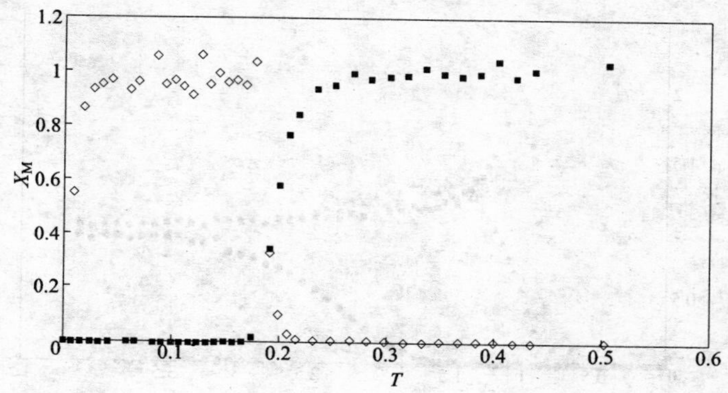

图 10－4 Zn^{2+} 在 K－Sargassum 上吸附曲线

◇—K；■—Zn

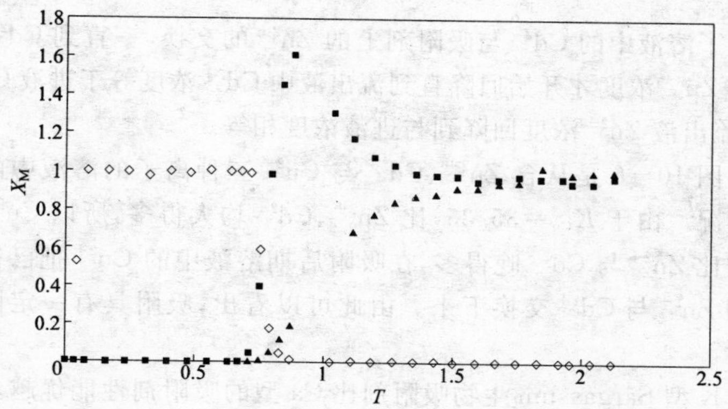

图 10－5 Zn^{2+} 与 Cd^{2+} 在 K－Sargassum 上吸附曲线

◇—K；■—Zn；▲—Cd

发生。

图 10－5 是从含 Zn^{2+} 与 Cd^{2+} 两种离子中的吸附情况。由于 Cd^{2+} 的吸附平衡常数 $K_{Cd}=8.02$，比 Zn^{2+} 的 $K_{Zn}=4.26$ 大，Cd^{2+} 的吸附能力比 Zn^{2+} 强，Cd^{2+} 的穿透比 Zn^{2+} 略晚一些，而且 Zn^{2+} 出现穿透后流出液中 Zn^{2+} 浓度上升至高于进液中 Zn^{2+} 浓度，此时

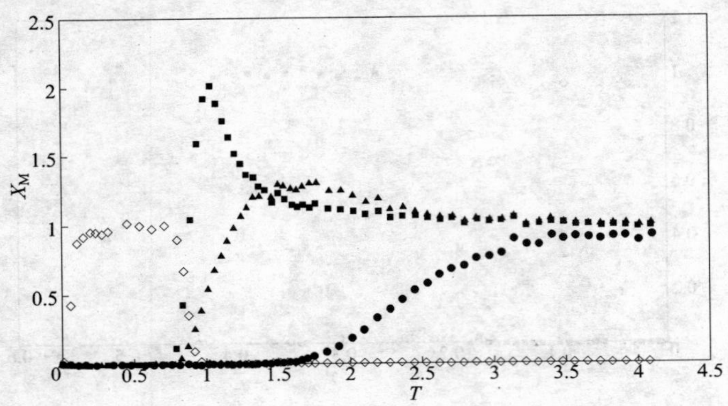

图 10－6 Zn^{2+}、Cd^{2+}、Cu^{2+} 在 K－Sargassum 上吸附曲线

◇—K；■—Zn；▲—Cd；●— Cu

发生了溶液中的 Cd^{2+} 与吸附剂上的 Zn^{2+} 的交换，一直到 Cd^{2+} 穿透后 Zn^{2+} 浓度才开始回降直到流出液中 Cd^{2+} 浓度等于进液 Cd^{2+} 时，流出液 Zn^{2+} 浓度回降到与进液浓度相等。

图 10－6 是从含 Zn^{2+}、Cd^{2+} 与 Cu^{2+} 三种离子的溶液中的吸附情况。由于 $K_{Cu}=35.35$，比 Zn^{2+}、Cd^{2+} 均大得多，所以 Cu^{2+} 的穿透比 Zn^{2+} 与 Cd^{2+} 晚得多，在吸附后期溶液中的 Cu^{2+} 把已被吸附的 Zn^{2+} 与 Cd^{2+} 交换下来。由此可以看出，吸附具有一定的选择性。

K 型 Sargassum 生物吸附剂比 Ca 型的吸附剂性能优越。Ca 型吸附剂的 K_M/K_{Ca} 分别为 $K_{Zn}/K_{Ca}=0.45$，$K_{Cd}/K_{Ca}=0.67$，$K_{Cu}/K_{Ca}=2.01$，比 K 型的 K_M/K_K 低得多。

B. Volesky 等[45]研究了三种不同的 Sargassum 吸附 Cd 与 Cu，即 S. vulgare（采自巴西的 Natal）、S. filipendula 与 S. fluitans（采自美国佛罗里达州 Naples 海边）。这些海藻被切成尺寸 1～4mm 的形状不规则的颗粒，用蒸馏水洗两次，在 45℃下烘干一夜以上。吸附试验所得到的三种海藻吸附 Cu 与 Cd 的最大吸附量值列入表 10－6。

表 10—6 三种海藻吸附金属的最大吸附容量/mg·g^{-1}

金属离子	S. vulgare	S. filipendula	S. fluitans
Cu^{2+}	59	51	56
Cd^{2+}	87	74	87

海藻的吸附能力与若干因素有关。

(1)烘干温度;

(2)溶液 pH。

表 10—7 列出了褐色海藻 Sargassum polycystum 在不同条件下的吸附 Cd 的能力[17]。

表 10—7 不同条件下 Sargassum polycystum 吸附最大容量/mg·g^{-1}

烘干温度/℃	溶液 pH		
	4.0	4.6	5.6
80	103.36	71.39	70.66
100	95.49	56.78	56.67

吸附的最佳 pH 值为 4.0,在 80℃下烘干的海藻吸附 Cd 的能力比在 100℃下烘干的海藻大一些。

吸附在海藻上的重金属离子可以用 0.2M 的 HCl 溶液淋洗下来,但再生后的海藻返回使用其吸附能力与自身重量均呈下降趋势,见表 10—8,这说明此种吸附剂稳定性较差。

表 10—8 返回使用次数对 Sargassum polycystum 吸附性能的影响

循环次数	Cd 吸附容量/mg·g^{-1}	与第一次的差/%	S. polycystum 干重/mg	失重/%
1	105.86	—	100	—
2	101.33	−4.28	80.3	19.7
3	112.89	6.64	76.0	24.0
4	99.46	−6.05	74.4	25.63
5	102.67	−3.01	69.8	30.19

除了 Sargassum polycystum 外,其他一些藻类也能从水溶液中吸附 Cd,见表 10—9[46]。

表 10－9 各种干生物量吸附 Cd 的吸附容量比较

生物量种类	尺寸/mm	干燥温度/℃	溶液 pH	q_{max}/mg·g^{-1}
S. polycystum	0.50～0.84	80	4.0	103.36
	0.50～0.84	100	4.0	95.49
S. fluitans	0.50～0.84	80	4.5	108.39
	0.50～0.84	60	4.5	102.37
S. fluitans crosslinked with Glutaraldehyde	0.84～1.00	80	3.5	120
S. natans	N/A	N/A	3.5	132
Fucus vesiculosus	N/A	N/A	3.5	73
Ascophyllum nodosum	N/A	N/A	3.5	133
			4.9	215
A. nodosum crosslinked with Formadehyde	N/A	N/A	4.9	149
Glutaraldehyde	N/A	N/A	4.9	139
Seccharomyces cereviseae	N/A	N/A	4.5	28

注：N/A(缺数据)。

汕头大学测试中心莫健伟[72]等对 Cu^{2+} 协同海藻使偶氧氯膦Ⅲ染料分子脱色和海藻同时吸附去除 5 种重金属离子的特性进行了研究，所采用的绿藻(U. lactucal)、马尾藻(Sargassum horneri)和鼠尾藻(Sargassum thcmkergii)分别来源于南沙群岛、汕头南澳岛和福建东山岛，研究表明：在 pH＝6～7，反应 6h 后，对 Cu^{2+}、Zn^{2+}、Pb^{2+}、Cd^{2+} 和 Hg^{2+} 的去除率都在 79％以上，其中绿藻的吸附效果最佳，去除率分别达到 93％Cu^{2+}，79％Zn^{2+}，98％Pb，79％Cd^{2} 和 83％Hg^{2+}。

马卫东等研究了用丰富而廉价的海洋巨藻 Durvillaea potatorum 所制备的生物吸附剂对 Hg^{2+} 的吸附[74]。pH 对吸附有很大的影响，在 pH＝0.4～5.0 的范围内 Hg^{2+} 的吸附容量为 98～621.86mg/g(干重)，最佳 pH 为 3 时，最大吸附容量为 621.86mg/g。Cl^{-} 显著降低 Hg^{2+} 的吸附容量。

10.5.3 活性污泥吸附

污水处理所产生的活性污泥(Activated sludge)可从水溶液中吸附 Cd、Cu、Ni、Pb 与 Zn 等重金属离子。污泥在 50℃下干燥 6d,而后研磨成 0.1mm 的颗粒。试验表明,活性污泥吸附这些重金属速率很快,只需 5min,吸附率即可达 90%,30min 达到吸附平衡。溶液 pH 对吸附影响显著,最佳 pH 对于 Cu、Cd、Pb 为 4,对于 Ni 和 Zn 为 5。最佳生物量浓度为 1g/L。温度影响不显著。各种重金属离子被吸附能力的顺序为 Pb>Cu>Cd≈Zn>Ni,与它们的电极电位排序一致。吸附服从 Langmuir 吸附等温方程:

$$\frac{C_f}{q}=\frac{1}{q_{max}}+\frac{C_f}{B\cdot q_{max}} \qquad (10-10)$$

式中 C_f——金属离子在水溶液中的平衡浓度,mg/L 或 mol/L;

q——金属离子在固体吸附剂中的平衡浓度,mg/g 或 mol/g;

q_{max}——金属离子在固体吸附剂中的最大浓度,mg/g 或 mol/g;

B——吸附强度,$mmol^{-1}$。

以 C_f/q 对 C_f 作图为一直线,$1/q_{max}$ 为其截距,$1/B\cdot q_{max}$ 为其斜率。求出的方程各参数值列入表 10-10。

表 10-10 活性污泥吸附金属离子的 Langmuir 方程参数[47]

金属	q_{max}/mmol·g^{-1}	B/$mmol^{-1}$
Cd	0.247	35.97
Cu	0.296	7.63
Ni	0.153	8.80
Pb	0.690	20.72
Zn	0.236	39.88

A. Artola 等[48]也开展了类似的研究,用 Digested sludge 吸附水溶液中的重金属离子。被吸附能力的大小排序为 Cu>Cd>

Zn>Ni，与前面的排序基本一致。从同时含两种、三种或四种金属离子的水溶液中吸附时与从含单一金属离子水溶液中吸附相比较，金属总吸附容量前者比后者高，如表 10－11 所示。

铜离子可以使吸附在污泥上的 Zn 与 Cd 脱附。接触 19h，Cd 可完全脱附，而 Zn 则残留少量。

表 10－11 活性污泥从含 2 种金属溶液中吸附结果比较

金属	含单一金属溶液		含两种金属的溶液			总吸附容量 /mmol·g^{-1}
	吸附容量 /mg·g^{-1}	吸附率 /%	金属	吸附容量 /mg·g^{-1}	吸附率 /%	
Cu(初始浓度 2.6mM)	48.34	98.70	Cu	48.28	98.56	1.40
			Cd	71.82	71.32	
			Cu	48.06	99.95	1.11
			Zn	23.94	56.61	
			Cu	47.25	99.09	1.25
			Ni	29.94	56.36	
Cd(初始浓度 2.5mM)	80.72	91.37	Cd	71.82	71.32	1.40
			Cu	48.28	98.56	
			Cd	45.41	53.49	0.79
			Zn	25.23	58.07	
			Cd	68.27	79.27	0.99
			Ni	20.15	38.07	
Zn(初始浓度 2.2mM)	38.98	94.62	Zn	23.94	56.61	1.11
			Cu	48.06	99.95	
			Zn	25.23	58.07	0.79
			Cd	45.41	53.49	
			Zn	36.41	83.70	0.99
			Ni	25.63	48.05	
Ni(初始浓度 3.1mM)	39.70	74.43	Ni	29.94	56.36	1.25
			Cu	47.25	99.09	
			Ni	20.15	38.07	0.95
			Cd	68.27	79.27	
			Ni	25.63	48.05	0.99
			Zn	36.41	83.70	

10.6 稀贵金属的吸附

Charley 和 Bull 曾用假单孢菌和金色葡萄球菌的混合菌进行吸附实验，发现每克干细胞可固定 300mg 银。美国新泽西州提尔哈特矿物和化学制品有限公司发表了用某些如芽枝霉属(Cladosporium)、青霉属(Penecillium)、木霉属(Trichoderma)、黑色头孢霉(Black fungi)、黑色厚恒孢霉(Blackmycelium)等真菌从废液中回收微量金、银、铂的专利，据称回收率达 94%～98%。所选用的真菌经比较，以用芽枝霉效果最好，金回收率可达 98%。1988 年 Brierly 对一株具有吸附金属离子能力的枯草杆菌进行加热与碱处理后制成一定大小的颗粒装入柱内，让待处理的金属溶液通过柱，结果表明，每克干物质可固定 390mg 金、94mg 银、436mg 铯。Г. Г. Минеев 等研究了多种微生物沉金的能力，其研究表明，金的最有效的吸附剂是曲霉属 Aspergillus niger 与 Aspergillus oryzae，其吸附金的结果列入表 10－12。

表 10－12　曲霉菌从金的盐酸溶液中吸附沉淀金的试验结果

(溶液盐酸浓度 100g/L，试验持续时间 5 昼夜)

微 生 物	菌的耗量/g·L^{-1}	水溶液中金的质量浓度/mg·L^{-1}		沉淀率/%
		试验前	试验后	
Aspergillus oryzae	10	550	144	74.0
Aspergillus oryzae	20	550	130	76.7
Aspergillus niger	10	480	130	73.0
Aspergillus niger	20	480	116	76.0

一些微生物的代谢物如蛋白质、肽与氨基酸能从盐酸溶液中还原并沉淀金。在所研究过的若干蛋白质中精朊(protamin)与球蛋白(globulin)沉淀金的效果最好。从含 HCl 50g/L、金的初始浓度 90mg/L 的溶液中经 20 昼夜处理，金的沉淀率分别为 86.0% 和 77.8%，其中以在 100～150℃下脱水 lh 的蛋白质沉淀效果最好。几乎所有被研究过的氨基酸都能从含金 29mg/L 的溶液中沉淀 88.8%～99.8%的金(氨基酸浓度 1g/L，盐酸浓度 50g/L，试验

时间 3 昼夜)。

$Au(CN)_2^-$ 络合物能被节杆菌属(Bacillus subtilis)、青霉菌属的 Penecillium chroysogenum 以及褐色海藻(Sargassum fluitans)吸附。在 L－半胱氨酸(L－cysteine)存在的条件下吸附能力大为提高。Hui Niua 等[49]作了用这三种微生物提金的试验。所用 B. subtilis 与 P. chrysogenum 是从中国四川医药公司(成都)的工业废弃生物量中采集的,而 S. fluitans 则采集自美国佛罗里达州的 Gulf Coast 海边。这些生物量破碎至 0.5～0.85mm,而后用 0.2MHNO_3溶液洗涤 4h,再用蒸馏水漂洗至 pH4.5,最后在 50℃下干燥 24h 至恒重。

溶液中 L－cysteine 对吸附的增进作用随其浓度的上升而增大,增大顺序为 Bacillus＞Penecillum＞Sargassum。L－cysteine 浓度为 0.5mmol/L,pH＝2 时,B. subtilis 吸附 $Au(CN)^-$ 的吸附容量为不加 L－cysteine 时的 250％,P. chrysogenum 为 200％,S. fluitans 则为 148％。相应的 Au 吸附容量为 4.03,2.8 与 0.93mg/g。pH 对吸附有很大的影响,最佳 pH 为 2,随 pH 增大,Au 吸附量减少,pH 为 6 时,Au 吸附量接近为 0。金吸附量随溶液离子强度增大而下降。

吸附在上述生物量上的 Au 可用 0.1mol/L 浓度的 NaOH 溶液淋洗下来。淋洗率随 pH 的增大而上升,淋洗的最佳 pH 为 5。

Chitosan(脱乙酰壳多糖)是甲壳质碱性脱乙酰作用的产物,具有很强的吸附铂的能力,在 pH＝2 的条件下,其最大吸附容量为 280mg/g。Chitosan 能溶于酸(除硫酸外),为了提高它在酸性介质中的稳定性,先用戊二醛处理[50]。

Alcaligenes、Pseudomonas(甲单孢杆菌属)、Arthrobacter(节杆菌属)的一些细菌能吸附水溶液中的 $PdCl_4^{2-}$ 与 $Pd(NH_3)_4^{2+}$。E. Remoudaki 等[51]研究了这 3 属的各 2 种菌的吸附 $PdCl_4^{2-}$ 与 $Pd(NH_3)_4^{2+}$ 的规律。$Pd(NH_3)_4^{2+}$ 吸附能力高于 $PdCl_4^{2-}$,所试验的一种细菌 AS302(甲单孢杆菌属)吸附 $Pd(NH_3)_4^{2+}$ 的吸附量达到 140mg/g,而在同样条件下吸附 $PdCl_4^{2-}$ 的吸附量达到 83％

mg/g。pH 对吸附有很大的影响。因为 pH 不仅影响水溶物种的分布，而且影响细菌细胞的表面电荷(质子化与去质子化)。

10.7 放射性金属的吸附

多种微生物均具有优良的吸附铀的能力，如丝状真菌(Filamentous fungi)、酵母、细菌、放线菌(Actinomycetes)与新鲜水藻例如小球藻(Chlorella)等。有文献报道，干的生物量吸附铀的量可高达 150mg/g[52,53]。海藻(Marine algae)是重要的吸附剂。

Sakaguchi 和 Nakajima[54]研究了 135 种不同微生物吸附铀的能力(包括 42 种细菌，26 种酵母，34 种真菌和 33 种放线菌)。其研究表明，Pseudomonas stutzeri，Neurospora sitophilia，Streptomyces albus 和 Streptomyces viridochromogenes 具有特别好的从水溶液中吸附 UO_2^{2+} 的能力。多数被研究过的微生物都能从溶液中吸附 UO_2^{2+}、Hg(Ⅱ)与 Pb(Ⅱ)。Golab 等[55]也报道了放线菌属具有好的吸附 UO_2^{2+} 的能力。

某些真菌也具有很好的吸附铀的能力，共吸附能力可与常用的离子交换树脂 Dowex－1 及 IRA－400 等相比美[56]。表 10－13 列出了一些真菌在 24h 内对铀的吸附率。

表 10－13 某些真菌从水溶液中吸附铀的吸附率

菌 种	100mL 溶液中生物量(湿重)/g	铀吸附率/%
Alternaria tenulis	10.0	90
Aspergillus amsta	10.0	80
Aspergillus niger	10.0	45
Chaetomium distortium	10.0	100
Fusarium sp.	6.4	90
Penicillim herguei	10.0	75
Rhizopus sp.	10.0	60
Saccharomyces cerevisiae	10.0	90
Trichoderma horzianum	10.0	96
Zybgorlnchus macrocarpus	10.0	50

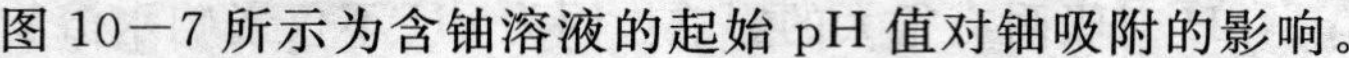

图 10－7 所示为含铀溶液的起始 pH 值对铀吸附的影响。

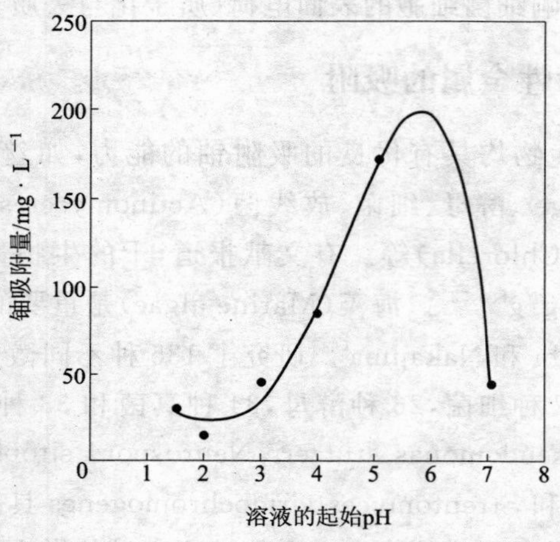

图 10－7　含铀溶液的起始 pH 值对铀吸附量的影响

图 10－8 和图 10－9 分别示出了溶液铀起始浓度对铀吸附量与吸附速率的影响。

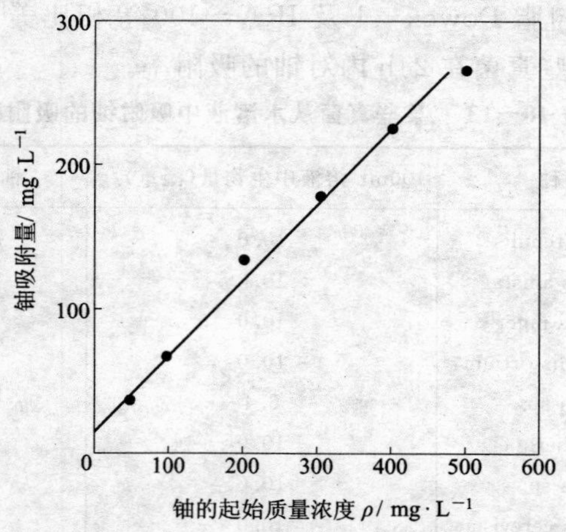

图 10－8　溶液起始铀浓度对铀吸附量的影响

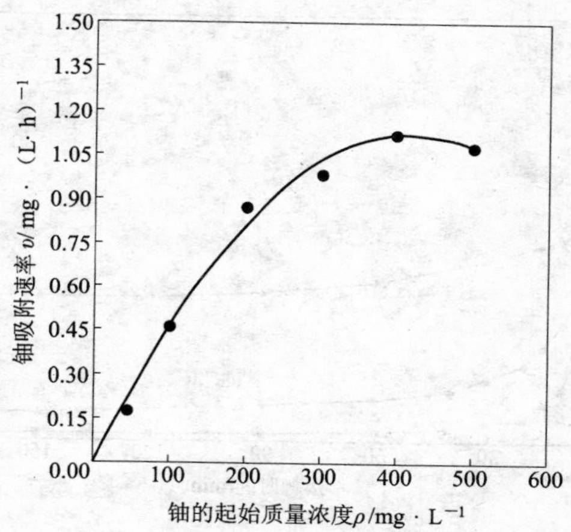

图 10－9 溶液中铀的起始浓度对铀吸附速率的影响

上述 3 图均以 S. cerevisiae 为吸附剂，生物量为 5g/L。

Tsezos 等[62]研究了固定化了的 Rhizopus arrhizus 细胞吸附水中的铀。实验室规模的间歇与连续试验表明，固定化的 R. arrhizus 可回收稀溶液中所有的铀（浓度≤300mgU/L），吸附的铀可洗脱，洗脱液中铀浓度超过 5000mg/L。吸附剂循环使用 12 次后其吸附能力仍达 50mgU/g。

Jinbai Yang 等[57]研究了海藻对铀的吸附。干海藻 Sargassum fluitans 采集于美国佛罗里达 Naples 海滩，切成 1.0 ～ 1.4mm 小块。而后用 0.1M 的 HCl 溶液处理 3h 使其转化为 H^+型（10g 干海藻/L 溶液），过滤后用去离子水漂洗至 pH 稳定为 4，接着在 40～60℃下干燥一夜备用。

图 10－10 表示接触时间对吸附的影响。从图可以看出吸附是很快的，在前 15min 在不同 pH 下溶液中 70％～80％的铀已被吸附。3h 可达到吸附平衡。

图 10－11 为吸附等温线，根据实验数据求出的等温方程参数列入表 10－14。

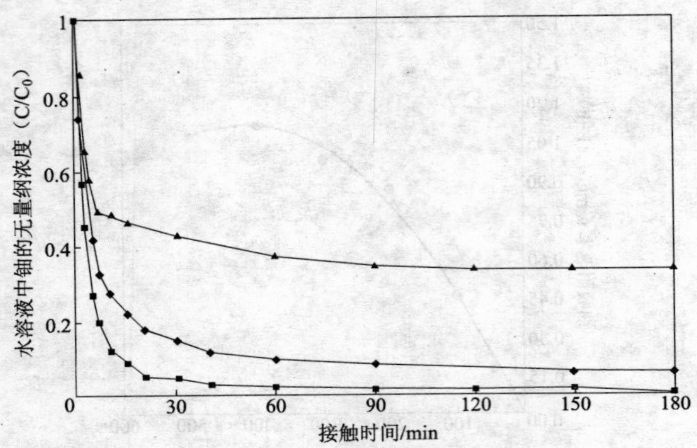

图 10－10　时间与 pH 对吸附的影响

C_0＝190.5/L，50mL 溶液，0.1g 吸附剂

▲—pH＝2.5；◆—pH＝3.2；■—pH＝4.0

表 10－14　铀吸附等温方程参数

参　数	pH2.6	pH3.2	pH4.0
$K/(\mathrm{mmol/L})^{-1}$	0.233	0.084	0.1695
$q_{max}/\mathrm{mmol\cdot g^{-1}}$	0.701	1.215	2.40
k			1.756
n			0.249

从图 10－10 和图 10－11 看出，pH 对铀吸附影响十分显著。铀在海藻上的吸附机理以离子交换为主。U(Ⅵ)在水溶液中可呈 UO_2^{2+}、$(UO_2)_2(OH)_2^{2+}$、UO_2OH^+、$(UO_2)_3(OH)_5^+$ 等多种形态存在，有下列平衡存在

$$UO_2^{2+}+OH^- \rightleftharpoons UO_2OH^+ \quad K_{1,1}=\frac{[UO_2OH^+]}{[UO_2^{2+}][OH^-]} \tag{10-11}$$

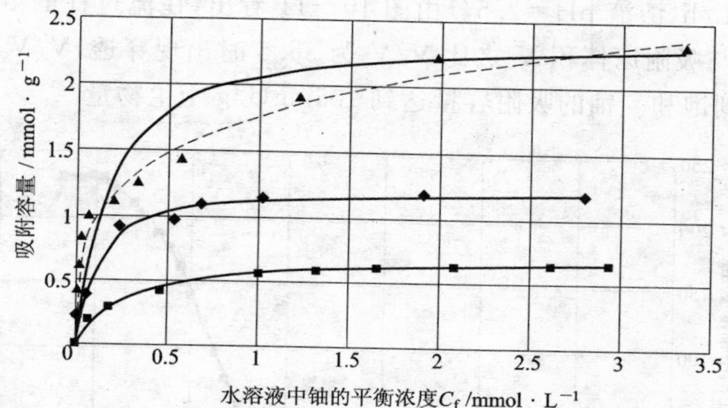

图 10—11　铀的吸附等温线

■— pH＝2.6；◆— pH＝3.2；▲— pH＝4.0

— —Langmuir 等温方程计算结果；--- —Freundlich 等温方程计算结果

$$2UO_2^{2+}+2OH^- \rightleftharpoons (UO_2)_2(OH)_2^{2+} \quad K_{2,2}=\frac{[(UO_2)_2(OH)_2^{2+}]}{[UO_2^{2+}]^2[OH^-]^2} \tag{10-12}$$

$$3UO_2^{2+}+5OH^- \rightleftharpoons (UO_2)_3(OH)_5^+ \quad K_{3,5}=\frac{[(UO_2)_3(OH^-)_5^+]}{[UO_2^{2+}]^3[OH^-]^5} \tag{10-13}$$

在试验的 pH 范围内 $(UO_2)_2(OH)_2^{2+}$、UO_2OH^+、$(UO_2)_3(OH)_5^+$ 在 U 的总浓度中所占份额随着 pH 的增大而升高。这有利于铀的吸附，因为交换 1mol 的 H^+ 便有 1mol 的 U 以 $(UO_2)_2(OH)_2^{2+}$ 与 UO_2OH^+ 的形式被吸附，有 3mol 的 U 以 $(UO_2)_3(OH)_5^+$ 的形式被吸附。但 pH 过高则铀会水解生成沉淀，铀的吸附又会下降。Guibal 等在用发酵工业的含真菌的生物量吸附铀时发现 pH＝6 时铀的吸附下降。

在装填有 Sagarsum biomass 的吸附柱中进行连续吸附的结果示于图 10—12。吸附柱装入吸附剂 22.64g(干基计)，吸附床体积为 280mL，溶液初始铀浓度为 C_0＝238mg/L，溶液流速为

340mL/h，溶液 pH＝2.5。由图 10－11 看出，在流过柱的溶液体积 V 与吸附床体积 V_0 之比 V/V_0 为 36.5 时出现穿透，V/V_0＝60 时达到饱和。铀的吸附容量达到 105mgU/g 干生物量。

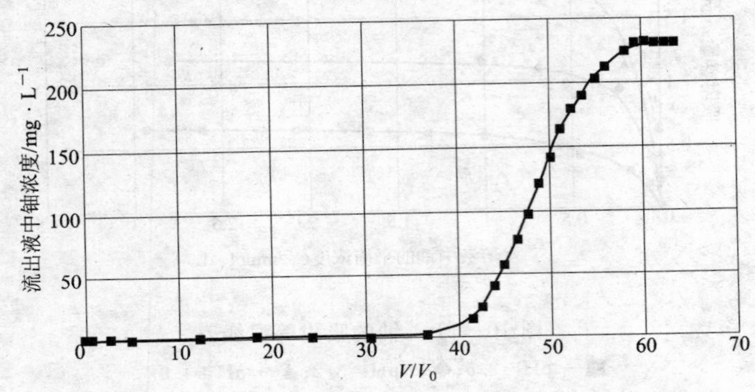

图 10－12　铀的吸附曲线

被吸附在吸附床中的铀用 0.1mol/L 浓度的稀盐酸淋洗，图 10－13为淋洗曲线。淋洗液流速为340mL/h，吸附剂干重 22.64g，吸附床体积 280mL，从图 10－13 看出，淋洗性能很好，绝大多数铀集中在400mL 淋洗液中，其浓度达到6000mg/L，经1个月的试验（共5个循环）生物量的结构未见有明显的损坏。

Tsezos 等[58,59]对于用死的生物量从溶液中吸附镭进行了大量的研究；他们把 Hamilton 城市污水处理厂的活性污泥用蒸馏水洗涤后离心分离，在温度100℃下烘干，添加一定聚合物制成直径约 1mm 的颗粒，这种颗粒含有不少于90％的死菌体。用这种粒料可吸附铀矿或工厂排出的废液中的镭，7d 吸附达到平衡。被吸附的镭可用 pH＝1.5 的 HCl 洗脱，吸附剂得以再生并返回使用。再生后的吸附剂可以用2～3次。

某些细胞代谢物可作金属离子的螯合剂，与水溶液中的金属离子生成配位化合物。已发现从多种细菌、放线菌可以分离出一种儿茶酚或羟氨的衍生物，这是些低分子量化合物，专与铁形成配位化合物。Daves 和 Hollein（1986）合成了一系列能固定金属的

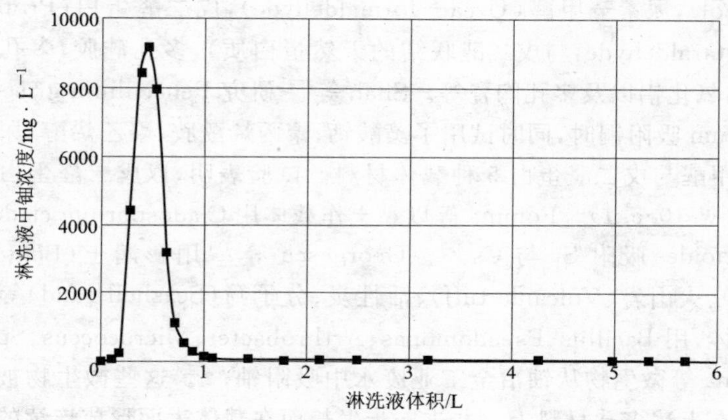

图 10—13 铀的淋洗曲线

儿茶酚及其代用品，将这些产物以共价方式固定在多孔的玻璃珠上，能吸附回收除铁以外的金属。用它处理含钚、钍、铀的核工业废液，其有效固定率大于 99.9%。

10.8 生物吸附剂的固定化[69,78]

单个游离微生物细胞也能吸附金属离子，但用作吸附剂可操作性很差。首先，如何把这些吸附了金属的微生物与溶液分离。第二是如何把金属从微生物体上洗下来并使微生物能返回使用。从产业化的要求来看，成本是决定性因素，所采用的分离手段应该是简单的、廉价的。一般游离菌体很难达到上述要求，因而需要一种固定化技术把游离菌体联结到固体载体上做成具有一定粒度的颗粒，这样就可以采用传统的化工设备与方法来实现生物吸附。

固定化的关键是载体的选择，这不仅决定吸附剂的吸附性能，也决定了其成本与经济上的可行性。载体材料应该对细胞无毒性，性质稳定，能耐工作介质的腐蚀，传质性能好，有一定的强度，寿命长，价格低廉。可用作载体的有多糖类如纤维素、交联葡萄糖、DEAE—纤维素、几丁质、鹿角菜胶和琼脂等，藻酸钙（Calcium alginate），聚丙烯酰胺（Polyacrylamide），聚乙烯醇（Polyvinyl alcohol),尿素－甲醛(Urea－formaldehyde),戊二醛蛋白(Protein glutaraldehyde,与戊二醛联结的天然蛋白质),多孔硅胶,多孔玻璃,氧化铝以及多孔陶瓷等。Shah等[39]研究Penecillium griseofulvum吸附铜时,同时试用了藻酸钙、聚丙烯酰胺、聚乙烯醇、尿素－甲醛与戊二醛蛋白5种载体材料。试验表明,以戊二醛蛋白最好(见10.5.1)。Fomina等以黏土作载体用Cladosporium cladosporioides吸附Sr与Cs[63]。Georgescu等[64]用膨润土(Bentonite)、火山岩(Volcanic tuff)、活性炭、分子筛(Seashell sand)等做载体,用Bacillus、Pseudomonas、Arthrobacter、Micrococcus、Spirulina等微生物从铀冶金工业废水中吸附铀[64]。这些微生物被吸附在上述多孔材料上。并进一步生长而在载体表面形成连续的生物膜。徐容等[65]用藻酸钠固定产黄青霉素吸附铅。产黄青霉素废菌体取自四川制药厂,制成不同直径的条体物,在50～60℃下烘干,用3.3％～3.5％的海藻酸钠溶液包裹后,置于2％的氯化钙溶液中,静置2h,取出后在室温下晾干,制成长度与直径相等的圆柱形颗粒作为吸附剂。

固定微生物的方法有吸附、包埋、胶联、共价结合等。

(1)吸附法　将多孔的固体物质置于接种了微生物的溶液中,微生物细胞吸附在载体表面并继续生长繁殖,逐步形成连续的生物膜。

(2)包埋法　包埋法是最常用的方法。按照包埋系数的结构可分为凝胶包埋法与胶囊法。前者将细胞包裹于凝胶的微小格子内,后者是将细胞包裹于半透膜聚合物的超滤膜内。用于包埋法的载体通常有聚丙烯酰胺凝胶(ACAM)、海藻酸钙、卡拉胶、琼脂糖胶、聚乙烯醇(PVA)等。

例1　用海藻酸钙固定[69]

海藻酸是D－甘露糖醛酸和L－葡萄糖醛酸形成的线性共聚物,用海藻酸固定藻类一般是先按一定比例将藻细胞悬浮液与海藻酸钠溶液混合,然后将混合液逐滴加入到沉淀剂中去,如氯化钙溶液。当悬浮液小滴与沉淀剂接触后,形成不溶的海藻酸盐小珠,将藻类细胞固定在其中，这种基质有很好的多孔性，允许金属离子扩散到细胞表面发生结合，而且在装入柱中后对流体静压有较好抗性。

例 2 用聚丙烯酰胺固定

用聚丙烯酰胺固定藻细胞原理主要是丙烯酰胺上自由基在水溶液中发生聚合反应将藻细胞固定于其中，其过程为：将干燥藻类用 0.01molHCl 和 0.7%NaCl 漂洗后配成悬浮液，然后将悬浮液与丙烯酰胺和 N,N'－二亚甲基丙烯酰胺的水溶液混合，然后再加入丙基二胺和过硫酸铵的混合液，引发聚合反应形成聚合物，这一反应大约需 1h 完成，然后将固定了藻细胞的基质在 40 目筛子上挤压成型（颗粒状），再在 100 目筛子上冲洗，这样就得到固定好的产品。

(3)共价结合法　细胞表面的功能团与固相载体材料表面的反应基团之间形成化学共价键联结，从而使细胞固定。

(4)胶联法　与共价结合法一样，都是靠化学结合的方法使细胞固定，但胶联法所采用的载体是非水溶性的。

参考文献

1 Brierley J. A., C. L. Brierley, R. F. Decker and G. M. Goyak. Treatment of microorganisms with alkaline solution to enhance metal uptake properties. U. S. Patent, 4690894. 1987

2 Brierley J. A., C. L. Brierley, R. F. Decker and G. M. Goyak. Metal recovery. U. S. Patent, 4789481. 1988

3 Brierley J. A., C. L. Brierley, R. F. Decker and G. M. Goyak. Metal recovery. U. S. Patent, 4898827. 1990

4 Brierley J. A., C. L. Brierley, R. F. Decker and G. M. Goyak. Metal recovery. U. S. Patent, 4789481. 1988

5 Tsezos M., Noh S. H. Particle encapsulation technigue. U. S. Patent, 4828882. 1987

6 Tsezos M. and B. Volesky. Biotechn and Bioeng. 1981, 23: 583

7 N. Kuyucak, B. Volesky. In: B. Volesky eds. BookBiosorption by algal biomass. BocaRaton: CRC Press. FL. 1990

8 F. Veglio, F. Beolchini. Removal of metals by biosorption: a review. Hydrometallury, 1997, 44: 301－316

9 刘瑞霞，汤鸿霄. 重金属的生物吸附机理及吸附平衡模式研究. 化学进展，2002,14(2):87－92

10 汤岳琴，林军，王建华. 生物吸附研究进展. 四川环境,2001,20(2):12－17

11 M. J. Brow, J. N. Lester. Metal removal in activated role of bacterial extracellular polymers. Water Res., 1999, 13: 817－837

12 M. J. Cheng, J. W. Patterson, et al. Heavy metals uptake by activated sludge. J. Water Pollut. Control Fed., 1975, 47: 362－376

13 Robert J. C. Mclean, Diane Beauchemin, et al. Metal－binding characterics of the gamma－glutamyl capsular polymer of Bacillus licheniformis ATCC9945. Appl. Environ. Microbiol., 1990, 56(2): 3671－3677

14 Ewa Kurek, A. J. Francis, et al. Immobilization of cadimium by microbial extracellular product. Arch. Environ. Contam. Toxicol., 1991, 20: 106－111

15 Tsezos M. and Volesky B. The mechanism of uranium biosorption by Rhizopus arrhizus. Biotechnol. Bioeng., 1982, 24: 385－401

16 Tsezos M. and Volesky B. The mechanism of uranium biosorption by Rhizopus arrhizus. Biotechnol. Bioeng. 1982, 24: 955－969

17 Zhou J. L. and Kiff R. J. The uptake of copper from aqueous solution by immobilized fungal biomass. J. Chem. Technol. Biotechnol., 1991, 52: 317－330

18 Fourest E. and Roux J. C. Heavy metal biosorption by fungal mycelial by－products: mechanism and influence of PH. Appl. Microbiol. Biotechnol., 1992, 37: 399－403

19 Kuyucak N. and Volesky B. Biosorbents for recovery of metals from industial solution. Biotechnol. Lett., 1988, 10(2): 137－142

20 Schiewer S., Fourest E., Chong K. H. and Volesky B. In: Jerez C. A. Vargas T., Toledo H. and Wiertz J. V. eds, Biohydrometallurgical Processing: Proceeding of the International Biohydrometallurgy Symposium, Santiago: University of Chile, 1995

21 M. M. Figueira, B. Volesky K. Azarian and V. S. T. Ciminelli. Multimetal biosorption in a column using Sargassum biomass. In: R. Amils, A. Ballester eds. Biohydrometallurgy and the Environment Toward the Mining of the 21st Century, Part B, Amsterdam. Lausanne. New York. Oxford. Shannon. Singapore. Tokyo: Elsevier, 1999. 503－511

22 Friis N. and Myers－keith P. Biosorption of uranium and lead by Streptomyces longwoodensis. Biotechnol. Bioeng., 1986, 28: 21－28

23 Muraleedharan T. R., Venkobachar C. Mechanium of biosorption of copper(Ⅱ) by Ganoderma lucidum Biotechnol. Bioeng., 1990, 35: 320—325

24 Venkobachar C. Metal removal by waste biomass to upgrade wastewater treatment plants. Water Sci. Technol., 1990, 22: 319—320

25 Ray H. Crist, Karl Oberholser, et al. Nature of bonding between metallic ions and algal cell walls. Environ. Sci. Technol., 1981, 15(10): 1212—1217

26 Bennis W. Darall, Benjamin Greene, et al. Selective recovery of gold and other metal ions from an algal biomass. Environ. Sci. Technol., 1986, 20(2): 206—208

27 Jinbai Yang and B. Volesky. Cadminm biosorption rate in protonated Sargassum biomass. Environ. Sci. Technol., 1999, 33: 751—757

28 David Kratochvil, Patricia Pimeneel, et al. Removal of trivalent and hexavalent chromium by seaweed bisorbent, Environ. Sci. Technol, 1999, 33: 751—757

29 Silk Schiewer and Bohumil Volesky. Modeling multi—metal ion exchang in biosorption. Environ. Sci. Technol., 1996, 30: 2921—2927

30 Brady J. M., Tobin J. M. Enzy. Microbial Technol., 1995, 17: 791—798

31 Y. P. Ting, F. Lawson, et al. Uptake of cadmium and zicc by the alga Chlorella vulgaris: 2. Multi—ion situation, Biotechnol. Bioeng., 1991, 37: 445—455

32 B. Volesky, H. May, et al. Cadmium biosorption by Saccharomyces cerevisiae. Biotechnol. Bioeng., 1993, 41: 826—829

33 Z. Gloab, B. Oplowska, et al. Biosorption of lead and uranium by Streptomyces Sp. Water, Air and Soil Pollution, 1991, 60: 99—106

34 Jorge L. Gardea—Torresdey, Dennis W. Darnall, et al. Effect of chemical modification of alga carboxyl groups or metal ion binding. Environ. Sci. Technol., 1990, 24(9): 1372—1378

35 Ray H. Crist, Karl Oberholser, et al. Nature of bonding between metallic ions and algal cell walls. Environ. Sci. Technol., 1981, 15(10): 1212—1217

36 Redlich O., Peterson D. L. J. Physical Chem., 1959, 63: 1024—1035

37 Butler J. A. V., Ockrent C. J. of Physical Chemistry, 1930, 34: 2841—2859

38 K. Bosecker. Biosorption of heary metals by Filamentous fungi. In: Torma AE, Wey Je, Laksmanan VL eds. Biohydrometallurgical Technologies, Vol. Ⅱ. Warrendate, Pensylvania: TMS Press, 1993. 55—64

39 M. P. Shah, S. B. Vora and S. R. Dave. Evaluation of potential use of immobilized Penecillum griseofulvum in biosorption of copper. In: R. Amils, A. Ballester eds. Biohydrometallurgy and the Environment Toward the Mining of the 21st Century, Part B. Amsterdam Lausanne New York Oxford Shannon Singapore To-

kyo: Elsevier, 1999. 227−235

40 K. A. Natarajan, S. Subramanian and J. M. Modark. Biosorption of heavy metal ions from aqueous and cyanide solution using fungal biomass. In: R. Amils, A. Ballester eds. Biohydrometallurgy and the Environment Toward the Mining of the 21st Century, Part B. Amsterdam. Lausanne. New York. Oxford. Shannon. Singapore. Tokyo: Elsevier, 1999. 351−361

41 B. Mattuschka, K. Junghans, G. Straube. Biosorption of metals by waste biomasses. In: Torma AE, Wey Je, Laksmanan VL eds. Biohydrometallurgical Technologies, Vol. Ⅱ. Warrendate, Pensylvania: TMS Press, 1993. 125−132

42 A. B. Ariff, M. Mel, M. A. Hasan and M. I. A. Karim. The Kinetics and mechanism of lead(Ⅱ) biosorption by powderized Rhizopus oligo sporus. Word J. of Microbiology & Biotechnolog, 1999, 15: 291−298

43 M. M. Figueira, B. Volesky, K. Azarian and V. S. T. Ciminellic. Multimetal biosorption in a column using Sargrassum biomass. In: R. Amils, A. Ballester eds. Biohydrometallurgy and the Environment Toward the Mining of the 21st Century, Part B. Amsterdam. Lausanne. New York. Oxford. Shannon. Singapore. Tokyo: Elsevier, 1999. 503−511

44 Schiewer S. and Volesky B. Environ. Sci. Technol., 1995, 29: 3049

45 B. Volesky, J. Weber and R. Vieira. Biosorption of Cd and Cu by different types of Sargassum biomass. In: R. Amils, A. Ballester eds. Biohydrometallurgy and the Environment Toward the Mining of the 21st Century, Part B. Amsterdam. Lausanne. New York. Oxford. Shannon. Singapore. Tokyo: Elsevier, 1999. 473−481

46 S. Srikrajib, A. Tongta, P. Thiravetyan, K. Sivaborvon. Cadmium removal by the dry biomass of Sargassum polycystum. In: R. Amils, A. Ballester eds. Biohydrometallurgy and the Environment Toward the Mining of the 21st Century, Part B. Amsterdam. Lausanne. New York. Oxford. Shannon. Singapore. Tokyo: Elsevier, 1999. 419−427

47 A. Hammaini, A. Ballester, F. Gonzalez, M. L. Blazquez and J. A. Munoz. Activated sludge as biosorbent of heavy metals. In: R. Amils, A. Ballester eds. Biohydrometallurgy and the Environment Toward the Mining of the 21st Century, Part B. Amsterdam. Lausanne. New York. Oxford. Shannon. Singapore. Tokyo: Elsevier, 1999. 185−192

48 A. Artola, M. D. Balaguer and M. Rigola. Compective biosorption of copper, cadmium, nickel and zinc from metal ion mixtures using anaerbically digested sludge. In: R. Amils, A. Ballester eds. Biohydrometallurgy and the Environ-

ment Toward the Mining of the 21st Century, Part B. Amsterdam. Lausanne. New York. Oxford. Shannon. Singapore. Tokyo: Elsevier, 1999. 175—183

49 Hui Niua, Bohumil Volesky and Newton C. M. Gomes. Enhancement of gdd—cyanide biosorption by L—cysteine. In: R. Amils, A. Ballester eds. Biohydrometallurgy and the Environment Toward the Mining of the 21st Century, Part B. Amsterdam. Lausanne. New York. Oxford. Shannon. Singapore. Tokyo: Elsevier, 1999. 493—502

50 E. Guibal, A. Larkin, T. Vincent and J. M. Tobin. Platinum recovery on Chitosan—Based sorbent. In: R. Amils, A. Ballester eds. Biohydrometallurgy and the Environment Toward the Mining of the 21st Century, Part B. Amsterdam. Lausanne. New York. Oxford. Shannon. Singapore. Tokyo: Elsevier, 1999. 265—275

51 E. Remoudaki, M. Tsezos, H. Hatzikioseyian and V. Karakoussis. Mechanismof palladium biosorption by microbial biomass. The effect of metal ionic speciation and solution co—ions. In: R. Amils, A. Ballester eds. Biohydrometallurgy and the Environment Toward the Mining of the 21stCentury, Part B. Amsterdam. Lausanne. New York. Oxford. Shannon. Singapore. Tokyo: Elsevier, 1999. 449—462

52 B. Volesky and M. Tsezos. Separation of Uranium by biosorption. U. S. Patent, 4320093. 1981; Canadian Patent, 1143007. 1983

53 L. E. Macaskie, R. M. Empson, A. K. Cheetham, C. P. Grey and A. J. Skarmnlis. Science, 1992, 257: 782

54 Sakaguchi T., Nakajima A. In: Smith R. W and Sisra M. eds. Mineral Bioprocessing, TMS, 1991. 309—322

55 Golab Z. et al. Water, Air and Solid Poll., 1991, 60:99

56 A. M. Khalid, S. R. Ashfaq, T. M. Bhatti, M. A. Anwar, A. M. Shensi & Kalsoom Akhtar. The uptake of microbially leached uranium by immobilized microbial biomass. In: Torma AE, Wey Je, Laksmanan VL eds. Biohydrometallurgical Technologies, Vol. Ⅱ. Warrendate, Pensylvania: TMS Press, 1993. 299—307

57 Jinbai Yang, B. Volesky. Removal and concentration of uranium by seaweed biosorbent. In: R. Amils, A. Ballester eds. Biohydrometallurgy and the Environment Toward the Mining of the 21st Century, Part B. Amsterdam. Lausanne. New York. Oxford. Shannon. Singapore. Tokyo: Elsevier, 1999. 483—492

58 Tsezos M. et al. Hydrometallurgy, 1987, 17: 357

59 Tsezos M. et al. Chem. Eng. J., 1986, 33(2): 35

60 Y. Sag, I. Atacoglu, T. Kutsal. Equilibrium parameters for the single and multicomponent biosorption of Cr(Ⅵ) and Fe(Ⅲ) ions on R. arrhizus in a packed colum. Hydromentallurgy, 2000, 55(1): 165－178

61 Y. Sag, A. Kaya, T. Kutsal. The simultaneous biosorption of Cu(Ⅱ) and Zn on Rhizopus arrhizus: application of the adsorption models. Hydrometallurgy, 1988. 50(3): 297－314

62 M. Tsezos, R. G. L. McCready, et al. The continous recovery of uranium from biologically leached solution using immobilized biomass. Biotechnol. Bioeng., 1989, 34: 10－17

63 M. A. Fomina, Kadoshnikov V. M. Zlobenko B. P. Fungal biomass grown on media containing clay as a sorbent radionuclides. In: R. Amils, A. Ballester eds. Biohydrometallurgy and the Environment Toward the Mining of the 21st Century, Part B. Amsterdam Lausanne New York Oxford Shannon Singapore Tokyo: Elsevier, 1999. 245－254

64 P. D. Georgescu, Nicoleta Udrea, F. Aurelian and I. Lazar. Study of some biosorption supports for treatiny the waste water from uranium ore processing. In: R. Amils, A. Ballester eds. Biohydrometallurgy and the Environment Toward the Mining of the 21st Century, Part B. Amsterdam. Lausanne. New York. Oxford. Shannon. Singapore. Tokyo: Elsevier, 1999. 255－263

65 徐容，汤岳琴，王健华，杨红. 固定化产黄青霉废菌吸附铅与脱附平衡. 环境科学，1998，19(4):72－75

66 Holan Z. R. Volesky B. Biotechnol. Bioeng., 1994, 43: 1001

67 李刚，李清彪. 重金属生物吸附的基础和过程研究. 水处理技术，2002，28(1): 17

68 Tsezos M. Volesky B. Biotechnol. Bioeng., 1982, 24: 385

69 杨芬. 藻类对重金属的生物吸附技术研究及其进展. 曲靖师范学院学报，2002，21(3):47－49

70 陈勇生，孙启俊，陈钧等. 重金属的生物吸附技术研究. 环境科学进展，1997，(12):35－40

71 况金蓉. 生物吸附技术处理重金属废水的应用. 武汉理工大学学报(交通科学与工程版)，2002，26(3):400－403

72 莫健伟，姚兴东，张谷兰等. 海藻去除小中双偶氮染料机理及重金属离子研究. 中国环境科学，1997，17(3):241－243

73 汤岳琴，牛慧等. 产黄青霉菌体对铅的吸附机理(Ⅱ)—铅生物吸附途径和吸附类型的确定. 四川大学学报:工程科学版，2001，033(4):45－49

74 马卫东，国维. 海洋巨藻生物吸附剂对 Hg^{2+} 吸附性能的研究. 上海环境科学，

2001,20(10):489－491

75 汤岳琴，牛慧等. 产黄青霉菌体对铅的吸附机理研究. 四川大学学报:工程科学版，2001，33(3):50－54

76 刘月英，傅锦坤. 细菌吸附 Pb^{2+} 的研究. 微生物学报，2000，40(5):535－539

77 刘月英，傅锦坤. 巨大芽孢杆菌 D01 吸附 Au^{3+} 的研究. 微生物学报，2000，40(4):425－429

78 陈铭，周晓云. 固定化细胞技术在有机废水处理中的应用与前景. 水处理技术，1997，23(2):98－103

冶金工业出版社部分图书推荐

书　　名	作　者	定价(元)
湿法冶金手册	陈家镛	298.00
湿法冶金原理	马荣骏	160.00
产业循环经济	北京现代循环经济研究院	69.00
环境污染控制工程	王守信	49.00
环境地质学	陈余道	28.00
环境生化检验	王瑞芬	18.00
环境噪声控制	李家华	19.00
工业固体废物处理与资源化	牛冬杰	39.00
钢铁冶金的环保与节能	李光强	39.00
现代海洋经济理论	叶向东	28.00
工业企业防震减灾工作指南	李永录	55.00
电子废弃物的处理处置与资源化	牛冬杰	29.00
城市生活垃圾直接气化熔融焚烧过程控制	王海瑞	20.00
冶金过程污染控制与资源化丛书:		
绿色冶金与清洁生产	马建立　等	49.00
冶金过程固体废物处理与资源化	李鸿江　等	39.00
矿山固体废物处理与资源化	蒋家超　等	26.00
冶金过程废水处理与利用	钱小青　等	30.00
冶金企业废弃生产设备设施处理与利用	宋立杰　等	60.00(估)
冶金企业受污染土壤和地下水整治与修复	孙晓杰　等	45.00(估)